Traglastuntersuchungen von unbewehrten und bewehrten Betonstrukturen auf der Grundlage eines objektiven Werkstoffgesetzes für Beton

Bernhard Josef Winkler

innsbruck university press

Die Deutsche Bibliothek - CIP-Einheitsaufnahme
Ein Titeldatensatz für diese Publikation ist bei der Deutschen Bibliothek erhältlich.

Alle Rechte vorbehalten

ISBN 3-901249-53-2

© 2001 innsbruck university press
Universität Innsbruck, Innrain 52, A-6020 Innsbruck
http://www.university-press.at/

Herstellung Books on Demand GmbH

Vorwort

Die vorliegende Arbeit entstand im Rahmen meiner Tätigkeit als Universitätsassistent am Institut für Baustatik, Festigkeitslehre und Tragwerkslehre der Baufakultät der Leopold-Franzens-Universität Innsbruck.

Herrn o.Univ.-Prof. Dipl.-Ing. Dr. techn. Günter Hofstetter danke ich herzlich für seine Anregung zur Erstellung dieser Dissertation und für seine verständnisvolle Betreuung und ständige Diskussionsbereitschaft.

Bei Herrn o.Univ.-Prof. Baurat h.c. Dipl.-Ing. Dr. techn. Manfred Wicke möchte ich mich für das meiner Arbeit entgegengebrachte Interesse, für seine wertvolle Stellungnahme und für die Bereitschaft zur Begutachtung dieser Arbeit bedanken.

Ferner danke ich den Mitgliedern des Instituts für Baustatik, Festigkeitslehre und Tragwerkslehre für die Hilfestellung während der Entstehung dieser Arbeit, im speziellen Herrn Dipl.-Ing. Dr. techn. Hermann Lehar und Herrn Dipl.-Ing. Dr. techn. Michael Fiedler für ihre Unterstützung und die zahlreichen Diskussionen.

Herrn Dr. phil. Gerhard Niederwanger und Herrn Markus Plattner danke ich für die gute Zusammenarbeit und die tatkräftige Mithilfe bei der Durchführung der zahlreichen Versuche.

Innsbruck, März 2001

Kurzfassung

Traglastberechnungen von Betonstrukturen mit Hilfe der Methode der finiten Elemente ermöglichen die numerische Simulation des nichtlinearen Tragverhaltens solcher Strukturen bis zum Eintritt des Versagens. Dadurch können eventuelle Schwächen eines Tragwerks, die erst bei höheren Laststufen zum Tragen kommen, erkannt werden. Bei derartigen Traglastberechnungen spielt das verwendete Materialmodell für Beton eine entscheidende Rolle.

Ein elasto-plastisches Werkstoffmodell mit einer aus Teilflächen zusammengesetzten Fließfläche wird für die Beschreibung des Materialverhaltens von unbewehrtem und bewehrtem Beton für ebene Spannungszustände verwendet. Das Reißen des unbewehrten Betons unter Zugbeanspruchung wird mit Hilfe eines geeigneten Entfestigungsgesetzes modelliert. Die Objektivität der numerischen Ergebnisse wird durch die Verwendung der spezifischen Bruchenergie für Zugversagen gewährleistet. Das einaxiale Tension Stiffening Modell lt. [CEB-FIP, 1991] für den eingebetteten Bewehrungsstab wird für biaxiale Spannungszustände und für mehrere Bewehrungslagen unterschiedlicher Orientierung erweitert. Der Übergang von unbewehrtem zu bewehrtem Beton erfolgt unter Berücksichtigung des minimalen Bewehrungsprozentsatzes lt. [CEB-FIP, 1991] und des mittleren Rißabstandes. Das Druckverhalten des unbewehrten Betons wird mit Hilfe eines Ver- und Entfestigungsgesetzes beschrieben, wobei im Nachbruchbereich die spezifische Bruchenergie für Druckversagen verwendet wird, um objektive Ergebnisse bezüglich der gewählten Netzfeinheit zu erhalten. Das Ver- und Entfestigungsgesetz für unbewehrten Beton wird unter Berücksichtigung der verminderten Druckfestigkeit bei gleichzeitiger Zugbeanspruchung in Querrichtung für bewehrten Beton adaptiert. Infolge von Spannungsumlagerungen können innerhalb einer gerissenen Struktur lokale Entlastungszustände auftreten, die mit Hilfe eines isotropen skalaren Schädigungsmodells erfaßt werden. Hierbei wird eine völlige Rißschließung infolge der Entlastung im Nachbruchbereich durch die Definition einer bleibenden Rißöffnung verhindert. Das elasto-plastische Werkstoffmodell wurde unter Verwendung des Projektionsverfahrens in das Finite Elemente Programmsystem ABAQUS implementiert.

Das Materialmodell für unbewehrten und bewehrten Beton wurde an Hand von aus der Literatur bekannten Beispielen verifiziert. Das verwendete Materialmodell führt zu objektiven Ergebnissen. Weiters stimmen Ort und Größe der numerisch bestimmten Materialschädigung mit der Rißbildung der jeweiligen Versuche überein. Zusätzlich wurde das Werkstoffmodell durch Versuche an Betonwinkeln überprüft. Das Versuchsprogramm bestand aus einer Versuchsreihe für unbewehrte Betonwinkel und drei Versuchsreihen für bewehrte Betonwinkel mit unterschiedlicher Bewehrungsführung. Der Vergleich zwischen numerischen und experimentellen Ergebnissen beinhaltet die Traglast, den Rißverlauf und das Last-Verschiebungsdiagramm vor und nach Erreichen der Traglast. Abschließend wurde das Materialmodell bei der Durchführung von Strukturberechnungen verwendet. Hierbei wurde eine Zylinderschale mit Randträgern und eine Tunnelauskleidung, die aus hexagonalen Stahlbetontübbingen erstellt wird, untersucht.

Abstract

Ultimate load analyses of concrete structures by means of the finite element method allow the numerical simulation of the pronounced nonlinear structural behavior up to failure. Thus, deficiencies of the design of concrete structures can be identified prior to construction. Finite element ultimate load analyses of concrete structures crucially rely on the employed constitutive model for concrete.

An elasto-plastic model with a composite yield surface is used to describe the behavior of plain and reinforced concrete for biaxial stress states. Cracking of plain concrete is modelled by a suitable softening law. Objectivity of the FE results is ensured by means of the fracture energy for tensile failure of concrete. The uniaxial tension stiffening model of [CEB-FIP, 1991] is extended for reinforced concrete subjected to biaxial stress states, where cracks are not necessarily orthogonal to the direction of the reinforcement. The interaction between tension softening and tension stiffening is realized by taking into account the minimum reinforcement ratio according to [CEB-FIP, 1991] and the average crack spacing. Crushing of plain concrete is described by an adequate hardening and softening law using the fracture energy for compressive failure of concrete to obtain objective results with respect to the employed mesh size in the post-peak region. The proposed hardening and softening law for plain concrete is modified for reinforced concrete by taking into account the reduced compressive strength of concrete under lateral tensile stresses. During ultimate load analyses of plain and reinforced concrete structures regions may unload due to stress redistribution. These local stress relief states are described by an isotropic scalar damage model for un- and reloading conditions. Additionally a complete crack closure in case of unloading in the post-peak region is avoided by introducing a permanent crack width. The described material model has been implemented into the finite element program ABAQUS within the framework of the return mapping algorithms.

The material model for plain and reinforced concrete was verified by means of well-known examples taken from the literature. The employed material model guarantees objective results in a straightforward manner. Moreover, size and location of the damaged concrete predicted by the numerical analyses agree well with the cracks obtained in the respective experiments. Additionally, the computational model was verified by experiments on L-shaped structural members. The experimental investigations consisted of a series of L-shaped structural members, made of plain concrete und three series of reinforced L-shaped structural members with different layout of the reinforcement. The comparison between experimental and computed results included the load at the initiation of cracking, crack propagation and the load displacement diagram in the pre- and post-peak region. Finally, the material model was used to perform large-scale ultimate load analyses of concrete structures. These investigations include the analysis of an endsupported cylindrical shell model with edge beams and of a permanent lining of a tunnel made of hexagonal precast segments.

Inhaltsverzeichnis

1 Einleitung   1
    1.1 Problemstellung und Zielsetzung 1
    1.2 Vorgehensweise 3

2 Stand der Forschung   5
    2.1 Allgemeines 5
    2.2 Materialmodelle 5
    2.3 Ansätze zur Rißmodellierung 7
    2.4 Modellierung von Stahlbeton 10

3 Finite Elemente Methode   11
    3.1 Allgemeines 11
    3.2 Schwache Formulierung der Gleichgewichtsbedingungen 11
    3.3 Linearisierung des Prinzips der virtuellen Verschiebungen 12
    3.4 Diskretisierung mit finiten Elementen 13
    3.5 Iterativer Lösungsalgorithmus 15
    3.6 Kurvenverfolgungsalgorithmen 17

4 Materialverhalten   21
    4.1 Allgemeines 21
    4.2 Beton 21
       4.2.1 Einaxiales Materialverhalten 21
       4.2.2 Biaxiales Verhalten 29
    4.3 Bewehrungsstahl 31
    4.4 Stahlbeton 33
       4.4.1 Verbundwirkung 33
       4.4.2 Rißverzahnung und Dübelwirkung 34
       4.4.3 Einaxiales Verhalten 34
       4.4.4 Biaxiales Verhalten 42

5 Elasto-plastisches Materialmodell für Beton — 47

- 5.1 Allgemeines 47
- 5.2 Evolutionsgleichungen 47
- 5.3 Formulierung der Fließkriterien 49
- 5.4 Äquivalente Spannungen und Verzerrungen 56
- 5.5 Ver- und Entfestigungsgesetze 60
  - 5.5.1 Zugverhalten des unbewehrten Betons 60
  - 5.5.2 Zugverhalten des bewehrten Betons 61
  - 5.5.3 Übergangsbedingung zwischen unbewehrtem und bewehrtem Beton 65
  - 5.5.4 Druckverhalten des unbewehrten Betons 68
  - 5.5.5 Druckverhalten des bewehrten Betons 69
- 5.6 Formulierung von Entlastungszuständen 71
- 5.7 Integrationsalgorithmus 73
  - 5.7.1 Aktualisierung der Spannungen 73
  - 5.7.2 Elasto-plastische Tangentensteifigkeitsmatrix 78
  - 5.7.3 Anwendung des Projektionsverfahrens für das Materialmodell 81
  - 5.7.4 Eckausrundung für die Bruchfläche von Rankine 85

6 Verifizierung des Materialmodells — 89

- 6.1 Allgemeines 89
- 6.2 Biaxialversuche von Kupfer 89
- 6.3 Spaltzugversuch 95
- 6.4 Biegezugversuch 99
- 6.5 Vierpunktgestützter Balken mit Kerbe 101
- 6.6 Einaxiale Zugversuche an Dehnkörpern 105
- 6.7 Biaxiale Versuche für bewehrten Beton 108
- 6.8 Stahlbetonträger 116

7 Traglastuntersuchungen — 125

- 7.1 Allgemeines 125
- 7.2 Experimentelle Untersuchungen 125
  - 7.2.1 Aufgabenstellung 125
  - 7.2.2 Versuchsaufbau 131
  - 7.2.3 Versuchsdurchführung 131
  - 7.2.4 Auswertung der Versuchsergebnisse 133
- 7.3 Bestimmung der Werkstoffparameter 134
- 7.4 Numerische Untersuchungen 138
  - 7.4.1 Modellierung 138
  - 7.4.2 Auswertung der numerischen Ergebnisse 140
- 7.5 Vergleich der experimentellen und numerischen Ergebnisse 141
  - 7.5.1 Versuchsreihe A 142

	7.5.2 Versuchsreihe B 147
	7.5.3 Versuchsreihe C 152
	7.5.4 Versuchsreihe D 157
	7.5.5 Zusammenfassung der Ergebnisse 162

8 Strukturberechnungen 165
    8.1 Allgemeines 165
    8.2 Zylinderschale mit Randträgern 165
    8.3 Tunnelauskleidung aus Stahlbetontübbingen 175

9 Zusammenfassung und Schlußfolgerungen 185

Notation 189

Literaturverzeichnis 193

Kapitel 1

Einleitung

1.1 Problemstellung und Zielsetzung

In den letzten vier Jahrzehnten entwickelte sich die Methode der Finiten Elemente wohl zum leistungsfähigsten Hilfsmittel für die Durchführung von numerischen Strukturanalysen. Derartige Berechnungen sind im Bauingenieurwesen von großer Bedeutung. Zudem wird dieses numerische Verfahren aber auch weit über den Bereich der Strukturmechanik hinaus in den unterschiedlichsten Fachrichtungen eingesetzt. Die Methode der Finiten Elemente ermöglicht die näherungsweise analytische Lösung von Aufgabenstellungen, die durch komplexe geometrische Eigenschaften der Struktur und komplizierte Randbedingungen in den Kräften und den Verschiebungen charakterisiert sind. Zusätzlich können nichtlineares Werkstoffverhalten und geometrische Nichtlinearität berücksichtigt und zeitabhängige Problemstellungen gelöst werden. Für den konstruktiven Ingenieurbau und hier im speziellen für den Werkstoff Beton bzw. Stahlbeton spielt die Berücksichtigung des nichtlinearen Werkstoffverhaltens eine entscheidende Rolle. Mit Hilfe der Methode der Finiten Elemente ermöglichen Traglastberechnungen von unbewehrten und bewehrten Betonstrukturen die numerische Simulation des nichtlinearen Tragverhaltens solcher Strukturen bis zum Eintritt des Versagens. Dadurch können eventuelle Schwächen eines Tragwerks, die erst bei höheren Laststufen zum Tragen kommen, erkannt werden.

Dieses Ziel vor Augen wurde in den letzten drei Jahrzehnten eine Vielzahl an Arbeiten veröffentlicht, die sich mit der numerischen, physikalisch nichtlinearen Berechnung von Stahlbetontragwerken im Rahmen der Methode der Finiten Elemente beschäftigen. Zum Teil wurden die gewonnenen Erkenntnisse in kommerzielle Finite Elemente Programmsysteme implementiert, jedoch werden nichtlineare Werkstoffmodelle in der Praxis zumeist nur für Spezialuntersuchungen verwendet. Grund hierfür ist der hohe Rechenaufwand, den physikalisch nichtlineare Berechnungen mit sich bringen, und die numerische Sensibilität der Berechnung selbst, die vom hochgradig nichtlinearen Materialverhalten des Betons herrührt. Insofern ist die Forderung nach Werkstoffmodellen, die eine größtmögliche numerische Stabilität gewährleisten, wobei die benötigten Rechenzeiten in einem tolerierbaren Ausmaß bleiben sollen, nur allzu gut verständlich.

Zusätzlich ist es aber auch notwendig, numerische Traglastanalysen unter dem Aspekt der Wirtschaftlichkeit zu betrachten. Dies inkludiert die Verwendung von Materialmodellen, deren Parameter einfach identifiziert werden können. Viele der vorliegenden Modelle benötigen Werkstoffparameter, die oft nur unter großem Aufwand ermittelt werden können. Dies schränkt den praxisorientierten Einsatz solcher Modelle erheblich ein. Der Idealfall besteht in der Möglichkeit, die erforderlichen Werkstoffkenngrößen mit Hilfe geltender Normen und Regelwerke festlegen zu können.

Ziel dieser Arbeit ist die Formulierung eines zweidimensionalen Materialmodells für unbewehrten und bewehrten Beton, das die wesentlichen phänomenologischen Versagensmechanismen des Werkstoffs wiedergibt. Das Werkstoffmodell soll größtmögliche numerische Stabilität besitzen und lediglich Materialkenngrößen beinhalten, die aus geltenden Normen und Regelwerken entnommen werden können. Das Werkstoffmodell für biaxiale Spannungszustände beruht auf der Fließtheorie der Plastizitätstheorie, wobei für die Formulierung desselben auf mehreren bereits vorliegenden Arbeiten aufgebaut werden kann. Die Aufgabenstellung bezieht sich hierbei auf die Umsetzung von experimentell beobachteten, phänomenologischen Materialeigenschaften des unbewehrten und bewehrten Betons im zu erstellenden Werkstoffmodell. Das stark unterschiedliche Materialverhalten von Baustahl und Beton erfordert eine differenzierte Betrachtung beider Werkstoffe. Zusätzlich ist erforderlich, das Zusammenwirken der Komponenten Baustahl und Beton zu berücksichtigen.

Ein wesentliches Kriterium zur Klassifizierung der mittels der Methode der Finiten Elemente erhaltenen Ergebnisse wird durch die Forderung nach Objektivität der numerischen Berechnung bezüglich der gewählten Diskretisierung vorgegeben. Diese ist im Rahmen des Konzepts der verschmierten Risse sowohl für unbewehrten als auch für bewehrten Beton durch geeignete Formulierungen zur Beschreibung des Entfestigungsverhaltens zu realisieren.

Eine besondere Bedeutung kommt der Implementierung des Werkstoffmodells im Rahmen eines effektiven und stabilen Lösungsalgorithmus zu. Hierzu zählen die Aufbereitung der konstitutiven Gleichungen in Verbindung mit dem gewählten Integrationsverfahren und die Bereitstellung der konsistenten Materialtangente.

Der Anwendungsbereich für das in dieser Arbeit vorgestellte Materialmodell umfaßt Traglastanalysen von Flächentragwerken aus unbewehrtem und bewehrtem Beton. Zeitabhängige Effekte wie Kriechen und Schwinden werden in dieser Arbeit nicht berücksichtigt. Weiters beinhalten die numerischen Untersuchungen keine Sicherheitsbetrachtungen. Das vorgeschlagene Materialmodell und die verwendeten Algorithmen werden an Hand von ausgewählten Versuchsergebnissen verifiziert. Hierfür werden nicht nur aus der Literatur bekannte Beispiele, sondern auch Ergebnisse experimenteller Untersuchungen an unbewehrten und bewehrten Betonwinkeln, die im Rahmen dieser Arbeit durchgeführt wurden, verwendet. Abschließend demonstrieren zwei Strukturberechnungen die Leistungsfähigkeit des vorliegenden Werkstoffmodells.

1.2 Vorgehensweise

Die vorliegende Arbeit umfaßt die mathematische Beschreibung des Materialverhaltens von unbewehrtem und bewehrtem Beton, die Formulierung eines Werkstoffmodells für biaxiale Spannungszustände, die Verifizierung des Materialmodells und die Anwendung an konkreten Problemstellungen. Sie wird wie folgt gegliedert:

In Kapitel 2 wird der Stand der Forschung an Hand eines Überblicks über Materialmodelle für Beton und Bewehrung beschrieben. Außerdem werden verschiedene Ansätze zur Rißmodellierung einschließlich der Beschreibung von Lokalisierungsphänomenen und Möglichkeiten zur Betrachtung des Verbundwerkstoffs Stahlbeton vorgestellt.

Die Grundlagen der Finite Elemente Methode werden in Kapitel 3 behandelt. Zusätzlich enthält dieses Kapitel verschiedene Algorithmen zur Lösung von physikalisch nichtlinearen, baustatischen Problemstellungen.

Das Materialverhalten von unbewehrtem und bewehrtem Beton unter einaxialer und biaxialer Beanspruchung wird in Kapitel 4 erörtert. Hierbei werden die wichtigsten Werkstoffeigenschaften des unbewehrten und des bewehrten Betons aufgelistet und mögliche Ansätze zur Beschreibung des Materialverhaltens im Rahmen eines Stoffgesetzes angegeben.

In Kapitel 5 werden die grundlegenden Gleichungen der Fließtheorie der Plastizitätstheorie, welche die Grundlage für das vorgeschlagene elasto-plastische Werkstoffmodell bilden, die gewählten Fließkriterien in Form von Bruch- und Versagenshypothesen und die zugehörigen Ver- und Entfestigungsgesetze erläutert. Weiters wird der Integrationsalgorithmus, der für die Implementierung des elasto-plastischen Werkstoffmodells in das Finite Elemente Programmsystem ABAQUS verwendet wird, beschrieben.

Die Verifizierung des Materialmodells erfolgt in Kapitel 6 an Hand von aus der Literatur bekannten Beispielen für unbewehrten und bewehrten Beton. Hierbei werden die Rißbildung, die Materialschädigung, die Traglasten mit den zugehörigen Versagensmechanismen und die Objektivität der numerischen Berechnungen untersucht. Die Ergebnisse der einzelnen numerischen Berechnungen werden an Hand von vorhandenen Versuchsergebnissen überprüft.

In Kapitel 7 werden experimentelle und numerische Untersuchungen an unbewehrten und bewehrten Betonwinkeln vorgestellt. Der Vergleich zwischen experimentellen und numerischen Untersuchungen beinhaltet die Traglast, den Rißverlauf und das Verhalten vor und nach Erreichen der Traglast.

Strukturberechnungen für eine Zylinderschale mit Randträgern und für eine Tunnelauskleidung, die aus Stahlbetontübbingen erstellt wird, sind in Kapitel 8 angeführt. Diese beiden Beispiele bilden zwei konkrete Anwendungen des elasto-plastischen Materialmodells.

In Kapitel 9 werden die Ergebnisse der vorliegenden Arbeit zusammengefaßt und Anregungen zur Weiterentwicklung des Werkstoffmodells gegeben.

Kapitel 2

Stand der Forschung

2.1 Allgemeines

In den vergangenen drei Jahrzehnten wurde eine große Anzahl von Werkstoffmodellen für die numerische Simulation des nichtlinearen Tragverhaltens von unbewehrten und bewehrten Betonstrukturen vorgeschlagen. Sie beinhalten die mathematische Formulierung des Materialverhaltens unter mehraxialen Spannungs- und Verzerrungszuständen einschließlich der Modellierung der Rißbildung. Der folgende Überblick über den Stand der Forschung orientiert sich an [Hofstetter und Mang, 1995], [Stempniewski und Eibl, 1996], [de Borst, 1997], [Meschke und Mang, 1997], [Jirásek, 1999] und [Pravida, 1999]. Er umfaßt einen Überblick über Materialmodelle für Beton und Bewehrung, verschiedene Ansätze zur Rißmodellierung einschließlich der Beschreibung von Lokalisierungsphänomenen und Möglichkeiten zur Betrachtung des Verbundwerkstoffs Stahlbeton.

2.2 Materialmodelle

In den siebziger Jahren wurden zahlreiche Materialmodelle zur Beschreibung des nichtlinearen Werkstoffverhaltens von Beton vorgeschlagen. Im besonderen wurden zur mathematischen Beschreibung von experimentell beobachteten Spannungs-Dehnungsbeziehungen vor allem die nichtlineare Elastizitätstheorie, die Plastizitätstheorie und die Schädigungsmechanik verwendet.

Materialmodelle im Rahmen der Elastizitätstheorie können in Cauchy-elastische Modelle, in hyperelastische Materialmodelle und in hypoelastische Materialmodelle eingeteilt werden. Für Cauchy-elastische Modelle besteht ein direkter Zusammenhang zwischen dem aktuellen Spannungs- und Verzerrungszustand. Je nach Anzahl der verwendeten Materialkennwerte können die Modelle isotropes oder anisotropes Verhalten beschreiben. Im Rahmen der Hyperelastizität werden die Spannungs-Dehnungsbeziehungen mit Hilfe eines elastischen Potentials ermittelt [Chen, 1982]. Im Rahmen der Hypoelastizität werden die Spannungs-Dehnungsbeziehungen in inkrementeller Form durch sich ändernde Tangentensteifigkeiten bestimmt.

Mögliche Ansätze im Rahmen der Plastizitätstheorie sind die klassische Deformationstheorie, die Fließtheorie, die Plastic-Fracture Theorie, die endochrone Theorie und die Hypoplastizität. Die klassische Deformationstheorie der Plastizität beruht auf einer totalen Formulierung zwischen Spannungen und Verzerrungen und der additiven Zerlegung des Verzerrungsinkrementes in einen elastischen und in einen plastischen Anteil. Im Gegensatz zu Modellen aus der Elastizitätstheorie können zwar plastische Verformungen und eine Unterscheidung zwischen Be- und Entlastungsvorgängen erfaßt werden, man erhält aber Widersprüche bei Entlastung und anschließender Wiederbelastung. Die Fließtheorie der Plastizitätstheorie hingegen stellt eine inkrementelle Theorie dar. Durch die Annahme einer Fließfläche, eines plastischen Potentials und einer Fließregel kann die Rate der plastischen Verzerrungen bestimmt werden. Die Plastic-Fracture Theorie entspricht einer Kombination aus der Fließtheorie der Plastizitätstheorie und der Fracture Theorie, die die Degradation der elastischen Moduli infolge fortschreitender Materialschädigung beschreibt [Bažant und Kim, 1979]. Die endochrone Theorie beschreibt die inelastischen Verzerrungen als Funktion der endochronen Zeit. Durch die zusätzliche Erfassung des viskosen Verhaltens ist es möglich, zeitabhängige Verformungen zu beschreiben [Bažant und Shieh, 1978]. Die Hypoplastizität entspricht einer inkrementellen Theorie, die weder eine Fließfläche noch ein plastisches Potential verwendet. Die entsprechenden Ratengleichungen werden vielmehr direkt angegeben.

Neben den bereits erwähnten mathematischen Formulierungen entspricht die Schädigungstheorie einer weiteren Möglichkeit zur Beschreibung des nichtlinearen Werkstoffverhaltens. Während im Rahmen der Plastizitätstheorie die Verzerrungen in einen elastischen und in einen plastischen Anteil zerlegt werden und die elastische Steifigkeitsmatrix als konstant angenommen wird, wird im Rahmen der Schädigungsmechanik infolge irreversibler Vorgänge die Steifigkeit verringert. Hierbei kann die Schädigung sowohl in isotroper [Mazars, 1984], [Mazars und Pijaudier-Cabot, 1989] als auch in anisotroper Form [Lemaitre und Chaboche, 1990] beschrieben werden. Um das Werkstoffverhalten des Betons in seinem komplexen Verhalten besser beschreiben zu können, wurden die erwähnten Ansätze in verschiedener Zusammensetzung verwendet. Ein Beispiel dafür bildet die Kombination von Plastizitätstheorie und Schädigungstheorie [Lubliner et al., 1989].

Mathematische Modelle im Rahmen der Elastizitäts-, Plastizitäts- und Schädigungstheorie beinhalten konstitutive Beziehungen, die auf makroskopischer Ebene und in phänomenologischer Form definiert werden. Dies bedeutet, daß jegliche internen Variablen, die das Materialverhalten steuern, keine direkte physikalische Bedeutung aufweisen und in keinem Bezug zum Materialverhalten auf mikroskopischer Ebene stehen. Werkstoffmodelle, die das Materialverhalten der Mikrostruktur berücksichtigen, sind die sogenannten Mikroplane Modelle [Bažant und Oh, 1985]. In diesen Modellen werden die konstitutiven Beziehungen auf mikroskopischer Ebene ermittelt und durch geeignete Transformationen auf die makroskopische Ebene abgebildet. Die mikroskopische Struktur entspricht hierbei einer Schar von Ebenen mit unterschiedlichen Orientierungen.

2.3 Ansätze zur Rißmodellierung

In den späten sechziger Jahren wurden in Form der Arbeiten von [Ngo und Scordelis, 1967] und [Rashid, 1968] die Grundlagen zur numerischen Modellierung des Rißverhaltens von unbewehrtem und bewehrtem Beton gelegt. Die Ansätze zur numerischen Rißmodellierung ergeben sich zum einen aus dem Konzept der diskreten Risse (discrete crack model) nach [Ngo und Scordelis, 1967] und zum anderen aus dem Konzept der verschmierten Risse (smeared crack model) nach [Rashid, 1968].

Im Zuge des Konzepts der diskreten Risse wird die Diskontinuität der Verschiebungen entlang der Rißufer berücksichtigt. Die Modellierung von diskreten Rissen erfolgt durch die Teilung gemeinsamer Knoten benachbarter finiter Elemente in jeweils zwei separate Knoten. Dies führt zu einer Änderung des finiten Elemente Netzes und erfordert eine ständige Neuvernetzung der Struktur. Zur wirklichkeitsnahen Modellbildung der Rißentwicklung werden adaptive Netzanpassungsverfahren [Ingraffea und Saouma, 1985], [Xie und Gerstle, 1995] eingesetzt. Da das Konzept der diskreten Risse die Kenntnis zumindest einer Rißwurzel voraussetzt, ist es in erster Linie für nachträgliche Analysen von schadhaften Betonstrukturen mit einzelnen Rissen, die das Strukturverhalten stark beeinflussen, geeignet. Eine zusätzliche Möglichkeit zur Darstellung der Rißentwicklung bildet die Verwendung von Übergangselementen [Rots, 1988]. Diese Elemente werden in jenen Bereichen angeordnet, in denen der weitere Rißverlauf zu erwarten ist.

Zur Berechnung von Betonstrukturen, deren Tragverhalten durch eine Vielzahl von mehr oder weniger regelmäßig verteilten Rissen geprägt ist, ist das Konzept der verschmierten Risse ein geeignetes Hilfsmittel der Rißmodellierung. Das gerissene Material wird als Kontinuum betrachtet, wobei auftretende Risse durch eine Verringerung der Steifigkeit in Teilbereichen von finiten Elementen erfaßt werden. Diese Teilbereiche entsprechen den Integrationsbereichen jener Integrationspunkte, in denen ein vorgegebenes Rißkriterium erfüllt ist. Hierbei ist es möglich, auch mehrere Risse beliebiger Orientierung zu berücksichtigen.

In den siebziger Jahren wurde zur Beschreibung des Rißverhaltens von unbewehrten und bewehrten Betonstrukturen im Rahmen des Konzepts der verschmierten Risse das Modell der unveränderlichen, orthogonalen Rißebenen (fixed orthogonal crack models) verwendet, wobei die in den Rißebenen vorhandene Schubsteifigkeit [Suidan und Schnobrich, 1973] abgemindert wurde.

In den frühen achtziger Jahren führten zahlreiche Untersuchungen zu dem Ergebnis, daß jene Schubspannungen, die infolge der Verzahnung der einzelnen Zuschlagskörner in den Rißebenen entstehen, eine Drehung der Hauptnormalspannungsrichtungen bewirken [Cope et al., 1980]. Dies hat zur Folge, daß ein zusätzlicher Riß in einem Integrationspunkt nicht orthogonal zu einem bereits vorhandenen Riß auftritt. Weiters wurde im Zuge von Traglastberechnungen an Strukturen mit einem nicht orthogonalen Rißbild eine Überschätzung der Traglast festgestellt. Infolge dieser Untersuchungen wurden Modelle entwickelt, die eine Rotation der Rißebene bzw. ein nicht orthogonales Rißbild ermöglichen. Dies sind zum einen Modelle mit rotierenden Rißebenen (rotating crack models) bzw. einem rotierenden Riß pro Integrationspunkt

[Gupta und Akbar, 1984], [Willam et al., 1987] und zum anderen Modelle mit unveränderlichen, nicht orthogonalen Rißebenen (fixed non-orthogonal crack models), die gleichzeitig mehrere Risse in einem Integrationspunkt erlauben [de Borst und Nauta, 1985], [Rots, 1988]. Neben den zuvor erwähnten Rißmodellen, die auf der Elastizitätstheorie beruhen, wurden in jüngerer Zeit Rißmodelle auf Grundlage der Plastizitätstheorie und der Schädigungstheorie veröffentlicht.

In den frühen achtziger Jahren wurde infolge zahlreicher Untersuchungen festgestellt, daß der unbewehrte Beton keinen spröden Werkstoff im Sinne von [Griffith, 1921] darstellt. Der unbewehrte Beton verfügt über die Eigenschaft, auch nach Erreichen der Zugfestigkeit Kräfte aufzunehmen. Auf Grund experimenteller Erkenntnisse wurde das Nachbruchverhalten des unbewehrten Betons mittels Spannungs-Dehnungsbeziehungen beschrieben, die eine stetige Reduktion der Zugfestigkeit mit zunehmender Rißöffnung vorgeben.

Jedoch zeigte sich vor allem bei unbewehrten und schwach bewehrten Bauteilen eine physikalisch nicht tolerierbare Netzabhängigkeit [Bažant, 1976]. Diese äußert sich durch die Abnahme der berechneten Traglast mit fortschreitender Verfeinerung des Finiten Elemente Netzes, ohne Konvergenz zu erzielen. Die Ursache für diese Netzabhängigkeit ist darauf zurückzuführen, daß das Werkstoffverhalten im Entfestigungsbereich durch ein Spannungs-Dehnungsdiagramm nicht objektiv beschrieben werden kann. Die Dehnung in einem auf Zug beanspruchten Probekörper ist im Entfestigungsbereich nicht mehr gleichmäßig über die gesamte Probenlänge verteilt, sondern es kommt vielmehr zu einer Lokalisierung der Dehnung in einem kleinen Bereich der Probe. Die Entwicklung des Fictitious Crack Modells [Hillerborg et al., 1976] ermöglichte eine neue Betrachtungsweise. Hierbei wird die infolge der Rißentwicklung freigesetzte Energie als netzunabhängige Größe eingeführt und der Schädigungsbereich auf eine infinitesimal schmale Rißprozesszone abgebildet. Die Adaption dieses Modells für das Konzept der verschmierten Risse wurde mit der Formulierung des Crack Band Modells [Bažant und Oh, 1983] erzielt. Im Rahmen des Crack Band Modells wird die spezifische Bruchenergie gemäß [Hillerborg et al., 1976] über jene Bereiche, in denen die Rißlokalisierung stattfindet, verschmiert. Das Crack Band Modell wird im Zuge ingenieurmäßiger Betrachtung verwendet und gewährleistet die geforderte Objektivität bezüglich der gewählten Netzfeinheit.

Eine Beeinträchtigung der Rißentwicklung in ihrem Verlauf ist aber trotz mittels der spezifischen Bruchenergie objektivierter Spannungs-Dehnungsbeziehungen möglich, da die Lokalisierung der Dehnungen jeweils in Elementen bzw. Elementsreihen, deren Form und Anordnung die weitere Rißbildung beeinflussen können, erfolgt. Weiters können Spannungs-Dehnungsbeziehungen, die auf dem zuvor beschriebenen Strain-Softening Ansatz basieren, zu instabilem Materialverhalten führen. Eine mögliche Materialinstabilität wird durch einen zu steil abfallenden Ast der Entfestigungsbeziehung, durch reduziert integrierte finite Elemente und durch ein Rißmodell mit feststehender Rißrichtung begünstigt [Rots, 1988]. Dies trifft uneingeschränkt jedoch nur bei unbewehrtem Beton zu. Bei Stahlbeton verringert die Bewehrung die Gefahr des Auftretens von lokalen Instabilitäten. Die risseverteilende Wirkung der Bewehrung verhindert die volle Ausbildung von Lokalisierungszonen. Auf Grund möglicher Materialinstabilität ist die Lösung des statischen, physikalisch nichtlinearen Randwertproblems nicht mehr eindeutig. Die Elliptizität des Differentialgleichungssystems, das den Gleichgewichtszustand beschreibt, geht verloren. Dies kann durch verfeinerte Ansätze, die zusätzliche Informationen über die interne Struktur des Materials liefern, vermieden werden [de Borst et al., 1993]. Diese Verfahren bewirken eine realistische und netzunabhängige Beschreibung jener Bereiche, die einer sehr hohen Dehnungskonzentration unterliegen.

Eine geeignete Form zur Erfassung von Lokalisierungsphänomenen bilden Verfahren im Rahmen der Theorie des nichtlokalen Kontinuums, die in den achtziger Jahren von [Bažant et al., 1984] und [Pijaudier-Cabot und Bažant, 1987] vorgeschlagen wurden. Differentielle Formen des Konzepts des nichtlokalen Kontinuums wurden durch verschiedene Gradientenmodelle [Aifantis, 1984], [Schreyer und Chen, 1986], [Mühlhaus und Aifantis, 1991], [de Borst und Mühlhaus, 1992], [Pamin, 1994] beschrieben. Zusätzliche Möglichkeiten ausgehend von einem linearen mikropolaren Kontinuum bilden die Cosserat Modelle oder Theorien der polaren Medien [Mühlhaus und Vordoulakis, 1987], [de Borst, 1991] und die viskoplastische Regularisierung [Needleman, 1987], die die auftretenden Dehnungskonzentrationen durch die Addition ratenabhängiger Terme zu den konstitutiven Beziehungen einschränkt. In allen diesen Verfahren werden lokal begrenzte Verzerrungskonzentrationen zugelassen, womit die Elliptizität des Differentialgleichungssystems gewährleistet werden kann.

Im Zuge des Konzepts der verschmierten Risse wurden in den letzten Jahren vermehrt adaptive Methoden eingesetzt. Die Anwendung adaptiver Vorgangsweisen im Rahmen der finiten Elemente Methode hat zum Ziel, im Zuge mehrstufiger Berechnungen ein optimales finite Elemente Netz zu erhalten, das durch ein Mindestmaß an Freiheitsgraden bei Einhaltung eines vorgegebenen Maßes an Genauigkeit charakterisiert ist [Huemer, 1998], [Lackner, 1999]. Die Durchführung einer adaptiven Analyse setzt sich zum einen aus einer automatischen Generierung des finiten Elemente Netzes und zum anderen aus der Fehlerschätzung der gegebenen Diskretisierung zusammen. Ergebnisse zahlreicher mittels adaptiver Verfahren durchgeführter numerischer Studien an unbewehrten Betonstrukturen zeigen eine gute Übereinstimmung der Rißbilder und der Rißentwicklungen mit den jeweiligen Versuchsergebnissen.

Im letzten Jahrzehnt wurden zusätzlich verschiedene Rißmodelle, die sich an der Mikrostruktur des Werkstoffs orientieren, vorgeschlagen. Diese bilden neben den Konzepten der diskreten und verschmierten Risse eine zusätzliche Möglichkeit der Rißmodellierung und erlauben eine detaillierte Betrachtung der Rißbildung und Rißentwicklung. Ein Beispiel hierfür sind Gittermodelle [Schlangen, 1993]. In diesen Modellen wird das Kontinuum durch eine Gitterstruktur, die aus Fachwerksstäben oder Balkenelementen besteht, abgebildet. Die Mikrostruktur wird in Form von statistisch verteilten Materialkennwerten auf die einzelnen Fachwerksstäbe oder Balkenelemente projiziert, wobei hier im speziellen zwischen Zuschlagsstoff, Zementmatrix und dem Verbund unterschieden wird. Vergleichbare Modelle sind die Partikelmodelle (particle models), die die Mikrostruktur in Form von Partikeln, die sich gegenseitig durch Reibung beeinflussen, darstellen.

2.4 Modellierung von Stahlbeton

Das Materialverhalten von Stahlbeton ist zum einen durch die werkstoffspezifischen Eigenschaften von Beton und Stahl und zum anderen durch das Zusammenwirken der beiden Komponenten gekennzeichnet. Die Modellierung des Werkstoffverhaltens der Bewehrung kann mit Hilfe eines einaxialen elasto-plastischen Materialmodells unter Berücksichtigung ideal-plastischen oder verfestigenden Materialverhaltens erfolgen.

Die Beschreibung der Verbundwirkung zwischen Beton und Stahl im Rahmen der finiten Elemente Methode resultiert aus der gewählten Form der Bewehrungsmodellierung. Im Zuge von numerischen Simulationen an Stahlbetonstrukturen können die vorhandenen Stahleinlagen durch eine diskrete Modellierung (discrete modelling), eine eingebettete Modellierung (embedded modelling) oder durch eine verschmierte Modellierung (distributed modelling) berücksichtigt werden.

Im Rahmen der diskreten Modellierung wird jeder Bewehrungsstab in Form eines Stabelementes diskretisiert, wobei die Stabendknoten mit den Knoten der Scheiben- oder Schalenelemente, die den unbewehrten Beton abbilden, zu verbinden sind. Zusätzlich muß die Ordnung der Formfunktionen der gewählten Elemente übereinstimmen, um die Verträglichkeit der Verschiebungen zu gewährleisten. Die Koppelung der jeweiligen Knoten führt zu einem perfekten Verbund zwischen Beton und Stahl. Durch die Verwendung von Verbundelementen zwischen den Stabelementen und den Scheiben- bzw. Schalenelementen ist es möglich, eine relative Verschiebung zwischen Beton und Stahl (bond slip) und die Dübelwirkung der Bewehrung (dowel action) zu berücksichtigen.

Bei der eingebetteten Bewehrungsmodellierung werden die Stahleinlagen ebenfalls durch Stabelemente diskretisiert, wobei diese in beliebiger Orientierung im verwendeten isoparametrischen Scheiben- oder Schalenelement angeordnet werden können. Die Stabelemente besitzen keine unabhängigen Freiheitsgrade, sondern sind durch das verwendete Verschiebungsfeld des jeweiligen Scheiben- oder Schalenelementes an dessen Freiheitsgrade gekoppelt. Dies resultiert wiederum in einem perfekten Verbund zwischen Bewehrung und Beton. Für eine Berücksichtigung der relativen Verschiebung zwischen Beton und Stahl und der Dübelwirkung des Stahls müssen die konstitutiven Beziehungen verändert werden.

Im Rahmen der verschmierten Modellierung werden die einzelnen Bewehrungslagen zu dünnen Stahllagen verschmiert. Die Dicke der jeweiligen Stahlschichten ergibt sich aus dem vorhandenen Stahlquerschnitt und dem gegebenen Stababstand. Das Materialverhalten der einzelnen Stahlschichten wird in vorgegebener Orientierung mit einem einaxialen elasto-plastischen Materialmodell beschrieben. Die Stahldehnungen ergeben sich aus dem Verschiebungsfeld des Scheiben- oder Schalenelementes und führen zu einer perfekten Verbundwirkung zwischen Bewehrung und Stahl. Somit müssen Effekte, wie die relative Verschiebung zwischen Beton und Stahl oder die Dübelwirkung der Bewehrung, gesondert berücksichtigt werden. Dies kann sowohl auf Seite der Bewehrung als auch auf Seite des Betons durch eine Modifizierung der jeweiligen Spannungs-Dehnungsbeziehung erfolgen [Kollegger, 1988], [Mehlhorn, 1990], [Meiswinkel et al., 1995], [Meiswinkel und Rahm, 1999].

Kapitel 3

Finite Elemente Methode

3.1 Allgemeines

Numerische Methoden ermöglichen die näherungsweise analytische Lösung von Aufgabenstellungen, die durch komplexe geometrische Eigenschaften der Struktur und komplizierte Randbedingungen in den Kräften und den Verschiebungen charakterisiert sind. Die Verwendung iterativer Lösungsverfahren wird durch nichtlineares Werkstoffverhalten, geometrische Nichtlinearität und zeitabhängige Problemstellungen erforderlich. Die finite Elemente Methode (FEM) kann als das bedeutendste numerische Verfahren zur Lösung solcher Aufgabenstellungen bezeichnet werden [Hofstetter und Mang, 1995], [Zienkiewicz und Taylor, 1989].

3.2 Schwache Formulierung der Gleichgewichtsbedingungen

Die schwache Formulierung der Gleichgewichtsbedingungen wird mit Hilfe des Prinzips der virtuellen Verschiebungen angegeben. Wird ein Körper durch eine virtuelle Verschiebung $\delta \mathbf{u}$ aus der Gleichgewichtslage bewegt, ist die Summe der von den inneren und äußeren Kräften geleisteten Arbeit gleich Null. Hierbei entsprechen die virtuellen Verschiebungen einer Variation der Verschiebungen $\mathbf{u}(\mathbf{x})$ und müssen kinematisch zulässig sein. Die schwache Formulierung der Gleichgewichtsbedingungen kann mit Hilfe des Prinzips der virtuellen Verschiebungen zu

$$G(\mathbf{u}, \delta\mathbf{u}) = -\int_V \delta\boldsymbol{\varepsilon}^\top \boldsymbol{\sigma} \, dV + \int_{S^t} \delta\mathbf{u}^\top \bar{\mathbf{t}} \, dS^t + \int_V \delta\mathbf{u}^\top \bar{\mathbf{f}} \, dV = 0 \qquad (3.1)$$

angegeben werden, wobei $\boldsymbol{\sigma}$ den Spannungsvektor bezeichnet. Der gegebene Körper mit dem Volumen V und der Oberfläche S wird durch die Volumskräfte $\bar{\mathbf{f}}$ und die auf dem Teil S^t von S wirkenden Oberflächenkräfte $\bar{\mathbf{t}}$ belastet. Die Verzerrungen $\boldsymbol{\varepsilon}$ werden mit Hilfe der kinematischen Beziehungen aus den Verschiebungen ermittelt. Dieser Zusammenhang gilt auch für die aus den virtuellen Verschiebungen bestimmten virtuellen Verzerrungen $\delta\boldsymbol{\varepsilon}$. Im Gegensatz zur linearen Elastizitätstheorie gibt es bei elasto-plastischem Werkstoffverhalten weder einen linearen noch einen eindeutigen Zusammenhang zwischen Spannungen und Verzerrungen. Daher ist es notwendig, die Belastung in kleinen Teilschritten aufzubringen und die durch jedes Lastinkrement verursachten Inkremente der Verschiebungen, Verzerrungen und Spannungen zu bestimmen. Durch die Aufsummierung der durch die einzelnen Lastinkremente verursachten Verschiebungen, Verzerrungen und Spannungen kann der jeweilige aktuelle Zustand für die Verschiebungen, Verzerrungen und Spannungen ermittelt werden. Nichtlineares Materialverhalten führt zur Abhängigkeit der Steifigkeitsmatrix vom aktuellen Spannungszustand, was eine Modifizierung des Prinzips der virtuellen Verschiebungen erfordert [Hofstetter und Mang, 1995], [Zienkiewicz und Taylor, 1989], [Zienkiewicz und Taylor, 1991].

3.3 Linearisierung des Prinzips der virtuellen Verschiebungen

Für den bekannten Gleichgewichtszustand eines Körpers nach dem Aufbringen von n Lastinkrementen und den in allen Punkten dieses Körpers bekannten Spannungsvektor $\boldsymbol{\sigma}_n$ lautet die schwache Formulierung der Gleichgewichtsbedingungen mit Hilfe des Prinzips der virtuellen Verschiebungen

$$G(\mathbf{u}_n, \delta\mathbf{u}) = -\int_V \delta\boldsymbol{\varepsilon}^\top \boldsymbol{\sigma}_n \, dV + \int_{S^t} \delta\mathbf{u}^\top \bar{\mathbf{t}}_n \, dS^t + \int_V \delta\mathbf{u}^\top \bar{\mathbf{f}}_n \, dV = 0. \qquad (3.2)$$

Wird die Gleichgewichtslage des Körpers für diesen Lastschritt als bekannt vorausgesetzt, sind alle Größen in (3.2) bekannt. Nach Aufbringen eines zusätzlichen Lastinkrementes kann die schwache Formulierung der Gleichgewichtsbedingungen mit

$$G(\mathbf{u}_{n+1}, \delta\mathbf{u}) = -\int_V \delta\boldsymbol{\varepsilon}^\top \boldsymbol{\sigma}_{n+1} \, dV + \int_{S^t} \delta\mathbf{u}^\top \bar{\mathbf{t}}_{n+1} \, dS^t + \int_V \delta\mathbf{u}^\top \bar{\mathbf{f}}_{n+1} \, dV = 0 \qquad (3.3)$$

angeschrieben werden, wobei die virtuelle Arbeit der äußeren Kräfte infolge einer verschiebungsunabhängigen Belastung bekannt ist. Die unbekannten Spannungen $\boldsymbol{\sigma}_{n+1}$ werden im Rahmen der Plastizitätstheorie mit dem verallgemeinerten Hookeschen Gesetz aus den elastischen Verzerrungen ε^e_{n+1} mit

$$\boldsymbol{\sigma}_{n+1} = \mathbf{C}^e \, \varepsilon^e_{n+1} = \mathbf{C}^e \, (\varepsilon_{n+1} - \varepsilon^p_{n+1}) \qquad (3.4)$$

ermittelt, wobei $\mathbf{C}^e$ die Elastizitätsmatrix darstellt. Die gesamten Verzerrungen ε_{n+1} werden aus den Verschiebungen $\mathbf{u}_{n+1}$ berechnet. Die plastischen Verzerrungen ε^p_{n+1} können mit Hilfe des elasto-plastischen Werkstoffgesetzes ermittelt werden.

Auf Grund der nichtlinearen konstitutiven Beziehungen wird auch die schwache Formulierung der Gleichgewichtsbedingungen (3.3) nichtlinear und muß durch ein geeignetes numerisches Verfahren gelöst werden. Hierfür wird im allgemeinen das Verfahren von Newton angewandt, das in der Nähe der Lösung eine zumindest quadratische Rate asymptotischer Konvergenz aufweist [Luenberger, 1984]. Die unbekannten Spannungen $\boldsymbol{\sigma}_{n+1}$ werden in den bereits bekannten Anteil $\boldsymbol{\sigma}_n$ und in den durch Aufbringen des Lastinkrementes $n+1$ bewirkten Anteil $\Delta\boldsymbol{\sigma}_{n+1}$ mit

$$\boldsymbol{\sigma}_{n+1} = \boldsymbol{\sigma}_n + \Delta\boldsymbol{\sigma}_{n+1} \tag{3.5}$$

aufgeteilt. Durch Einsetzen von (3.5) in die schwache Formulierung der Gleichgewichtsbedingungen kann (3.3) für das noch unbekannte Spannungsinkrement $\Delta\boldsymbol{\sigma}_{n+1}$ mit

$$\int_V \delta\boldsymbol{\varepsilon}^\top \Delta\boldsymbol{\sigma}_{n+1}\, dV = -\int_V \delta\boldsymbol{\varepsilon}^\top \boldsymbol{\sigma}_n\, dV + \int_{S^t} \delta\mathbf{u}^\top \bar{\mathbf{t}}_{n+1}\, dS^t + \int_V \delta\mathbf{u}^\top \bar{\mathbf{f}}_{n+1}\, dV \tag{3.6}$$

angeschrieben werden. Für den Fall verschiebungsunabhängiger Belastung entspricht die rechte Seite von (3.6) der durch das Aufbringen des Lastinkrementes $n+1$ hervorgerufenen Differenz zwischen der virtuellen Arbeit der äußeren und inneren Kräfte. Für die nichtlineare Gleichung (3.6) kann durch eine Taylorreihenentwicklung der konstitutiven Beziehung (3.5) mit Abbruch nach dem linearen Reihenglied

$$\boldsymbol{\sigma}_{n+1} \cong \boldsymbol{\sigma}_n + \left(\frac{\partial \boldsymbol{\sigma}_n}{\partial \boldsymbol{\varepsilon}_n}\right)\Delta\boldsymbol{\varepsilon}_{n+1} = \boldsymbol{\sigma}_n + \mathbf{C}_n^{ep}\, \Delta\boldsymbol{\varepsilon}_{n+1} \tag{3.7}$$

eine lineare Approximation in der Umgebung der infolge der äußeren Belastungen $\bar{\mathbf{f}}_n$ und $\bar{\mathbf{t}}_n$ bereits bestimmten Lösung erhalten werden. Durch Einsetzen des Spannungsinkrementes $\Delta\boldsymbol{\sigma}_{n+1}$ aus (3.7) in (3.6) kann die linearisierte Form des Prinzips der virtuellen Verschiebungen mit

$$\int_V \delta\boldsymbol{\varepsilon}^\top \mathbf{C}_n^{ep}\Delta\boldsymbol{\varepsilon}_{n+1}\, dV = -\int_V \delta\boldsymbol{\varepsilon}^\top \boldsymbol{\sigma}_n\, dV + \int_{S^t} \delta\mathbf{u}^\top \bar{\mathbf{t}}_{n+1}\, dS^t + \int_V \delta\mathbf{u}^\top \bar{\mathbf{f}}_{n+1}\, dV \tag{3.8}$$

angegeben werden, wobei $\mathbf{C}_n^{ep}$ die bekannte elasto-plastische Materialmatrix für das Lastinkrement n bezeichnet. Unbekannt ist in (3.8) das zufolge des Lastinkrementes $n+1$ bewirkte Verzerrungsinkrement $\Delta\boldsymbol{\varepsilon}_{n+1}$.

3.4 Diskretisierung mit finiten Elementen

Die numerische Behandlung nichtlinearer Problemstellungen erfordert sowohl die Diskretisierung der schwachen Formulierung der Gleichgewichtsbedingungen (3.2) als auch der linearisierten Form des Prinzips der virtuellen Verschiebungen (3.8). Die Diskretisierung der vorhandenen Struktur beinhaltet die Unterteilung der Struktur in endliche oder finite Elemente von einfacher geometrischer Form.

Der Ansatz für die Verschiebungen $\mathbf{u}^e$ in einem beliebigen Punkt eines finiten Elements e und die daraus resultierenden Beziehungen zwischen den Verzerrungen ε^e und den Knotenpunktsverschiebungen $\mathbf{q}^e$ lauten [Zienkiewicz und Taylor, 1989]

$$\mathbf{u}^e = \mathbf{N}^e \mathbf{q}^e, \qquad \varepsilon^e = \mathbf{B}^e \mathbf{q}^e. \tag{3.9}$$

Der Verschiebungszustand innerhalb des finiten Elements wird durch die Matrix der gewählten Verlaufsfunktionen $\mathbf{N}^e$ und dem Vektor der Knotenpunktsverschiebungen $\mathbf{q}^e$ approximiert. $\mathbf{B}^e$ definiert die Matrix der Ableitungen der Verlaufsfunktionen nach der jeweiligen Ortskoordinate. Für die virtuellen Verschiebungen $\delta \mathbf{u}^e$ und die virtuellen Verzerrungen $\delta \varepsilon^e$ werden dieselben Ansätze wie für die Verschiebungen und die Verzerrungen mit

$$\delta \mathbf{u}^e = \mathbf{N}^e \delta \mathbf{q}^e, \qquad \delta \varepsilon^e = \mathbf{B}^e \delta \mathbf{q}^e, \tag{3.10}$$

gewählt. Einsetzen von (3.9) und (3.10) in die schwache Formulierung der Gleichgewichtsbedingungen (3.2) ergibt

$$\left(\delta \mathbf{q}^e \right)^\mathsf{T} \left[- \int_{V_e} \left(\mathbf{B}^e \right)^\mathsf{T} \boldsymbol{\sigma}_n^e \, dV_e + \int_{S_e^t} \left(\mathbf{N}^e \right)^\mathsf{T} \bar{\mathbf{t}}_n^e \, dS_n^t + \int_{V_e} \left(\mathbf{N}^e \right)^\mathsf{T} \bar{\mathbf{f}}_n^e \, dV_e \right] = 0 \tag{3.11}$$

unter der Annahme, daß die betrachtete Struktur nur durch ein finites Element diskretisiert wird. Mit Hilfe der Vektoren der inneren und der äußeren Kräfte für das finite Element e

$$\begin{aligned} \mathbf{f}_{in,n}^e &= \int_{V_e} \left(\mathbf{B}^e \right)^\mathsf{T} \boldsymbol{\sigma}_n^e \, dV_e \\ \mathbf{f}_{ex,n}^e &= \int_{S_e^t} \left(\mathbf{N}^e \right)^\mathsf{T} \bar{\mathbf{t}}_n^e \, dS_n^t + \int_{V_e} \left(\mathbf{N}^e \right)^\mathsf{T} \bar{\mathbf{f}}_n^e \, dV_e \end{aligned} \tag{3.12}$$

kann die schwache Formulierung der Gleichgewichtsbedingungen (3.11) zu

$$\left(\delta \mathbf{q}^e \right)^\mathsf{T} \left[- \mathbf{f}_{in,n}^e + \mathbf{f}_{ex,n}^e \right] = 0 \tag{3.13}$$

angeschrieben werden. Für den allgemeinen Fall einer Diskretisierung mit mehreren Elementen werden die elementsbezogenen Vektoren der inneren und äußeren Kräfte (3.12) zu globalen Vektoren assembliert. Somit läßt sich (3.13) für die gesamte diskretisierte Struktur mit

$$\delta \mathbf{q}^\mathsf{T} \left[- \mathbf{f}_{in,n} + \mathbf{f}_{ex,n} \right] = 0 \qquad \text{bzw.} \qquad - \mathbf{f}_{in,n} + \mathbf{f}_{ex,n} = \mathbf{0} \tag{3.14}$$

angeben, wobei die schwache Formulierung der Gleichgewichtsbedingungen (3.14$_1$) für beliebige virtuelle Verschiebungen gelten muß. (3.14$_2$) entspricht den Gleichgewichtsbedingungen der diskretisierten Struktur.

3.5 Iterativer Lösungsalgorithmus

Die Bestimmung der durch das Lastinkrement $n+1$ hervorgerufenen Inkremente der Verschiebungen, Verzerrungen und Spannungen erfolgt iterativ mit Hilfe des Newtonverfahrens basierend auf der Linearisierung des Prinzips der virtuellen Verschiebungen. Unter der Annahme, daß die betrachtete Struktur nur durch ein finites Element diskretisiert wird, führt das Einsetzen von (3.9) und (3.10) in (3.8) zu

$$\left(\delta \mathbf{q}^e\right)^\top \mathbf{K}_n^e \, \Delta \mathbf{q}_{n+1}^e = \left(\delta \mathbf{q}^e\right)^\top \left[\, \mathbf{f}_{ex,n+1}^e - \mathbf{f}_{in,n}^e \,\right]$$

mit (3.15)

$$\mathbf{K}_n^e = \int_{V_e} \left(\mathbf{B}^e\right)^\top \mathbf{C}_n^{ep} \, \mathbf{B}^e \, dV_e$$

als der Tangentensteifigkeitsmatrix für das Element e. Für eine mit mehreren Elementen diskretisierte Struktur werden die elementsbezogenen Tangentensteifigkeitsmatrizen und Knotenkraftvektoren zu globalen Matrizen und Vektoren assembliert. In Analogie zu (3.15$_1$) führt die Diskretisierung mit mehreren Elementen zu

$$\delta \mathbf{q}^\top \mathbf{K}_n \, \Delta \mathbf{q}_{n+1} = \delta \mathbf{q}^\top \left(\mathbf{f}_{ex,n+1} - \mathbf{f}_{in,n}\right) \quad \text{bzw.} \quad \mathbf{K}_n \Delta \mathbf{q}_{n+1} = \mathbf{f}_{ex,n+1} - \mathbf{f}_{in,n}, \quad (3.16)$$

wobei wiederum die Gültigkeit für beliebige virtuelle Verschiebungen berücksichtigt wurde. Infolge der Linearisierung des Prinzips der virtuellen Verschiebungen stellen die durch Lösen von (3.16$_2$) erhaltenen inkrementellen Knotenverschiebungen $\Delta \mathbf{q}_{n+1}$ nur eine erste Approximation der tatsächlichen Werte dar. $\Delta \mathbf{q}_{n+1}$ wird deshalb mit $\Delta \mathbf{q}_{1,n+1}$ als Ergebnis des ersten Iterationsschrittes der Newton Iteration bezeichnet. Die totalen Knotenverschiebungen errechnen sich zu

$$\mathbf{q}_{n+1}^{(1)} = \mathbf{q}_n + \Delta \mathbf{q}_{n+1}^{(1)}, \quad (3.17)$$

wobei für den ersten Iterationsschritt die totalen inkrementellen Knotenverschiebungen $\Delta \mathbf{q}_{n+1}^{(1)}$ mit denen aus (3.16$_2$) erhaltenen ident sind. Aus den totalen Knotenverschiebungen können

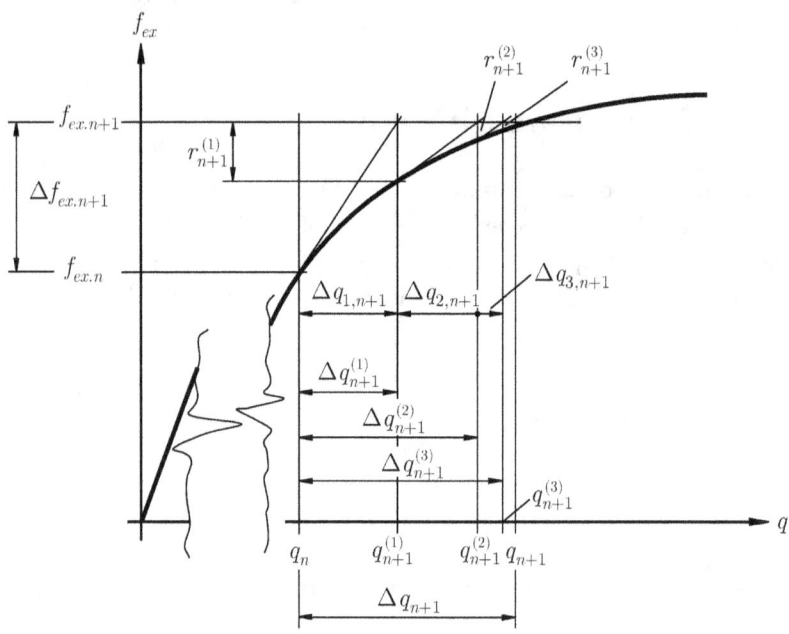

Abb.3.1: Schematische Darstellung der Newton Iteration für den Sonderfall eines Systems mit nur einem Knotenfreiheitsgrad [Hofstetter und Mang, 1995]

die totalen Verzerrungen $\varepsilon_{n+1}^{(1)}$, die totalen Spannungen $\sigma_{n+1}^{(1)}$ und folglich der Vektor der inneren Knotenkräfte $\mathbf{f}_{in,n+1}^{(1)}$ unter sinngemäßer Anwendung von (3.12$_1$) ermittelt werden. Wenn die äußeren Kräfte als bekannt vorausgesetzt werden, ändert sich der Vektor der äußeren Knotenkräfte im Verlaufe der Iteration nicht. Einsetzen der Knotenkraftvektoren in die zu (3.14$_2$) analogen Gleichgewichtsbedingungen für die Laststufe $n+1$ ergibt den Vektor der Residualkräfte

$$-\mathbf{f}_{in,n+1}^{(1)} + \mathbf{f}_{ex,n+1} = \mathbf{r}_{n+1}^{(1)}. \tag{3.18}$$

Der Vektor der Residualkräfte beschreibt das Ungleichgewicht zwischen den inneren und den äußeren Kräften. Ist dieser Fehler größer als eine vorgegebene Toleranzgrenze, so wird die Iteration, ausgehend von der bekannten Abschätzung der Knotenverschiebungen $\mathbf{q}_{n+1}^{(1)}$ fortgesetzt. Für einen beliebigen Iterationsschritt i muß (3.16$_2$) durch

$$\mathbf{K}_{n+1}^{(i-1)} \Delta\mathbf{q}_{i,n+1} = \mathbf{r}_{n+1}^{(i-1)} \tag{3.19}$$

ersetzt werden. Die totalen inkrementellen Knotenverschiebungen und in der Folge die totalen Knotenverschiebungen können für diesen Iterationsschritt mit

$$\mathbf{q}_{n+1}^{(i)} = \mathbf{q}_n + \Delta\mathbf{q}_{n+1}^{(i)} \qquad \text{für} \qquad \Delta\mathbf{q}_{n+1}^{(i)} = \sum_{j=1}^{i} \Delta\mathbf{q}_{j,n+1} \qquad (3.20)$$

berechnet werden. Der Vektor der Residualkräfte lautet für diesen Iterationsschritt

$$\mathbf{r}_{n+1}^{(i)} = -\mathbf{f}_{in,n+1}^{(i)} + \mathbf{f}_{ex,n+1}. \qquad (3.21)$$

Als mögliche Schranke für den Abbruch der Iteration kann zum Beispiel die Euklidische Norm des Residuums mit $\|\mathbf{r}\| = \sqrt{r_i r_i}$ verwendet werden. Für $\|\mathbf{r}_{n+1}^{(i)}\| < c$ kann die Iteration beendet werden, wobei c eine vorgegebene Toleranz bezeichnet. In Abb. 3.1 ist die inkrementelle Vorgangsweise der Newton Iteration für den Sonderfall eines Systems mit nur einem Knotenfreiheitsgrad dargestellt.

Im Zuge einer Newton Iteration wird die Tangentensteifigkeitsmatrix für jeden Iterationsschritt berechnet. Diese Vorgangsweise führt zu einer quadratischen Konvergenz der Iteration zur Lösung. Wird die Tangentensteifigkeitsmatrix nicht in jedem Iterationsschritt neu bestimmt, sondern z.B. nur am Anfang jedes Lastinkrementes, entspricht dies der modifizierten Newton Iteration. Die Berechnung der aktuellen Tangentensteifigkeitsmatrix durch eine Näherungslösung, resultierend aus den Informationen des vorhergegangenen Iterationsschrittes, wird als Quasi-Newton Iteration bezeichnet. Auf Grund der nicht exakten Bestimmung der Tangentensteifigkeitsmatrix weisen jedoch beide Modifikationen der Newton Iteration keine quadratische Konvergenz zur Lösung auf. Eine Verbesserung der Konvergenzrate kann mit Hilfe eines Line Search Verfahren erzielt werden. Dieses Verfahren kann auch bei der Newton Iteration angewandt werden, um eine infolge zu großer Lastinkremente mögliche Divergenz der Iteration zu vermeiden [Zienkiewicz und Taylor, 1989], [Zienkiewicz und Taylor, 1991].

3.6 Kurvenverfolgungsalgorithmen

Im Rahmen von Traglastuntersuchungen werden im Regelfall die äußeren Lasten proportional zu einer vordefinierten Last gesteigert. Mit Hilfe eines Lastfaktors λ, der dem Verhältnis zwischen der aufgebrachten Last und der Referenzbelastung $\mathbf{f}_{ex,0}$ entspricht, kann die äußere Last und ihr Inkrement im Lastschritt $n+1$ mit

$$\mathbf{f}_{ex,n+1} = \lambda_{n+1} \mathbf{f}_{ex,0} \qquad \text{und} \qquad \Delta\mathbf{f}_{ex,n+1} = \Delta\lambda_{n+1} \mathbf{f}_{ex,0} \qquad (3.22)$$

angegeben werden.

Einsetzen von (3.22) in (3.16$_1$) ergibt für den ersten Iterationsschritt das Gleichungssystem

$$\mathbf{K}_n \Delta \mathbf{q}_{1,n+1} = \lambda_{n+1} \mathbf{f}_{ex,0} - \mathbf{f}_{in,n}. \tag{3.23}$$

Wird λ_{n+1} als gegeben vorausgesetzt, ist die Anzahl der Unbekannten in (3.23) gleich groß wie die Anzahl der Knotenverschiebungen. Diese Vorgehensweise entspricht einem lastgesteuerten Lösungsverfahren, das aber nur für streng monoton steigende Last-Verschiebungspfade angewendet werden kann. Beinhaltet die zu beschreibende Last-Verschiebungskurve auch Lastumkehrpunkte, ist ein weggesteuertes Lösungsverfahren zu verwenden. Dabei wird der Lastfaktor zu einer vorgegebenen Verschiebung bestimmt. Ein weggesteuertes Lösungsverfahren kann jedoch keine Verschiebungsumkehrpunkte beschreiben und kann nur für sehr einfache Problemstellungen angewandt werden. Für die Bestimmung von Last-Verschiebungspfaden, die sowohl Lastumkehrpunkte als auch Verschiebungsumkehrpunkte beinhalten, werden Bogenlängenverfahren verwendet. Diese können als verallgemeinerte lastgesteuerte Lösungsverfahren angesehen werden. Die Inkremente der Knotenverschiebungen und des Lastfaktors stellen die unbekannten Größen in (3.23) dar und werden in dem Vektor

$$\Delta \mathbf{a}_{n+1}^{(i)} = \left\{ \begin{array}{c} \Delta \mathbf{q}_{n+1}^{(i)} \\ \Delta \lambda_{n+1}^{(i)} \end{array} \right\} \tag{3.24}$$

zusammengefaßt. Weil das Inkrement des Lastfaktors $\Delta \lambda_{n+1}^{(i)}$ in (3.23) eine zusätzliche unbekannte Größe darstellt, ist zur Lösung des Gleichungssystems eine Nebenbedingung, z.B.

$$(\Delta \mathbf{a}_{n+1}^{(i)})^\top \Delta \mathbf{a}_{n+1}^{(i)} = (\Delta S)^2 \tag{3.25}$$

erforderlich. Durch (3.25) ist die Bogenlänge der Tangente an den Last-Verschiebungspfad und des Lastparameters gleich der vorgegebenen Größe ΔS. Geometrisch entspricht dies einer Iteration auf einer Hyperkugel. In der Literatur werden verschiedene Formen von Bogenlängenverfahren vorgeschlagen [Crisfield, 1991]. Wird (3.25) nur im ersten Iterationsschritt berücksichtigt und liegen die Verschiebungsinkremente in den folgenden Iterationsschritten durch Erfüllung der Bedingung

$$(\Delta \mathbf{a}_{1,n+1})^\top \Delta \mathbf{a}_{i,n+1} = 0, \qquad \text{für } i \geq 2 \tag{3.26}$$

in einer Hyperebene normal zur Tangente des ersten Iterationsschrittes, dann spricht man von der sogenannten „Normal Plane Methode". Die inkrementellen Größen der Knotenverschiebungen und des Lastfaktors aus dem Iterationsschritt i werden im Vektor

3. Finite Elemente Methode

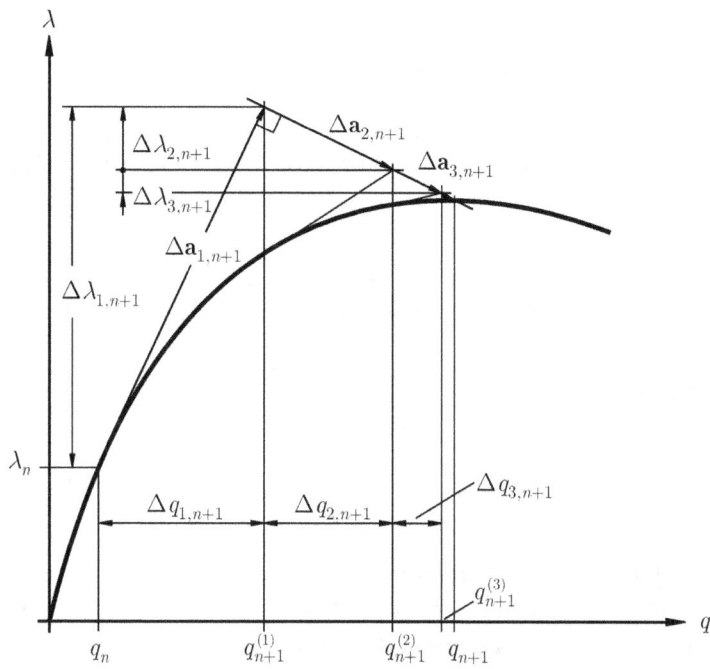

Abb.3.2: Schematische Darstellung des Normal Plane Verfahrens für den Sonderfall eines Systems mit nur einem Knotenfreiheitsgrad [Hofstetter und Mang, 1995]

$$\Delta \mathbf{a}_{i,n+1} = \left\{ \begin{array}{c} \Delta \mathbf{q}_{i,n+1} \\ \Delta \lambda_{i,n+1} \end{array} \right\} \tag{3.27}$$

zusammenfaßt. Weil die äußeren Kräfte während der Iteration veränderlich sind, muß die rechte Seite von (3.19) mit der inkrementellen Änderung der äußeren Kräfte zu

$$\mathbf{K}_{n+1}^{(i-1)} \Delta \mathbf{q}_{i,n+1} = \mathbf{r}_{n+1}^{(i-1)} + \Delta \lambda_{i,n+1} \mathbf{f}_{ex,0} \tag{3.28}$$

ergänzt werden. Die Berücksichtigung der Nebenbedingung (3.25) bzw. (3.26) führt zum Verlust der Symmetrie und der Bandstruktur der Koeffizientenmatrix. Um dies zu verhindern, kann (3.28) mit

$$\mathbf{K}_{n+1}^{(i-1)} \Delta \mathbf{q}_{i,n+1}^{\mathrm{I}} = \mathbf{r}_{n+1}^{(i-1)} \quad \text{und} \quad \mathbf{K}_{n+1}^{(i-1)} \Delta \mathbf{q}_{i,n+1}^{\mathrm{II}} = \mathbf{f}_{ex,0} \tag{3.29}$$

in zwei Anteile aufgespalten werden. Die Inkremente der Knotenverschiebungen können mit

$$\Delta \mathbf{q}_{i,n+1} = \Delta \mathbf{q}^{I}_{i,n+1} + \Delta \lambda_{i,n+1}\, \Delta \mathbf{q}^{II}_{i,n+1} \qquad (3.30)$$

ermittelt werden, wobei $\Delta \lambda_{i,n+1}$ noch zu bestimmen ist. Dies erfolgt durch Einsetzen von (3.30) in die Nebenbedingung (3.26) durch

$$\Delta \lambda_{i,n+1} = \frac{-\Delta \mathbf{q}^{T}_{1,n+1} \Delta \mathbf{q}^{I}_{i,n+1}}{\Delta \mathbf{q}^{T}_{1,n+1} \Delta \mathbf{q}^{II}_{i,n+1} + \Delta \lambda_{1,n+1}} \qquad (3.31)$$

und führt in der Folge zu

$$\mathbf{q}^{(i)}_{n+1} = \mathbf{q}^{(i-1)}_{n+1} + \Delta \mathbf{q}_{i,n+1} \quad \text{und} \quad \lambda^{(i)}_{n+1} = \lambda^{(i-1)}_{n+1} + \Delta \lambda_{i,n+1}. \qquad (3.32)$$

Geometrisch entspricht dies dem Schnittpunkt der Tangente der bekannten Lösung aus dem Iterationsschritt $i-1$ mit der Hyperebene, normal zur Tangente des ersten Iterationsschrittes. In Abb. 3.2 ist eine schematische Darstellung der Iteration für den Sonderfall eines Systems mit nur einem Knotenfreiheitsgrad dargestellt.

Kapitel 4

Materialverhalten

4.1 Allgemeines

Die Beschreibung des Materialverhaltens von unbewehrtem und bewehrtem Beton unter einaxialer und biaxialer Beanspruchung ist zum einen durch die Eigenschaften des Betons und zum anderen durch das Zusammenwirken von Beton und Bewehrung für den Verbundwerkstoff Stahlbeton gekennzeichnet. In diesem Kapitel werden die wichtigsten Werkstoffeigenschaften des unbewehrten und des bewehrten Betons aufgelistet und mögliche Ansätze zur Beschreibung des Materialverhaltens angeführt.

4.2 Beton

Der Beton entspricht einem Konglomerat aus grobkörnigen Zuschlägen, hydraulischen Bindemitteln und Wasser. Die Materialeigenschaften variieren in Abhängigkeit von der Güteklasse des Zements, der Zusammensetzung der Zuschläge und dem jeweiligen Mischungsverhältnis. Das Verhalten des Betons hängt von der internen Spannungsverteilung im Aggregat und der Interaktion zwischen Zementmatrix und Zuschlag ab. Hierbei können im Zementmörtel und im Übergangsbereich zwischen Zementmatrix und Zuschlag feinste Mikrorisse beobachtet werden, die durch die Hydratation beim Abbinden des Betons und durch Schwinden entstehen. Diese Mikrorisse sind anfänglich nicht sichtbar, können aber infolge von Beanspruchungen zu Makrorissen führen und prägen somit das Materialverhalten entscheidend mit. Die maßgeblichen Eigenschaften des Betons setzen sich aus der Nichtlinearität der Spannungs-Dehnungsbeziehung, der Rißentwicklung, dem Druckversagen und der Festigkeitssteigerung durch mehraxiale Druckbeanspruchung zusammen.

4.2.1 Einaxiales Materialverhalten

Je nach Grad und Form der Beanspruchung weist der Beton linear elastisches oder nichtlineares Materialverhalten auf. Ausgehend von näherungsweise linearem Verhalten bei geringen Spannungen nimmt die Nichtlinearität mit höheren Spannungen zu. Zusätzlich besitzt der Werkstoff

Beton die Eigenschaft, daß er unter Zug- und Druckbeanspruchung unterschiedliches Materialverhalten zeigt. Dies führt zu zwei verschiedenen Versagensmechanismen, wobei einer alleine in der Praxis sehr selten vorliegt [Stempniewski und Eibl, 1996]. Im allgemeinen liegen Spannungszustände vor, die als Kombination beider Beanspruchungsformen zu interpretieren sind. Vorab werden aber die maßgeblichen Materialeigenschaften für den unbewehrten Beton unter einaxialer Zug- und Druckbeanspruchung erläutert.

Zugbeanspruchung

An Hand von Versuchen an Betonzugproben kann das Werkstoffverhalten des Betons unter einaxialer Zugbeanspruchung wie folgt beschrieben werden (Abb.4.1). Der Beton verhält sich bis kurz vor Erreichen der einaxialen zentrischen Zugfestigkeit f_{ctm} elastisch. Die Elastizitätsgrenze liegt im allgemeinen zwischen 60% und 80% der zentrischen Zugfestigkeit. Jenseits dieser Grenze werden die im Querschnitt bereits vorhandenen Mikrorisse sehr schnell größer. Mit dem Erreichen der Zugfestigkeit kommt es bei einem verschiebungsgesteuerten Versuch zu keinem sofortigen Versagen, sondern es folgt ein abfallender Ast. Das Aufreißen der Zugprobe findet aber nur lokal in einem sehr schmalen Bereich statt. Dies ist der Ort mit der größten Querschnittsschwächung, in dem sich die Mikrorisse zu einem durchgehenden Rißband zusammenschließen. Weggesteuerte Zugversuche zeigen, daß die maßgeblichen Verformungen nur mehr in diesem Bereich auftreten. Gleichzeitig setzt in den angrenzenden Materialbereichen Entlastung ein. Weiters kann an Hand von weggesteuerten Zugversuchen festgestellt werden, daß für Probekörper mit unterschiedlichen Längen die zugehörigen Last-Verschiebungsdiagramme in der Beschreibung des Nachrißverhaltens übereinstimmen (Abb.4.1(a)), jedoch die jeweiligen Spannungs-Dehnungsdiagramme sehr stark voneinander abweichen (Abb.4.1(b)). Daher wird der abfallende Ast nicht mit einem Spannungs-Dehnungsdiagramm, sondern mit einem Spannungs-Verschiebungsdiagramm definiert.

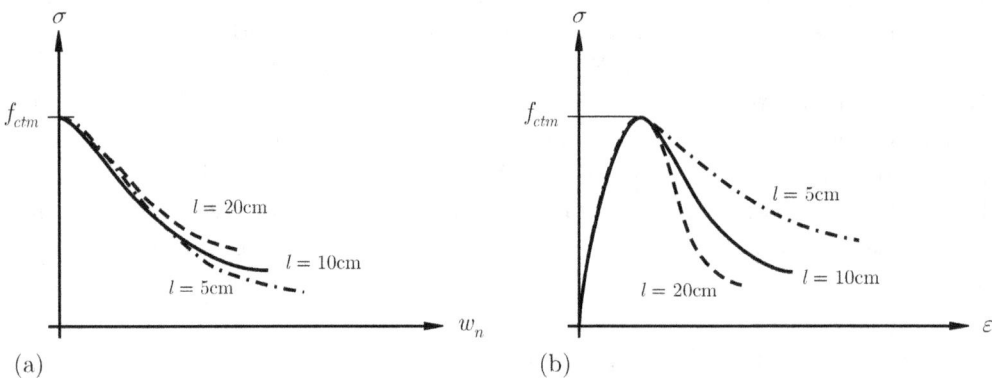

Abb.4.1: Einfluß der Probenlänge auf die Beziehung zwischen (a) der Spannung und der Rißweite und (b) der Spannung und der Dehnung [Van Mier, 1984]

4. Materialverhalten

Die Längenänderung Δl einer Zugprobe mit der Länge l im Nachbruchbereich setzt sich aus zwei Anteilen zusammen. Während infolge der elastischen Entlastung im ungerissenen Teil der Probe eine Verkürzung auftritt (Abb.4.2(a)), führt die Auflockerung in der Rißzone zu einer Vergrößerung der Rißöffnungsweite w_n (Abb.4.2(b)). Wird die gesamte Längenänderung Δl auf die Probenlänge bezogen, läßt sich die mittlere Dehnung des Probekörpers zu

$$\varepsilon = \varepsilon^e + \varepsilon^f \qquad \text{mit} \qquad \varepsilon^e = \frac{\sigma}{E_c} \qquad \text{und} \qquad \varepsilon^f = \frac{w_n}{l} \qquad (4.1)$$

angeben, wobei σ die jeweilige Zugspannung und E_c den Elastizitätsmodul des Betons beschreiben. ε^e steht für den elastischen Anteil der Dehnungen im ungerissenen Querschnitt. Die Dehnung in der Rißzone ε^f entspricht der auf die Probenlänge bezogenen Rißöffnungsweite.

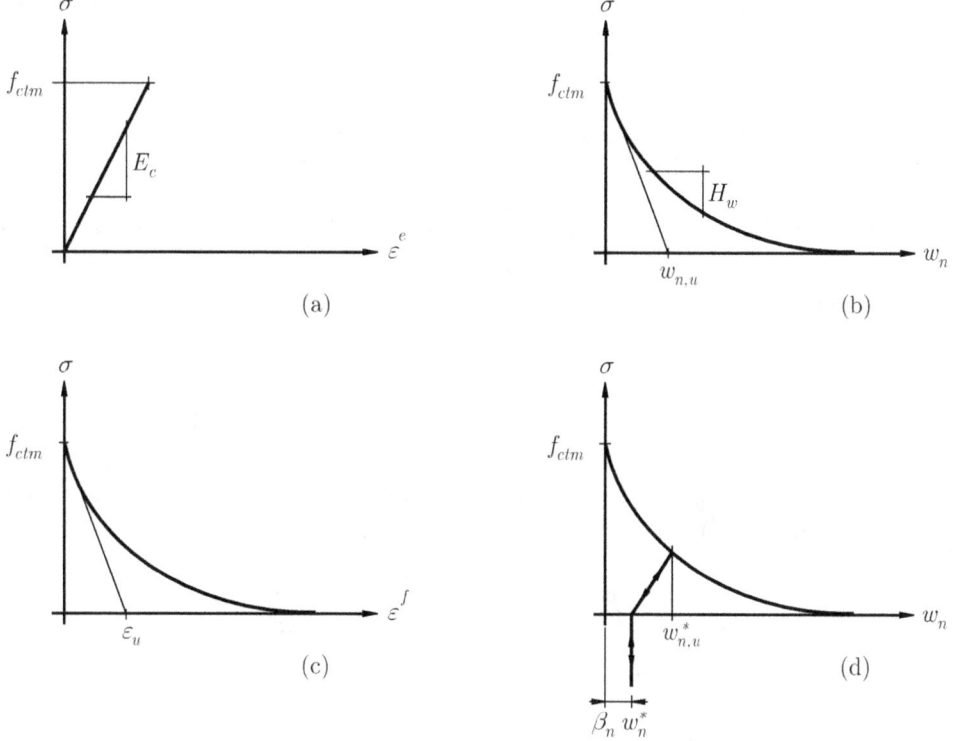

Abb.4.2: Einaxialer Zugversuch: (a) Spannungs-Dehnungsbeziehung bis zum Erreichen der einaxialen Zugfestigkeit bzw. für die linear-elastische Entlastung, (b) Spannungs-Rißweitenbeziehung für den Nachbruchbereich, (c) Spannungs-Rißdehnungsbeziehung, (d) Ent- und Wiederbelastung im Nachbruchbereich

Das Nachrißverhalten des unbewehrten Betons kann mit Hilfe einer Entfestigungsbeziehung zwischen der jeweiligen Zugspannung σ normal zum Riß und der zugehörigen Rißbreite w_n angenähert werden. Hierfür werden zum Beispiel exponentielle Entfestigungsgesetze verwendet, die mit

$$\sigma(w_n) = f_{ctm} \exp\left(-\frac{w_n}{w_{n,u}}\right) \qquad \text{für} \qquad w_{n,u} = \frac{G_f}{f_{ctm}} \qquad (4.2)$$

festgelegt werden. Der Parameter $w_{n,u}$ definiert die Anfangsneigung H_w der Entfestigungsbeziehung und stellt eine Funktion der spezifischen Bruchenergie G_f, die vom Größtkorn der Zuschläge abhängt, dar. Die spezifische Bruchenergie ist weitgehend unabhängig von der Probengröße wie auch von der Prüfmethode und kann somit als ein zusätzlicher Werkstoffparameter bezeichnet werden. Sie beschreibt jene Energie, die benötigt wird, um einen Riß mit der Einheitsfläche zu bilden. Die spezifische Bruchenergie entspricht der Fläche, die von der Spannungs-Rißweitenbeziehung und der Koordinatenachse w_n eingeschlossen wird. Einsetzen von $w_n(\sigma)$ aus (4.2) in (4.1) und Division durch die Länge l führt zu der über die gesamte Länge des Prüfkörpers konstanten Dehnung

$$\varepsilon = \frac{\sigma}{E_c} + \frac{w_n(\sigma)}{l} \qquad \text{mit} \qquad \varepsilon^f = \frac{w_n(\sigma)}{l} \qquad (4.3)$$

als der zugehörigen Dehnung in der Rißzone für den Nachbruchbereich (Abb.4.2(c)). Durch Einsetzen der exponentiellen Entfestigungsbeziehung in (4.3) bzw. in die Ratengleichung der konstitutiven Beziehung

$$\dot{\sigma} = E_t \dot{\varepsilon} \qquad (4.4)$$

kann der Tangentenmodul E_t für das Nachbruchverhalten bestimmt werden. Mit Hilfe von $w'_n(\sigma) = 1/\sigma'(w_n)$ und $\sigma'(w_n) = H_w$ kann der Tangentenmodul mit

$$E_t = \frac{E_c}{1 - \frac{\lambda}{l}} \qquad \text{für} \qquad \lambda = -\frac{E_c}{H_w} \qquad (4.5)$$

angeschrieben werden, wobei H_w der jeweiligen Neigung der Entfestigungsfunktion entspricht. Für ein entfestigendes Material muß der Tangentenmodul E_t einen negativen Wert annehmen. Daher folgt aus (4.5) die Notwendigkeit, daß

$$\lambda > l \qquad (4.6)$$

sein muß. Für ein exponentielles Entfestigungsgesetz ist der Ort der größten Neigung an der Stelle $w_n = 0$. Einsetzen von $H_{w,max}$ in (4.5$_2$) führt unter Berücksichtigung von (4.2$_2$) zu

$$\lambda_f = \frac{G_f\, E_c}{f_{ctm}^2}\,. \tag{4.7}$$

Der Parameter $\lambda = \lambda_f$ in (4.7) ist ausschließlich eine Funktion von Werkstoffkennwerten und kann somit als zusätzlicher Materialparameter interpretiert werden. Weil λ die Dimension einer Länge besitzt, wird λ_f als die charakteristische Länge des Materials für Zugversagen bezeichnet.

Die Spannungs-Dehnungsbeziehung des Entfestigungsbereiches hängt somit von der Länge des Prüfkörpers ab. Die Definition des Nachbruchverhaltens in Form einer Spannungs-Rißweitenbeziehung und die Verwendung der spezifischen Bruchenergie führt zu einer objektiven Beschreibung des Entfestigungsverhaltens. Die Länge des Prüfkörpers muß für die Umrechnung in eine Spannungs-Dehnungsbeziehung miteinbezogen werden, ansonsten würde die spezifische Bruchenergie bzw. die freigesetzte Energie im Riß von der jeweiligen Probenlänge abhängen [Bažant und Oh, 1983], [Dahlblom und Ottosen, 1990].

Im Rahmen der Finite Elemente Methode wird die Probenlänge l in Relation zur Größe der Finiten Elemente, normal zur auftretenden Rißrichtung gesetzt. Diese Länge wird auch als die charakteristische Länge des Finiten Elementes bezeichnet. (4.6) führt zu einer Beschränkung der Elementsgröße, die stabiles Materialverhalten im Zuge von numerischen Berechnungen gewährleistet. Der Grenzfall $\lambda = l$ würde infolge der Rißbildung zu einem plötzlichen Abfall der Zugspannungen führen und damit ein instabiles Materialverhalten bewirken.

Für einaxiale Problemstellungen reduziert sich das nichtlineare Materialverhalten auf ein „gerissenes Element". Die charakteristische Länge h hängt vom Typ, der Form und der Größe des Finiten Elementes sowie von der Integrationsordnung ab. Für biaxiale Probleme wird die charakteristische Länge im besonderen durch die jeweilige Rißrichtung bzw. die Orientierung des Rißbands mehr oder weniger beeinflußt. In der Literatur wird bei der Ermittlung der charakteristischen Länge zwischen von der Rißrichtung unabhängigen und abhängigen Ansätzen unterschieden.

Für regelmäßige Netze und für Risse, die parallel zu den Elementskanten verlaufen, kann eine mittlere Elementslänge, die aus der jeweiligen Elementsfläche bestimmt wird, verwendet werden [Rots, 1988]. Geometrische Festlegungen zur Berücksichtigung der Rißorientierung finden sich bei [Dahlblom und Ottosen, 1990]. In Abb.4.3 sind Beispiele für die Ermittlung der charakteristischen Länge für dreiknotige, vierknotige und achtknotige Elemente dargestellt.

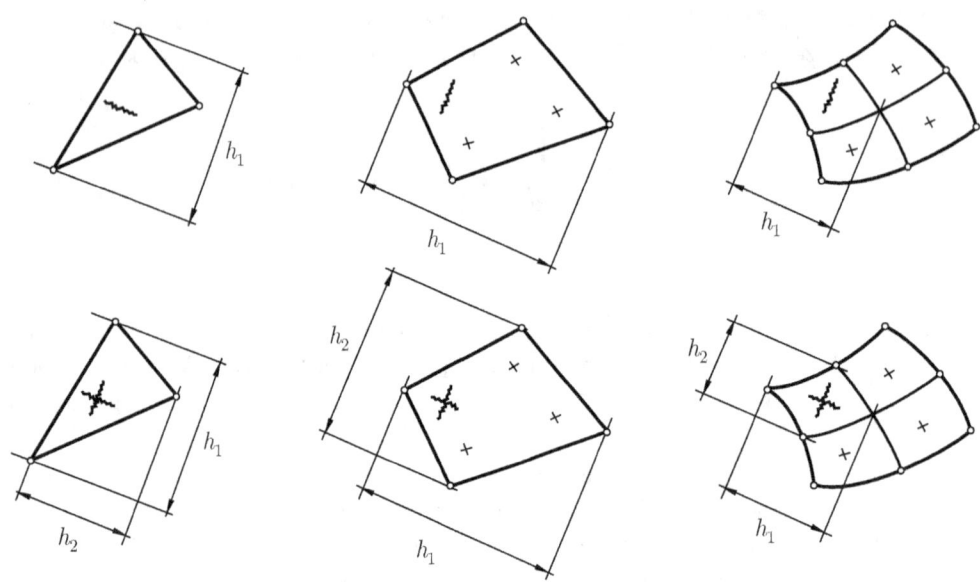

Abb.4.3: Festlegung der charakteristischen Länge für verschiedene zweidimensionale Finite Elemente [Dahlblom und Ottosen, 1990], [Stempniewski und Eibl, 1996]

Um die Beschreibung des Nachbruchverhaltens des Betons unter einaxialer Zugbeanspruchung zu vervollständigen, wird abschließend das Werkstoffverhalten in der Rißzone infolge Entlastung erläutert (Abb.4.2(d)). Wird der Belastungsvorgang bei einer Rißöffnung $w_n = w_n^\star$ gestoppt und der Materialpunkt entlastet, so wird sich ein bestehender Riß wieder zu schließen beginnen. Zahlreiche Versuche haben gezeigt, daß sich ein Riß infolge des Entlastungsprozesses nicht mehr vollständig schließen kann. Der Übergang in den Druckbereich findet daher früher statt [Reinhardt, 1984]. Dies kann mit Hilfe eines irreversiblen Anteils für die Rißöffnung $w_n = \beta_n w_n^\star$ beschrieben werden, wobei β_n zwischen $\beta_n = 0$ für eine vollständige Schließung des Risses und $\beta_n = 1$ für keine Reduktion der Rißöffnung variieren kann. Als eine mögliche Größenordnung schlägt [Dahlblom und Ottosen, 1990] $\beta_n = 0.2$ vor.

Druckbeanspruchung

Für Betonproben unter einaxialer Druckbeanspruchung kann das Werkstoffverhalten folgendermaßen beschrieben werden (Abb.4.4(a)). Bis zu etwa 30% der einaxialen mittleren Druckfestigkeit f_{cm} herrscht nahezu linear elastisches Materialverhalten. Von hier wächst die Krümmung der Spannungs-Dehnungsbeziehung mit steigender Dehnung bis zu etwa 70% bis 90% der Druckfestigkeit an. Dabei treten Verbundrisse zwischen Zementmatrix und Zuschlagkörnern auf, die Mikrorisse vergrößern sich in ihrer Länge, Weite und Anzahl. Kurz vor Erreichen der maximalen Druckfestigkeit nimmt die Krümmung der Spannungs-Dehnungsbeziehung sehr stark zu und

4. Materialverhalten

es bilden sich Rißbänder, die zu einer Auflockerung der Probe und zu einer fortschreitenden Zerstörung des Gefüges führen. Nach Erreichen der Druckfestigkeit bestimmen die lokalen Verformungen in den Bruchflächen den Verlauf der Spannungs-Dehnungsbeziehung und führen zu einer Entfestigung des Materials. Hierbei spielt ebenso wie bei Zugbeanspruchung das Phänomen der Lokalisierung eine entscheidende Rolle.

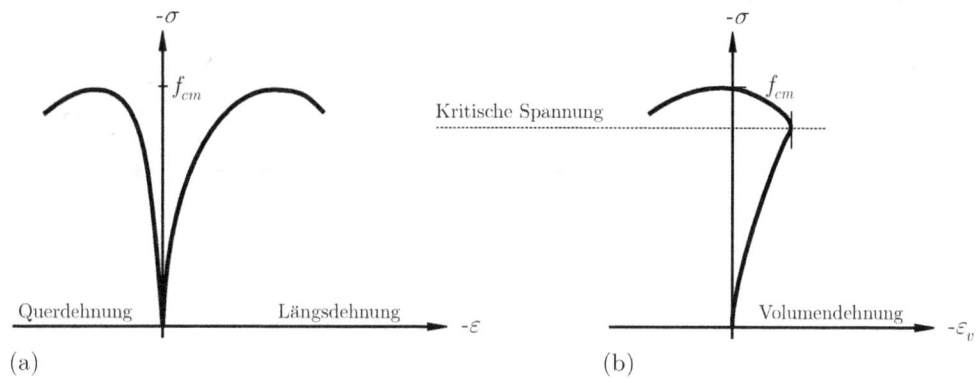

Abb.4.4: Beton unter einaxialer Druckbeanspruchung: (a) Spannungs-Dehnungsbeziehungen und (b) Spannungs-Volumendehnungsbeziehung [Chen, 1982]

Einaxiale Druckversuche an Probekörpern mit unterschiedlichen Höhen [Van Mier, 1984] zeigen, daß im Nachbruchbereich die Spannungen als Funktion der Probenverkürzungen kaum voneinander abweichen (Abb.4.5(b)). Die Spannungs-Dehnungsbeziehungen weisen hingegen eine deutliche Abhängigkeit von den verwendeten Probenhöhen auf (Abb.4.5(a)).

Auf Grund des zu den einaxialen Zugversuchen analogen Verhaltens kann auch die Entfestigung unter Druckbeanspruchung mit Hilfe des Bruchenergiekonzepts beschrieben werden. Das Nachbruchverhalten hängt sowohl von der Probengeometrie als auch von den jeweiligen Versuchsbedingungen ab [Vonk, 1992].

Das Phänomen der Lokalisierung ist für den einaxialen Druckversuch weniger ausgeprägt als für den einaxialen Zugversuch. Daher beeinflußt auch das Materialverhalten außerhalb der Lokalisierungszone das Nachbruchverhalten. Dies bedeutet, daß sich die spezifische Bruchenergie für das Druckversagen aus zwei Anteilen, die zum einen in der Lokalisierungszone und zum anderen im restlichen Kontinuum freigesetzt werden, zusammensetzt (Abb.4.6). Hierbei ist der lokale Anteil der spezifischen Bruchenergie für Druckversagen von der Probenhöhe unabhängig, jener im Kontinuum freigesetzte jedoch nicht.

In Abb.4.6 sind die lokale und die im Kontinuum freigesetzte Bruchenergie als Funktion der jeweiligen Probenhöhe dargestellt. Als mögliche Größenordnung für die spezifische Bruchenergie für Druckversagen können auf Grund verschiedener Druckversuche [Vonk, 1992] Werte zwischen 10 N/mm bis 25 N/mm angenommen werden.

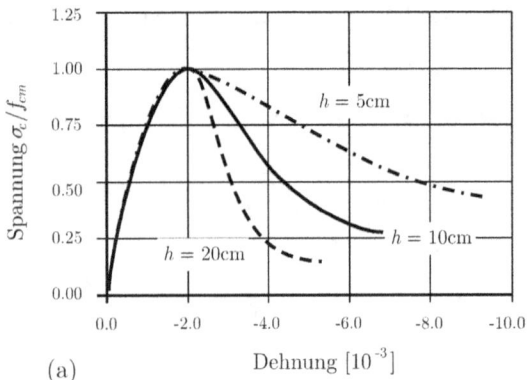 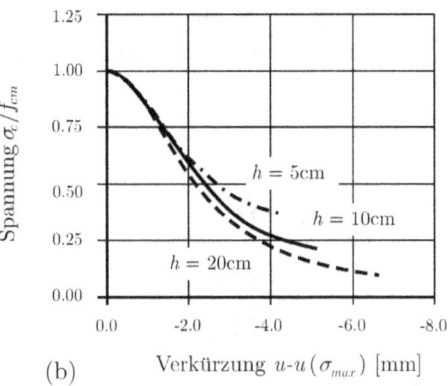

Abb.4.5: Einfluß der Probenhöhe auf (a) Spannungs-Dehnungskurven und (b) Probenverkürzungen im Nachbruchbereich für einaxiale Druckversuche [Van Mier, 1984]

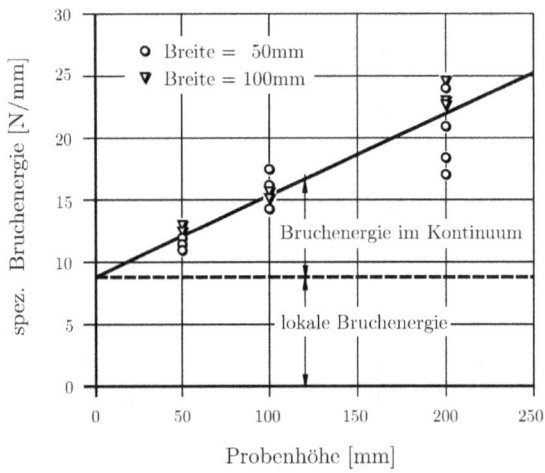

Abb.4.6: Lokale und im Kontinuum freigesetzte Bruchenergie als Funktion der jeweiligen Probenhöhe [Vonk, 1992]

Auf Grund des entfestigenden Materialverhaltens im Nachbruchbereich und der Verwendung des Bruchenergiekonzepts ist es auch für einaxiale Druckbeanspruchung notwendig, die charakteristische Länge des Materials zu bestimmen. Das Materialverhalten nach Erreichen der einaxialen Druckfestigkeit kann zum Beispiel durch ein exponentiell quadratisches Entfestigungsgesetz

$$\sigma(w_n) = f_{cm} \exp\left(-\frac{w_n^2}{w_{n,u}^2}\right) \qquad w_{n,u} = \frac{2}{\sqrt{\pi}} \frac{G_c}{f_{cm}} \qquad (4.8)$$

angenähert werden [Lackner, 1999]. Hierbei wird der Parameter $w_{n,u}$ wiederum als eine Funktion der spezifischen Bruchenergie definiert. Die maximale Neigung tritt für diese Entfestigungsfunktion an der Stelle $w_n = w_{n,u}/\sqrt{2}$ auf. Einsetzen von $H_{w,max}$ in (4.5) führt für die Ermittlung der charakteristischen Länge des Materials für Druckversagen λ_c zu

$$\lambda_c = \frac{G_c E_c}{f_{cm}^2} \frac{\sqrt{2}}{\sqrt{\pi} e^{(-1/2)}} \qquad (4.9)$$

und entspricht wiederum einer Materialkonstanten. λ_c hat dieselben Bedingungen und Aufgaben zu erfüllen wie die charakteristische Länge des Materials für Zugversagen.

Weitere Eigenschaften des Betons unter einaxialer Druckbeanspruchung können mit Hilfe der Querdehnzahl ν beschrieben werden. ν variiert unter einaxialer Beanspruchung zwischen einem Wert von 0.15 bis 0.22 und kann im Regelfall mit 0.19 - 0.20 angenommen werden [Chen, 1982]. Die Querdehnzahl bleibt bis zu etwa 80% der Druckfestigkeit nahezu konstant, anschließend kann eine Zunahme der Querdehnzahl bis zu 0.40 festgestellt werden. Dies bedeutet, daß für einen einaxialen Druckversuch das Volumen bei Belastungsbeginn stetig abnimmt, ab 80% der Druckfestigkeit aber eine allmähliche Volumenszunahme des Probekörpers stattfindet. Diese Spannung wird als die kritische Spannung bezeichnet und ist die Grenze zwischen stabilem und instabilem Materialverhalten (Abb.4.4(b)). Kurz vor dem Bruch stellt sich sogar ein absoluter Volumenszuwachs gegenüber dem Ausgangszustand ein. Die Volumenszunahme kann mit einer starken Auflockerung der inneren, stark heterogenen Betonstruktur begründet werden [Stempniewski und Eibl, 1996].

Wird bei einem einaxialen Druckversuch ent- bzw. wiederbelastet, so können geringe Nichtlinearitäten in der daraus resultierenden Spannungs-Dehnungskurve festgestellt werden. Die Steifigkeit für den Ent- und Wiederbelastungsast ist bis zum Erreichen der einaxialen Druckfestigkeit nahezu gleich der Anfangssteifigkeit. Nach Überschreiten der Druckfestigkeit nimmt die Steifigkeit bei Aufbringen mehrerer Lastzyklen sukzessive ab.

4.2.2 Biaxiales Verhalten

Zur Beschreibung des biaxialen Materialverhaltens ist es grundsätzlich zweckmäßig, zwischen Versagenskurven und den Spannungs-Dehnungsbeziehungen zu unterscheiden. Während die Versagenskurven im zweidimensionalen Hauptnormalspannungsraum experimentell und

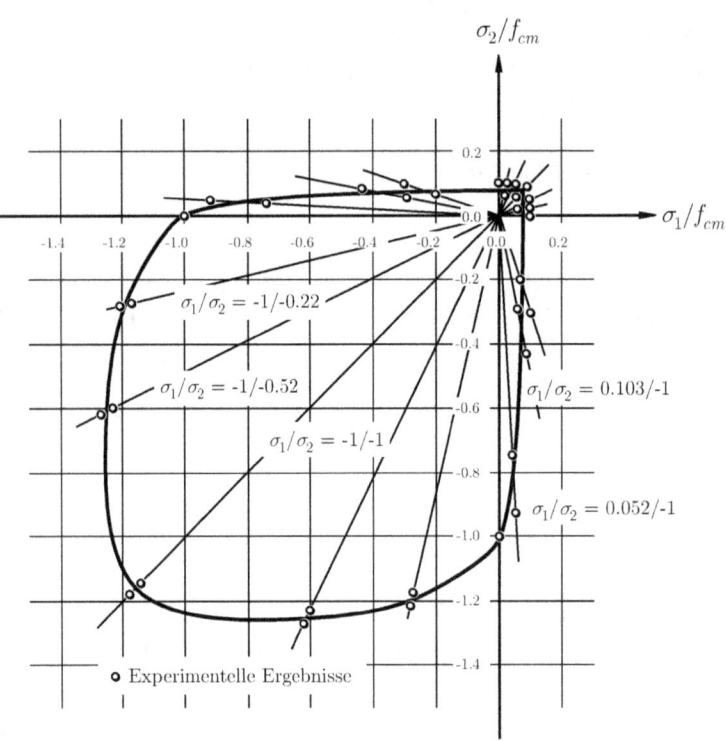

Abb.4.7: Ergebnisse der experimentellen Untersuchungen von [Kupfer et al., 1969] zur Ermittlung der Bruchumhüllenden des Betons für biaxiale Spannungszustände

eindeutig für monotone Belastungen bestimmt werden können, gibt es keine generell eindeutigen Formulierungen von Spannungs-Dehnungsbeziehungen, d.h. für Stoffgesetze [Stempniewski und Eibl, 1996]. Zusätzlich sei an dieser Stelle erwähnt, daß die zweidimensionale Bruchumhüllende als nahezu unabhängig von der jeweiligen Belastungsgeschichte bezeichnet werden kann [Nelissen, 1972]. Ein Zusammenhang zwischen den Versagenskurven und den Spannungs-Dehnungsbeziehungen besteht lediglich darin, daß die Versagenskurven die Spannungsmaxima in den Spannungs-Dehnungsbeziehungen wiedergeben.

Experimentelle Untersuchungen zur Ermittlung der biaxialen Versagenskurve für Beton wurden zum Beispiel von [Kupfer et al., 1969] durchgeführt. Hierbei wurden Betonscheiben mit den Abmessungen 200/200/50 mm durch unterschiedliche Hauptspannungskombinationen σ_1/σ_2 belastet. Die Ergebnisse der Versuche beinhalten die zu den einzelnen Hauptspannungskombinationen zugehörigen Spannungs-Dehnungsbeziehungen und die daraus ermittelte Bruchumhüllende des Beton für biaxiale Spannungszustände (Abb.4.7). Weitere experimentelle Untersuchungen zur Ermittlung der Versagenskurve des Betons unter biaxialer Beanspruchung finden sich bei [Nelissen, 1972] und [Tasuji et al., 1978].

Die biaxiale Versagenskurve gemäß [Kupfer et al., 1969] zeigt, daß im Druck-Druck Bereich die Druckfestigkeit gegenüber der einaxialen Druckfestigkeit deutlich größer ist. Für ein Hauptspannungsverhältnis von $\sigma_1/\sigma_2 = -1\,/\,-0.5$ kann eine Erhöhung der maximalen Druckfestigkeit von etwa 25% festgestellt werden. Für ein Hauptspannungsverhältnis von $\sigma_1/\sigma_2 = -1\,/-1$ vergrößert sich die Druckfestigkeit um etwa 16% gegenüber der einaxialen Druckfestigkeit.

Für den Druck-Zug Bereich nimmt die maximal aufnehmbare Druckspannung mit zunehmender Zugspannung fortlaufend ab. Ausgehend von der einaxialen Druckfestigkeit kann für die Hauptspannungsverhältnisse $\sigma_1/\sigma_2 = +0.052\,/-1$ und $\sigma_1/\sigma_2 = +0.103\,/-1$ eine Reduktion der aufnehmbaren Druckspannungen festgestellt werden. Für den Zug-Zug Bereich entspricht die maximal aufnehmbare Zugspannung für alle in diesem Bereich vorliegenden Hauptspannungskombinationen der einaxialen Zugfestigkeit.

Im Zuge dieser Untersuchungen konnte für die biaxiale Druckbeanspruchung ebenfalls eine Volumenszunahme nahe des Bruchzustandes beobachtet werden. Ausgehend von der Elastizitätsgrenze von etwa 35% der Druckfestigkeit nimmt das Volumen bis zu einer Spannung von 80% bis 90% der Druckfestigkeit mit verstärkt auftretender Mikrorißbildung ab. Das minimale Volumen wird bei 75% der Druckfestigkeit erreicht. Diese Spannung wird als die kritische Spannung bezeichnet, die im allgemeinen zwischen einem stabilen und einem instabilen Materialverhalten unterscheidet. Eine weitere Beanspruchung der Probe führt wiederum zu einem Volumenszuwachs bzw. sogar zu einer absoluten Volumensvergrößerung [Chen, 1982].

4.3 Bewehrungsstahl

In Abb.4.8 sind typische Spannungs-Dehnungsdiagramme für einen naturharten Bewehrungsstahl bzw. einen kaltverformten Bewehrungsstahl dargestellt. Die Spannungs-Dehnungskurve für übliche Bewehrungsstähle kann durch linear-elastisches Materialverhalten bis zum Erreichen der Streckgrenze f_y, durch ein mehr oder weniger ausgeprägtes Fließplateau und eine plastische Nachverfestigung bis zum Erreichen der Zugfestigkeit f_t beschrieben werden.

Mit dem Erreichen der Streckgrenze tritt Fließen ein. Naturharte Bewehrungsstähle weisen eine ausgeprägte Streckgrenze auf (Abb.4.8(a)), während bei kaltverformten Bewehrungsstählen der elastische Bereich glatt in den elasto-plastischen Bereich übergeht. Liegt wie im Falle des kaltverformten Bewehrungsstahles keine eindeutige Fließgrenze vor, wird jene Spannung als Fließgrenze definiert, bei der 0.2% plastische Dehnung auftreten (Abb.4.8(b)). Eine Fortsetzung der Belastung führt neben den elastischen Dehnungen zu irreversiblen plastischen Dehnungen. Infolge dieser Verformungen wird der Stahl im allgemeinen verfestigt und damit verbunden die Streckgrenze erhöht. Nach Erreichen der Zugfestigkeit beginnt sich der Bewehrungsstab an einer beliebigen Stelle einzuschnüren, bis schließlich der Bruch eintritt.

Das Verhalten eines Bewehrungsstabes unter Druckbeanspruchung entspricht jenem unter Zugbelastung. Voraussetzung hierfür ist, daß die Bewehrungsstäbe ausreichend gegen seitliches Ausweichen gesichert sind. Andernfalls ist die Spannungs-Dehnungskurve für den Druckbereich zu modifizieren [Stempniewski und Eibl, 1996].

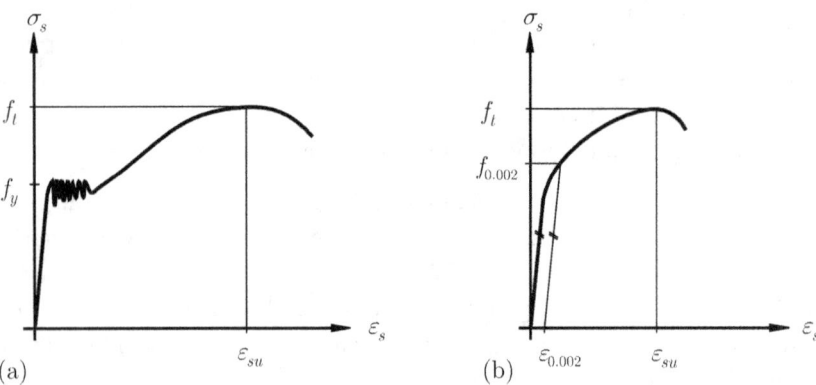

Abb.4.8: Einaxiale Spannungs-Dehnungsdiagramme für (a) einen naturharten Bewehrungsstahl und (b) einen kaltverformten Bewehrungsstahl

Infolge einer Belastungsumkehr kann der sogenannte Bauschinger Effekt beobachtet werden. Hierbei wird die Fließgrenze in einer Beanspruchungsrichtung nach Auftreten von plastischen Verzerrungen in der anderen Richtung vermindert. Der Stahl zeigt somit keine isotrope Verfestigung im Sinne der klassischen Plastizitätstheorie, was einer gleichzeitigen Erhöhung beider Fließgrenzen gleich kommen würde, sondern eher eine kinematische Verfestigung, bei der der Abstand zwischen den Fließgrenzen unter Druck- und Zugbeanspruchung nahezu konstant bleibt.

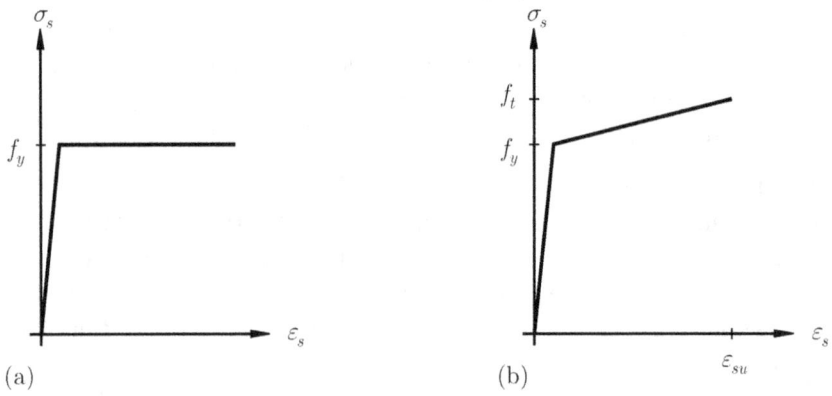

Abb.4.9: Einaxiale Spannungs-Dehnungsdiagramme für (a) ideal-plastisches und (b) verfestigendes Materialverhalten

In dieser Arbeit werden die Stahlarbeitslinien aus Abb.4.8 durch zwei idealisierte Spannungs-Dehnungsbeziehungen mit bilinearem Verlauf angenähert. Das nichtlineare Materialverhalten der Bewehrung wird hinsichtlich der gegebenen Werkstoffparameter mit einem ideal-plastischen oder einem verfestigenden Werkstoffgesetz beschrieben. Die zugehörigen Spannungs-Dehnungsbeziehungen sind in Abb.4.9 dargestellt. Die Steigung der zur Beschreibung des verfestigenden Materialverhaltens verwendeten linearen Funktion wird mit Hilfe der Zugfestigkeit f_t und der Gleichmaßdehnung ε_{su} des Stahls berechnet.

4.4 Stahlbeton

Das Materialverhalten des Verbundwerkstoffs Stahlbeton bzw. das Zusammenwirken von Beton und Bewehrung folgt aus den vorhandenen Verbundeigenschaften dieser zwei Materialien. Die Verbundeigenschaften werden durch den Schlupf zwischen Bewehrung und Beton, die Mitwirkung des Betons zwischen den Rissen und die Dübelwirkung der Stahleinlage senkrecht zur jeweiligen Stabachse vorgegeben.

4.4.1 Verbundwirkung

Der Verbund zwischen Bewehrungsstab und umgebenem Beton setzt sich aus dem Haftverbund, der infolge Adhäsion und Reibung wirkt, und aus dem Scherverbund, der durch die Zusammenwirkung von Bewehrungsstahlrippen und Beton hervorgerufen wird, zusammen. Die Verbundwirkung hängt im wesentlichen von der Betongüte, der vorhandenen Betonzugfestigkeit und der Rippengeometrie des Bewehrungsstahls bzw. dem Rippenabstand ab [Rehm, 1961]. Für glatte Bewehrungsstäbe besteht der Haftverbund aus der chemischen Adhäsion an der Oberfläche des Bewehrungsstabes und der Zementmatrix und aus der Gleitreibung. Die chemische Adhäsion ist nur für geringe Relativverschiebungen zwischen Bewehrungsstahl und Beton wirksam. Die Gleitreibung hängt von der Rauhigkeit der Stahloberfläche und dem Druck senkrecht zur Stahloberfläche ab. Für profilierte Bewehrungsstäbe wird die Verbundwirkung durch den Scherverbund vergrößert, wobei der Formwiderstand der Stahleinlage einer mechanischen Verzahnung der Stahloberfläche im Beton entspricht.

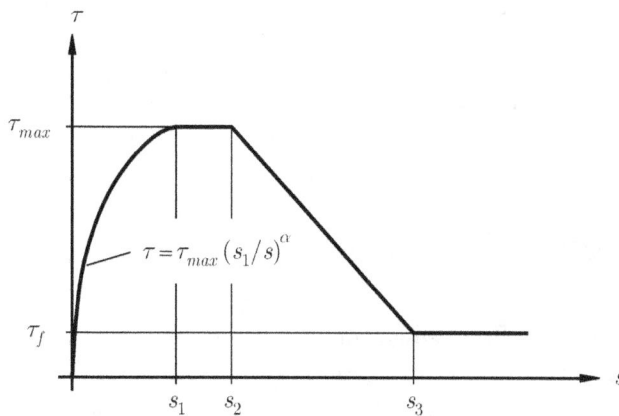

Abb.4.10: Verbundspannungs-Schlupfbeziehung lt. [CEB-FIP, 1991]

Hierbei wird durch eine vorgegebene Belastung eine Relativverschiebung zwischen Bewehrungsstahl und Beton erzwungen, die Verbundspannungen in der Grenzfläche zwischen Bewehrungsstab und Beton aktiviert. Die so erhaltenen Verbundspannungs-Schlupfbeziehungen weisen jedoch eine ausgeprägte Ortsabhängigkeit auf bzw. sind von der aktuellen örtlichen Stahldehnung und dem vorhandenen Querdruck abhängig [Stempniewski und Eibl, 1996]. In Abb. 4.10 ist die Verbundspannungs-Schlupfbeziehung lt. [CEB-FIP, 1991] dargestellt. Der ansteigende Ast beschreibt das Eindringen der Rippen in den Zementmörtel. Die zugehörigen Parameter werden für Rippenstähle mit $\alpha = 0.4$ und $s_1 = 0.6$ angegeben. Die Größen der Parameter s_2 und s_3 variieren in Abhängigkeit von der Verbundwirkung zwischen Beton und Bewehrung. Die maximale Verbundspannung τ_{max} stellt eine Funktion des charakteristischen Wertes der einaxialen Betondruckfestigkeit und der Verbundwirkung zwischen Beton und Baustahl dar. Die verbleibende Verbundspannung τ_f wird mit 15% der maximalen Verbundspannung angegeben.

4.4.2 Rißverzahnung und Dübelwirkung

Die wesentlichen Mechanismen zur Übertragung von vorhandenen Schubspannungen in einem offenen Riß können mit der Rißverzahnung (aggregate interlock) und der Dübelwirkung der Bewehrung (dowel action) angegeben werden. Durch die Relativverschiebung der Rißufer entstehen im Beton Kontaktflächen mit sehr hohen Spannungen, die irreversible Verformungen in der Zementmatrix hervorrufen. Diese gewährleisten bei senkrecht zur Rißebene wirkenden Druckkräften die Schubübertragung. Solche Druckkräfte können durch die Eigenlast des Betons und durch den Riß kreuzende Bewehrungsstäbe entstehen. Für die Rißverzahnung sind lediglich Körner von Bedeutung, deren Durchmesser mindestens der doppelten Rißweite entspricht. Die Wirkung der Rißverzahnung nimmt mit zunehmender Rißweite ständig ab. Im Gegensatz dazu wird die Dübelwirkung für große Rißweiten zum maßgebenden Mechanismus zur Kraftübertragung. Hierbei agieren die vorhandenen Bewehrungsstäbe in den gerissenen Betonquerschnitten wie Dübel, die den Relativverschiebungen der Rißufer entgegenwirken. Die einzelnen Bewehrungsstäbe sind dabei einer sehr großen lokalen Beanspruchung ausgesetzt [Bhide und Collins, 1987].

4.4.3 Einaxiales Verhalten

Das einaxiale Materialverhalten des Stahlbetons wird an Hand eines einaxial zentrisch beanspruchten Stahlbetonstabes beschrieben. Die Erläuterungen und die damit verbundenen Bezeichnungen orientieren sich hierbei an [CEB-FIP, 1991]. Zusätzliche Informationen wurden aus der Arbeit von [Wicke, 1991] entnommen.

Vor der Rißbildung sind die Spannungen im Querschnitt geringer als die Zugfestigkeit des Betons. Die Dehnungen im Bewehrungsstab ε_{sr1} und im angrenzenden Betonquerschnitt ε_{c1} sind gleich groß, es herrscht perfekter Verbund zwischen Beton und Stahl. Die Zugspannungen sind in beiden Materialien gleichförmig über die gesamte Länge des Stabes verteilt, ausgenommen in den Lasteinleitungsbereichen an den Enden des Probekörpers.

4. Materialverhalten

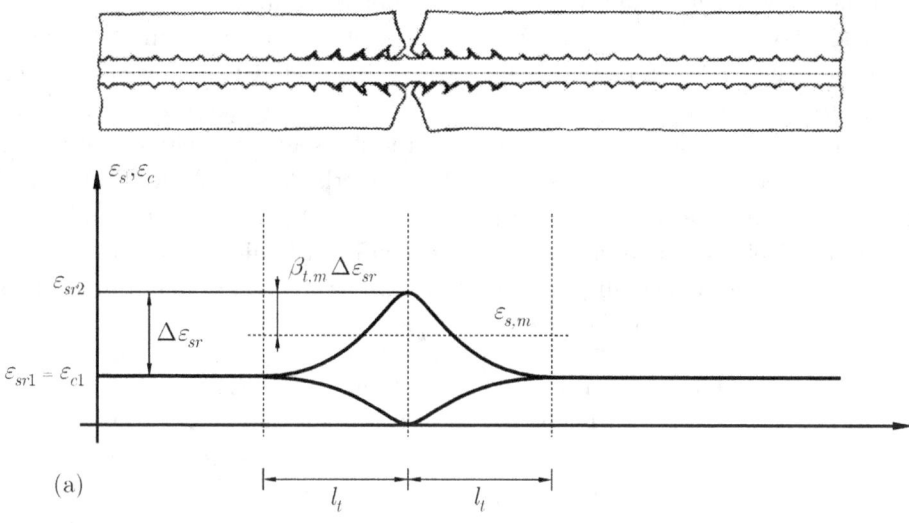

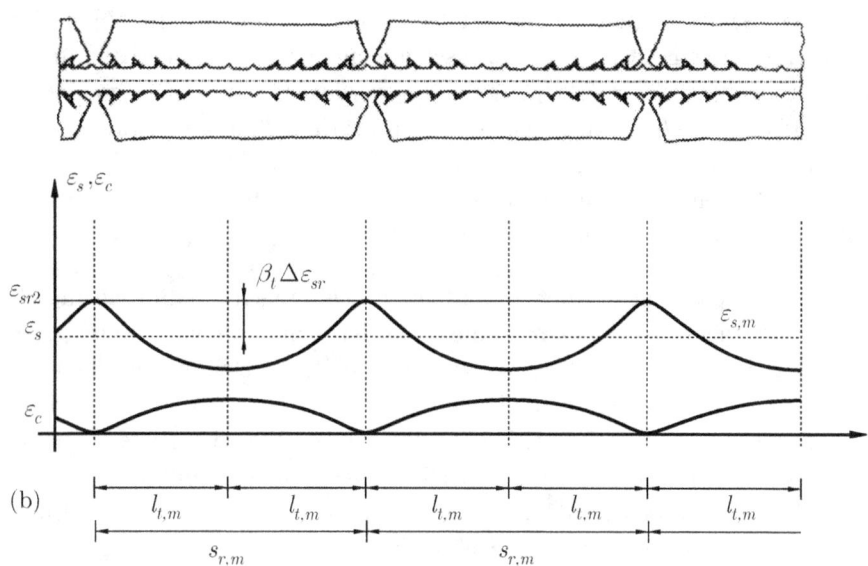

Abb.4.11: Dehnungsverteilungen für den Beton und den Bewehrungsstahl infolge eines zentrischen Zugversuches (a) bei Erstriß und (b) bei abgeschlossenem Rißbild

Wenn die aktuelle Spannung die Zugfestigkeit des Betons erreicht, so reißt der Beton (Abb.4.11(a)). Der Riß tritt hierbei an der schwächsten Stelle des Betonstabes auf. Die Kraft, die bis zu diesem Zeitpunkt vorwiegend vom Beton getragen wurde, wird im Rißquerschnitt von der Bewehrung aufgenommen und bewirkt die zugehörige Stahldehnung ε_{sr2}. Die Differenz $\Delta\varepsilon_{sr}$ aus der Stahldehnung im Riß und der Stahl- bzw. Betondehnung im ungerissenen Beton beschreibt die Erhöhung der Stahlspannungen im Riß. Mit zunehmender Entfernung vom Riß nehmen die Stahlspannungen wieder ab, indem Teile der Zugspannungen über Verbundwirkung wieder in den Beton eingeleitet werden. Mit Hilfe des Produktes aus der Dehnungsdifferenz $\Delta\varepsilon_{sr}$ und dem Faktor $\beta_{t,m}$, der die Völligkeit des Stahldehnungsverlaufs entlang der Einleitungslänge l_t beschreibt, kann die mittlere Stahldehnung $\varepsilon_{s,m} = \varepsilon_{sr2} - \beta_{t,m}\Delta\varepsilon_{sr}$ für den Stahlbetonstab bestimmt werden. Der Völligkeitsbeiwert $\beta_{t,m}$ wird für den Erstriß mit 0.60 angegeben. Die Einleitungslänge entspricht jener Länge, die notwendig ist, um die Kräfte aus dem Bewehrungsstahl durch Verbund wieder in den Beton überzuleiten.

Bei weiterer Laststeigerung bilden sich nach und nach ständig neue Risse im Beton, bis schlußendlich ein stabiles, abgeschlossenes Rißbild entstanden ist. Die endgültige Rißverteilung entspricht hierbei jenem Zustand, bei dem die Länge der Betonsäulen zwischen den einzelnen Rissen nicht mehr ausreicht, um einen so großen Anteil der Kräfte aus dem Bewehrungsstahl in den Beton einzuleiten, daß die Zugfestigkeit des Betons erreicht wird und sich weitere Risse bilden. Die bestehenden Risse werden bei weiterer Belastung lediglich aufgeweitet.

Die Dehnungsverteilung für die Bewehrung und den Beton ε_s und ε_c sind in Abb.4.11(b) über die Länge des Stabes aufgetragen. Der Abstand zwischen den einzelnen Rissen kann in der Form des mittleren Rißabstandes mit $s_{r,m} = \frac{2}{3}(2l_t)$ angenähert werden. Daraus resultiert eine verminderte Einleitungslänge mit $l_{t,m} = \frac{2}{3}l_t$. Infolge der gegenüber der Erstrißbildung veränderten Dehnungsverteilung im Beton und in der Bewehrung wird die mittlere Stahldehnung $\varepsilon_{s,m}$ in Abhängigkeit des modifizierten Völligkeitsbeiwertes β_t ermittelt. Dieser wird bei abgeschlossenem Rißbild lt. [CEB-FIP, 1991] mit $\beta_t = \frac{2}{3}\beta_{t,m} = 0.40$ angegeben.

Werden die jeweiligen Spannungen über die mittleren Dehnungen des Bewehrungsstabes in einem Diagramm aufgetragen, so erhält man die idealisierte Spannungs-Dehnungsbeziehung für den eingebetteten Bewehrungsstab. Hierbei sind die mittleren Dehnungen des einbetonierten Stahlbetonstabes erheblich geringer als die Dehnungen ε_s am Bewehrungsstab alleine. Die Differenz der Dehnungen entspricht dem Mitwirken des Betons zwischen den Rissen, der Beton erhöht somit die Gesamtsteifigkeit des Querschnittes. Dieser versteifende Einfluß aus dem Mitwirken des Betons zwischen den Rissen wird in der Literatur als Tension Stiffening Effekt bezeichnet. Die Form der idealisierten Spannungs-Dehnungsbeziehung hängt im wesentlichen von der Betonzugfestigkeit, dem Stabdurchmesser und dem Bewehrungsprozentsatz ab [Hartl, 1977].

Experimentelle Untersuchungen zur Bestimmung des Tension-Stiffening Effektes und der zugehörigen mittleren Rißabstände an mittig bewehrten Zugkörpern wurden von [Hartl, 1977], [Rostásy et al., 1976], [Günther und Mehlhorn, 1991b] durchgeführt. Zusätzliche Versuchsreihen für Stahlbetonscheiben, ausmittig bewehrte Zugkörper und Stahlbetonbalken finden sich bei [Günther und Mehlhorn, 1991a]. Ansätze zur Ermittlung des mittleren Rißabstandes finden sich im [CEB-FIP, 1991], [Eurocode 2, 1992].

4. Materialverhalten

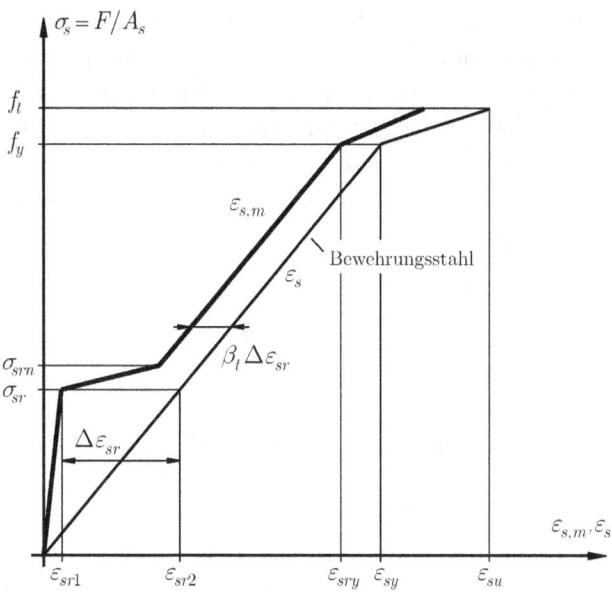

Abb.4.12: Idealisierte Spannungs-Dehnungsbeziehung lt. [CEB-FIP, 1991]

In Abb.4.12 ist die idealisierte Spannungs-Dehnungsbeziehung für den eingebetteten Bewehrungsstab unter einaxialer Zugbeanspruchung lt. [CEB-FIP, 1991] dargestellt. Dieses Diagramm kann in Anlehnung an die bisherigen Ausführungen in vier Abschnitte eingeteilt werden, in den ungerissenen Zustand, in die Phase der Rißbildung, das Verhalten bei konstantem Rißbild und in das Tragverhalten nach Erreichen der Fließdehnung der Bewehrung. Bis zum Erreichen der Betonzugfestigkeit entspricht die mittlere Stahldehnung $\varepsilon_{s,m}$ der Stahldehnung ε_s bzw. der Betondehnung ε_c; das Materialverhalten des Stahlbetonquerschnittes ist linear elastisch. Nach der Bildung des ersten Risses kann das Materialverhalten in Form der mittleren Stahldehnung $\varepsilon_{s,m}$ für die weiteren Abschnitte der Spannungs-Dehnungsbeziehung mit

$$\varepsilon_{s,m} = \frac{\sigma_s}{E_s} - \left[\frac{\beta_t \left(\sigma_s - \sigma_{sr}\right) + \left(\sigma_{srn} - \sigma_s\right)}{\sigma_{srn} - \sigma_{sr}} \right] \Delta\varepsilon_{sr} \qquad \sigma_{sr} \leq \sigma_s < \sigma_{srn}$$

$$\varepsilon_{s,m} = \frac{\sigma_s}{E_s} - \beta_t \, \Delta\varepsilon_{sr} \qquad \sigma_{srn} \leq \sigma_s < f_y \qquad (4.10)$$

$$\varepsilon_{s,m} = \frac{f_y}{E_s} - \beta_t \, \Delta\varepsilon_{sr} + \frac{\delta}{E_s}\left[1 - \frac{\sigma_{sr}}{f_y}\right]\left(\sigma_s - f_y\right) \qquad f_y \leq \sigma_s < f_t$$

beschrieben werden. Hierbei entspricht f_y der Streckgrenze und f_t der Zugfestigkeit der Bewehrung. E_s steht für den Elastizitätsmodul des Stahls. Der Koeffizient δ berücksichtigt das Verhältnis f_t/f_y und die Streckgrenze f_y. Für einen duktilen Bewehrungsstahl wird δ lt. [CEB-FIP, 1991] mit 0.80 angegeben. Nach Auftreten des ersten Risses weist die Bewehrung die Spannung σ_{sr} auf, die mit fortschreitender Rißbildung ansteigt. Für ein stabiles abgeschlossenes Rißbild kann die Spannung σ_{srn} lt. [CEB-FIP, 1991] um 30% höher als jene bei der Erstrißbildung angenommen werden. Die Spannungen können somit zu

$$\sigma_{srn} = 1.30\, \sigma_{sr}, \qquad \text{mit} \qquad \sigma_{sr} = f_{ctm} \left(\frac{1 + \alpha\, \rho_{eff}}{\rho_{eff}} \right) \tag{4.11}$$

ermittelt werden. Die Rißspannung σ_{sr} ist eine Funktion des effektiven Bewehrungsprozentsatzes ρ_{eff}, der das Verhältnis zwischen vorhandenem Stahlquerschnitt und zugbeanspruchter Betonquerschnittsfläche wiedergibt. Der effektive Bewehrungsprozentsatz kann gemäß [CEB-FIP, 1991] berechnet werden. Die Konstante α steht für das Verhältnis der Elastizitätsmoduli für Stahl E_s und Beton E_c. Die Dehnungsdifferenz $\Delta\varepsilon_{sr}$ beschreibt die Verminderung der Stahldehnung im gerissenen Zustand und errechnet sich aus

$$\Delta\varepsilon_{sr} = \varepsilon_{sr2} - \varepsilon_{sr1} = \frac{f_{ctm}}{E_s\, \rho_{eff}}, \tag{4.12}$$

wobei die Dehnungen des Bewehrungsstahles im ungerissenen Zustand ε_{sr1} und die Dehnungen des Bewehrungsstahles im Riß ε_{sr2} mit

$$\varepsilon_{sr1} = \frac{f_{ctm}}{E_c} \qquad \text{und} \qquad \varepsilon_{sr2} = \frac{f_{ctm}}{E_c} \left(1 + \frac{1}{\alpha\, \rho_{eff}} \right) \tag{4.13}$$

aus der Spannung σ_{sr} bzw. der zugehörigen Rißlast $A_s\sigma_{sr}$ durch die Division durch die ideelle Dehnsteifigkeit des Stahlbetonstabes $E_c A_{c,eff}(1 + \alpha\, \rho_{eff})$ bzw. die Dehnsteifigkeit des Bewehrungsstabes alleine $E_s A_s$ bestimmt werden. Für die numerische Umsetzung der idealisierten Spannungs-Dehnungsbeziehung lt. [CEB-FIP, 1991] spielt die Modellierung der vorhandenen Bewehrung eine entscheidene Rolle. Bei Verwendung einer verschmierten Modellierung der Stahleinlage muß der Tension Stiffening Effekt in Form der jeweiligen Spannungs-Dehnungsbeziehung berücksichtigt werden. Dies kann sowohl auf Seite der Bewehrung als auch auf Seite des Betons durch eine Modifizierung der Spannungs-Dehnungsbeziehung erfolgen.

Bei Berücksichtigung des Tension Stiffening Effektes auf Seite der Bewehrung können im Zuge der numerischen Umsetzung Probleme auftreten. Die Betonsteifigkeit nimmt kurz nach der ersten Rißbildung stark ab, gleichzeitig wird die Stahlsteifigkeit durch die Berücksichtigung der Reststeifigkeit des Betons zwischen den Rissen plötzlich erhöht. Dies kann sich nachteilig auf

4. Materialverhalten

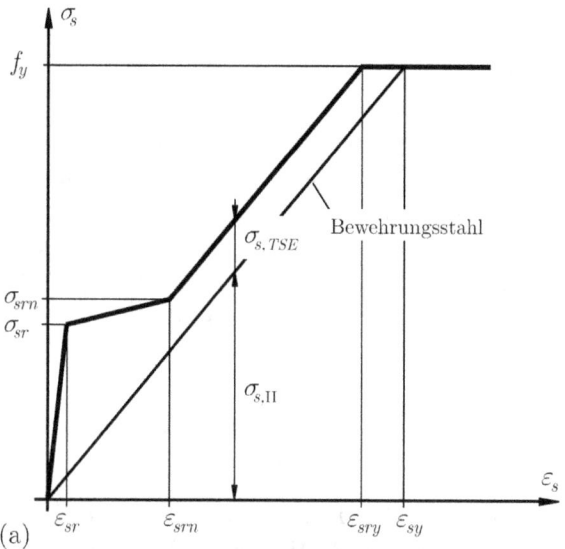

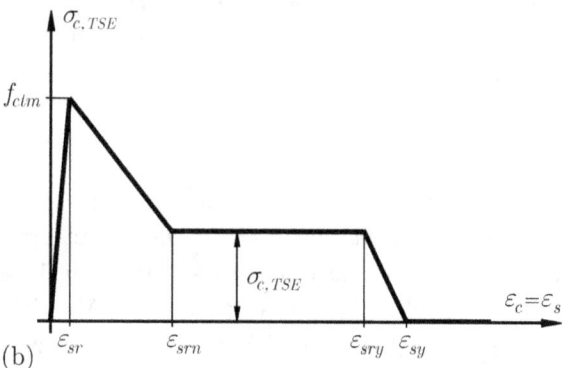

Abb.4.13: Spannungs-Dehnungsbeziehung lt. [CEB-FIP, 1991] bei Berücksichtigung des Tension Stiffening Effektes für (a) den Bewehrungsstahl und (b) den Beton

die Iteration für die Ermittlung der zugehörigen Gleichgewichtszustände auswirken. Durch die Modifizierung der Spannungs-Dehnungsbeziehung des Betons können solche Steifigkeitssprünge vermieden werden.

Die Modifizierung der Spannungs-Dehnungsbeziehung des Betons erfolgt durch die Umrechnung des den Tension Stiffening Effekt beschreibenden Anteils der Stahlspannungen in entsprechende Betonspannungen. Die Differenz aus den Stahlspannungen des einbetonierten Bewehrungsstabes σ_s und den Stahlspannungen des Stahlquerschnitts alleine $\sigma_{s,II}$ gibt den Tension Stiffening Effekt als Anteil der Stahlspannungen $\sigma_{s,TSE}$ mit

$$\sigma_{s,TSE} = \sigma_s - \sigma_{s,II} \tag{4.14}$$

wieder. Durch die Verwendung des effektiven Bewehrungsprozentsatzes ρ_{eff}, der dem Verhältnis zwischen dem Stahlquerschnitt und dem sich unter Zug befindlichen Betonquerschnitt entspricht, kann die äquivalente Betonspannung mit

$$\sigma_{c,TSE} = \rho_{\mathit{eff}}\, \sigma_{s,TSE} \tag{4.15}$$

ermittelt werden. Die äquivalente Betonspannung beschreibt somit den Tension Stiffening Effekt in der Wirkungszone der Bewehrung [Meiswinkel et al., 1995].

Das Mitwirken des Betons zwischen den Rissen kann lt. Abb.4.12 zudem in zwei Teilbereiche aufgeteilt werden, in den Anteil für den elastischen Stahldehnungsbereich und in den Bereich nach Erreichen der Fließgrenze der Bewehrung. Der Tension Stiffening Effekt kann für den elastischen Stahldehnungsbereich auf Grund von zahlreichen experimentellen Untersuchungen als bekannt betrachtet werden, für den zweiten Anteil hingegen fehlt aber bisher ein abgesichertes Modell zur Beschreibung des Betons zwischen den Rissen im Bruchzustand. Daher ist auch der Tension Stiffening Effekt nach Erreichen der Fließgrenze der Bewehrung Ziel zahlreicher Forschungsvorhaben.

In dieser Arbeit wird das Mitwirken des Betons zwischen den Rissen nach Erreichen der Fließgrenze der Bewehrung vernachlässigt. Die daraus resultierenden Spannungs-Dehnungsbeziehungen für die Beschreibung des Tension Stiffening Effektes auf der Stahl- und Betonseite sind in Abb.4.13 dargestellt. Für die Aufteilung des Mitwirkens des Betons zwischen den Rissen in die Phase der Rißbildung, den Bereich des abgeschlossenen Rißbildes und die lineare Abnahme des Tension Stiffening Effektes bis zum Erreichen der Fließdehnung der Bewehrung können die äquivalenten Betonspannungen mit

$$\begin{aligned}
\sigma_{c,TSE} &= f_{ctm}\left[\beta_t + (1-\beta_t)\left(\frac{\varepsilon_{srn}-\varepsilon_s}{\varepsilon_{srn}-\varepsilon_{sr}}\right)\right] & \varepsilon_{sr} &\leq \varepsilon_s < \varepsilon_{srn} \\
\sigma_{c,TSE} &= \beta_t\, f_{ctm} & \varepsilon_{srn} &\leq \varepsilon_s < \varepsilon_{sry} \\
\sigma_{c,TSE} &= \beta_t\, f_{ctm}\left(\frac{\varepsilon_{sy}-\varepsilon_s}{\varepsilon_{sy}-\varepsilon_{sry}}\right) & \varepsilon_{sry} &\leq \varepsilon_s < \varepsilon_{sy}
\end{aligned} \tag{4.16}$$

angegeben werden. Nach Erreichen der Fließdehnung der Bewehrung gilt für die äquivalente Betonspannung $\sigma_{c,TSE} = 0$. Die zuvor definierten Bereiche können durch die Stahldehnung bei Erreichen der Zugfestigkeit des Betons ε_{sr}, die Stahldehnung bei Erreichen eines stabilen, abgeschlossenen Rißbildes ε_{srn}, die Stahldehnung bei beginnender Reduktion des Tension Stiffening Effektes ε_{sry} und die Fließdehnung der Bewehrung ε_{sy} festgelegt werden. Sie können lt. [CEB-FIP, 1991] mit

$$\varepsilon_{sr} = \frac{f_{ctm}}{E_c} \qquad \varepsilon_{sry} = \frac{f_y}{E_s} - \beta_t \, \Delta\varepsilon_{sr}$$
$$\varepsilon_{srn} = \frac{\sigma_{srn}}{E_s} - \beta_t \, \Delta\varepsilon_{sr} \qquad \varepsilon_{sy} = \frac{f_y}{E_s} \tag{4.17}$$

bestimmt werden. Mit Hilfe von (4.16) und (4.17) kann der Tension Stiffening Effekt durch Modifikation der Spannungs-Dehnungsbeziehung des Betons berücksichtigt werden. Weitere mögliche Ansätze zur Beschreibung des Mitwirkens des Betons zwischen den Rissen auf Seite des Betons sind in den Arbeiten von [Kollegger, 1988] und [Pardey, 1994] angegeben. Eine Ausarbeitung des Tension Stiffening Effektes lt. [Eurocode 2, 1992] findet sich bei [Meiswinkel et al., 1995]. Hierbei wird das Mitwirken des Betons zwischen den Rissen allgemein mit

$$\varepsilon_{s,m} = \varepsilon_{sr} + \frac{\sigma_s}{E_s}\left[1 - \beta_1\,\beta_2\left(\frac{\sigma_{sr}}{\sigma_s}\right)^2\right] \tag{4.18}$$

definiert, wobei ε_{sr} die mittlere Stahldehnung im ungerissenen Beton bei Erreichen der Stahlspannung σ_{sr} vor Auftreten des ersten Risses und σ_s die aktuelle Stahlspannung beschreiben. Die zugehörigen äquivalenten Betonspannungen können lt. [Meiswinkel et al., 1995] mit

$$\sigma_{c,TSE} = \rho_{\mathit{eff}}\left[-\frac{E_s\,(\varepsilon_s + \varepsilon_{sr})}{2} + \sqrt{\left(\frac{E_s\,(\varepsilon_s - \varepsilon_{sr})}{2}\right)^2 + \beta_1\,\beta_2\,\sigma_{sr}^2}\right] \tag{4.19}$$

angegeben werden. Der Faktor β_1 berücksichtigt die Verbundeigenschaften der Bewehrung durch $\beta_1 = 1.0$ für gerippte Stähle und $\beta_1 = 0.5$ für glatte Stähle. Der Beiwert β_2 beschreibt die Art und die Dauer der Belastung durch $\beta_2 = 1.0$ für kurzzeitige Belastungen und $\beta_2 = 0.5$ für langzeitig wirkende oder häufig wiederholte Belastungen. Für die Formulierung des Tension Stiffening Effektes lt. [Eurocode 2, 1992] wird ebenfalls das Mitwirken des Betons zwischen den Rissen nach Erreichen der Fließgrenze der Bewehrung vernachlässigt [Meiswinkel et al., 1995]. Abb.4.14 zeigt die Spannungs-Dehnungsbeziehungen bei Berücksichtigung des Tension Stiffening Effekts lt. [Eurocode 2, 1992] für den Bewehrungsstahl und den Beton.

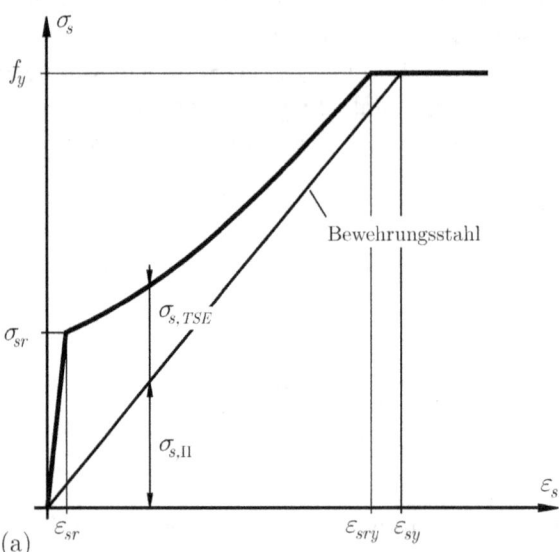

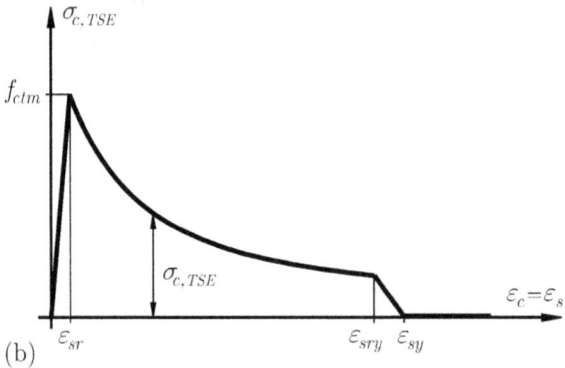

Abb.4.14: Spannungs-Dehnungsbeziehung lt. [Eurocode 2, 1992] bei Berücksichtigung des Tension Stiffening Effektes für (a) den Bewehrungsstahl und (b) den Beton

4.4.4 Biaxiales Verhalten

Für die Beschreibung des biaxialen Materialverhaltens von bewehrten Betonstrukturen wurde eine große Anzahl von Versuchen durchgeführt. Ergebnisse experimenteller Untersuchungen finden sich bei [Vecchio und Collins, 1982], [Bhide und Collins, 1987] und [Kollegger, 1988]. Ziel dieser Untersuchungen waren zum einen Ansätze zur Beschreibung des Tension Stiffening Effektes für biaxiale Beanspruchungsformen und zum anderen Möglichkeiten zur Quantifizierung der Abminderung der Druckfestigkeit infolge Querzug.

Experimentelle Untersuchungen an Stahlbetonscheiben mit den Abmessungen 890/890/70 mm wurden von [Vecchio und Collins, 1982] durchgeführt. Hierbei wurden die Stahlbetonscheiben durch Membranspannungszustände, wie zum Beispiel reine Schubbeanspruchung, reine Druckbeanspruchung oder Kombinationen aus Zug-, Druck und Schubbeanspruchung, belastet. Die Bewehrung der Stahlbetonscheiben bestand aus zwei Bewehrungsebenen, die jeweils parallel zu den jeweiligen Berandungen eingebaut wurden. Es wurden sowohl das Verhältnis von Längs- zur Querbewehrung als auch der Bewehrungsquerschnitt variiert. Zusätzlich wurden verschiedene Betongüten mit unterschiedlichen Druckfestigkeiten und Bewehrungsstähle mit verschiedenen Streckgrenzen verwendet.

Die wesentlichen Ergebnisse dieser Untersuchungen lassen sich wie folgt zusammenfassen. Für Stahlbetonscheiben mit einem geringen Bewehrungsprozentsatz wird die Traglast erwartungsgemäß bereits bei der ersten Rißbildung erreicht, bei Stahlbetonscheiben mit einem höheren Bewehrungsprozentsatz durch das Fließen der Bewehrung. Bei Verwendung von sehr hohen Bewehrungsprozentsätzen konnte Druckversagen des Betons festgestellt werden. Unter biaxialer Zugbeanspruchung trat Versagen durch das Fließen der Bewehrung und unter biaxialer Druckbeanspruchung durch das Überschreiten der Betondruckfestigkeit auf. Für jene Beanspruchungsformen, die in einer Richtung Druckspannungen und in der anderen Zugspannungen verursachten, konnte beobachtet werden, daß die Traglast einer Druckspannung entsprach, die kleiner als die zugehörige einaxiale Druckfestigkeit war.

Für unbewehrten Beton kann die maximal aufnehmbare Druckspannung mit zunehmendem seitlichen Zug bis auf Null abnehmen. Dies trifft für bewehrte Betonstrukturen nicht zu, da bei ausreichender Bewehrung ein Versagen auf Zug nicht auftreten kann.

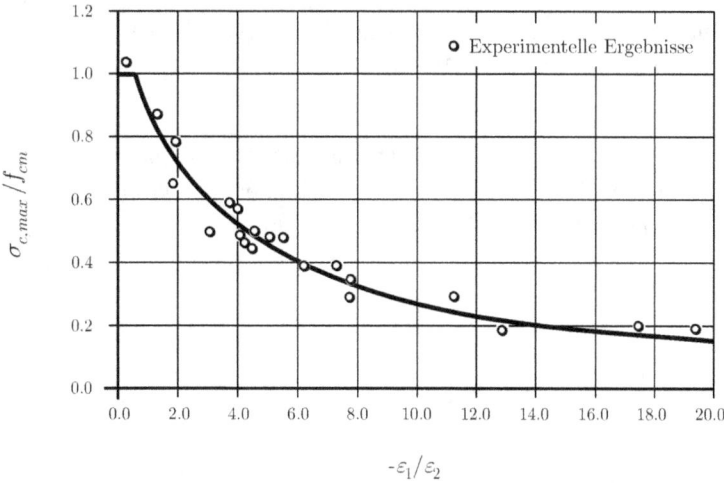

Abb.4.15: Versuchsergebnisse von [Vecchio und Collins, 1982]

Für den bereits gerissenen Beton können die zwischen den Rissen verbleibenden Betonsäulen, die durch die Bewehrung zusammengehalten werden, weiterhin Druckkräfte übertragen. Die Größe dieser Restdruckfestigkeit kann lt. [Vecchio und Collins, 1982] durch den Abminderungskoeffizienten β beschrieben werden. Dieser wird als Funktion des Verhältnisses der Hauptzugdehnung ε_1 zur Hauptdruckdehnung ε_2 angegeben. Die Abminderung der Druckfestigkeit kann mit $\sigma_{c,max} = \beta\, f_{cm}$ ermittelt werden, wobei der Abminderungskoeffizient mit

$$\beta \;=\; \frac{1}{0.85 - 0.27\ \varepsilon_1/\varepsilon_2} \;\leq\; 1.0 \qquad (4.20)$$

festgelegt wird. In Abb.4.15 wird der Verlauf des Abminderungskoeffizienten Versuchsergebnissen gegenübergestellt. Der Abminderungskoeffizient β kann aber auch als Funktion des Verhältnisses der Hauptzugdehnung ε_1 zur Stauchung bei Erreichen der Betondruckfestigkeit ε_{c1} definiert werden [Vecchio und Collins, 1986]. Hierbei wird die Stauchung bei Erreichen der Betondruckfestigkeit mit $\varepsilon_{c1} = -0.0022$ angenommen. Die Funktion für den Abminderungskoeffizienten wird mit

$$\beta \;=\; \frac{1}{0.80 - 0.34\ \varepsilon_1/\varepsilon_{c1}} \;\leq\; 1.0 \qquad (4.21)$$

angegeben. Die Abminderung der Druckfestigkeit führt in der Folge auch zu Modifikationen der Spannungs-Dehnungsbeziehungen. Bei der Verwendung des Abminderungskoeffizienten lt. (4.20) muß sowohl die Größe der Druckfestigkeit als auch die Stauchung bei Erreichen der Betondruckfestigkeit ε_{c1} modifiziert werden. Bei Verwendung der Abminderungskoeffizienten lt. (4.21) erfolgt lediglich eine Reduktion der Druckfestigkeit. In Abb.4.16 sind die Spannungs-Dehnungsbeziehungen lt. [Vecchio und Collins, 1993] für $\beta = f(\varepsilon_1/\varepsilon_2)$ und für $\beta = f(\varepsilon_1)$ dargestellt.

Infolge der zahlreichen Versuche an Stahlbetonscheiben wurde auch ein Ansatz zur Beschreibung des Zugverhaltens nach Erreichen der Rißdehnung vorgeschlagen [Vecchio und Collins, 1982], [Vecchio und Collins, 1986]. Hierbei kann die Betonspannung mit

$$\sigma_c \;=\; \frac{f_{ctm}}{1 + \left[\, 200\ \varepsilon_1 \,\right]^{1/2}} \qquad (4.22)$$

ermittelt werden, wobei ε_1 für die erste Hauptdehnung steht. Zusätzliche Versuche wurden von [Bhide und Collins, 1987] durchgeführt. Hierbei wurden Stahlbetonscheiben untersucht, die nur in einer Richtung bewehrt waren. Die Stahlbetonscheiben wurden durch reine Zugbean-

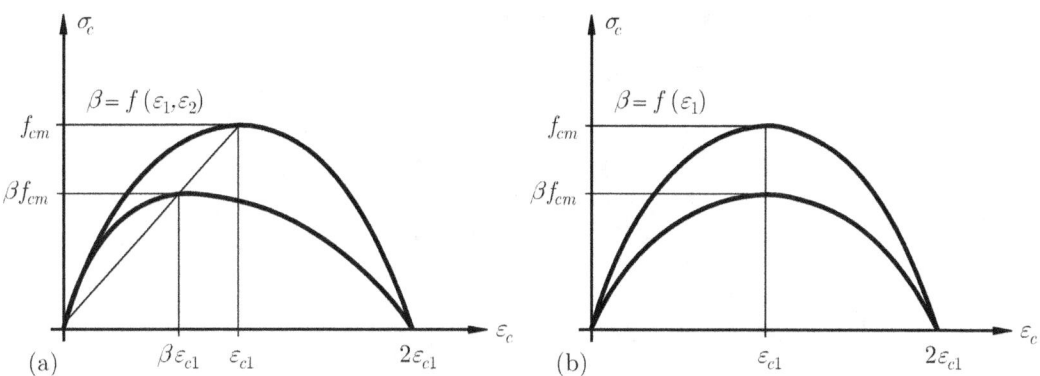

Abb.4.16: Spannungs-Dehnungsbeziehungen lt. [Vecchio und Collins, 1993] in Abhängigkeit (a) von $\beta = f(\varepsilon_1/\varepsilon_2)$ und (b) von $\beta = f(\varepsilon_1)$

spruchung, reine Schubbeanspruchung oder Kombinationen aus Zug- und Schubbeanspruchung belastet.

Sowohl bei diesen als auch bei den Versuchen von [Vecchio und Collins, 1982] konnte festgestellt werden, daß sich der erste Riß in Richtung normal auf die erste Hauptnormalspannungsrichtung bildete. Für Stahlbetonscheiben mit unterschiedlichen Bewehrungsprozentsätzen der beiden Bewehrungslagen konnte bei weiterer Belastung festgestellt werden, daß sich die Risse in ihrer Orientierung nach der stärkeren Bewehrungslage ausrichteten bzw. sich drehten. Dies konnte speziell für jene Stahlbetonscheiben beobachtet werden, bei denen die schwächere Bewehrungslage bereits die Fließdehnung überschritten hatte. Um die Orientierung der Risse zu berücksichtigen, schlugen [Bhide und Collins, 1987] einen Ansatz zur Beschreibung des Zugverhaltens nach Erreichen der Rißdehnung mit

$$\sigma_c = \frac{f_{ctm}}{1 + 1000\ \varepsilon_1/\alpha} \qquad \text{für} \qquad \alpha = \left[\frac{90}{|\theta|}\right]^{3/2} \qquad (4.23)$$

vor, der die Lage der Bewehrung in Abhängigkeit zur jeweiligen Rißorientierung berücksichtigt. Der Parameter α beschreibt den Einfluß der Orientierung der Bewehrung, wobei θ dem Winkel zwischen Bewehrung und dem Riß entspricht.

Weitere Versuche zur Bestimmung der Größenordnung der Druckfestigkeitsabminderung von bewehrten Betonscheiben wurden von [Kollegger, 1988], [Kollegger und Mehlhorn, 1990] durchgeführt. Hierbei wurden Stahlbetonscheiben mit den Abmessungen 1000/500/100 mm, die durch biaxiale Druck- und Zugbeanspruchung belastet wurden, geprüft. Die Ergebnisse dieser experimentellen Untersuchungen lassen sich wie folgt zusammenfassen. Die Abminderung der Betondruckfestigkeit infolge Querzug beträgt maximal 20%. Hierbei wird die Tragfähigkeit der Stahlbetonscheiben durch die beim Versagen wirkende Querspannung beschrieben.

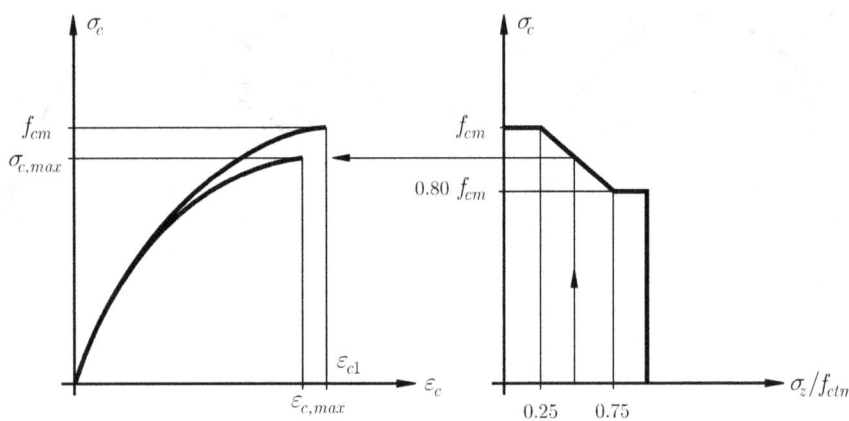

Abb.4.17: Abminderung der Druckfestigkeit lt. [Kollegger, 1988]

In Abb.4.17 ist der Vorschlag lt. [Kollegger, 1988] zur Abminderung der Betondruckfestigkeit infolge Querzug erläutert. Die Reduktion der Druckspannung erfolgt in Abhängigkeit der wirkenden Querzugspannung σ_z. Die zugehörige Betonstauchung kann mit $\varepsilon_{c,max} = \varepsilon_{c1}\, \sigma_{c,max}/f_{cm}$ bestimmt werden. In den Versuchen konnte weiters festgestellt werden, daß die Bewehrungsart und die Bewehrungsoberfläche keinen Einfluß auf die Spannungs-Dehnungsbeziehungen und das Tragverhalten haben. [Schäfer et al., 1990] stellten fest, daß für eine Druckbeanspruchung mit schräg zur Druckrichtung verlaufenden Rissen die Restdruckfestigkeit bis auf 60% der Druckfestigkeit abfallen kann.

Kapitel 5

Elasto-plastisches Materialmodell für Beton

5.1 Allgemeines

Die Fließtheorie der Plastizitätstheorie bildet die Grundlage für das Materialmodell, das in dieser Arbeit zur Beschreibung des nichtlinearen Werkstoffverhaltens von unbewehrtem und bewehrtem Beton verwendet wird. Die drei wesentlichen Elemente sind die Fließfunktion, die Fließregel und die Ver- bzw. Entfestigungsgesetze. Im folgenden werden die grundlegenden Gleichungen der Fließtheorie der Plastizitätstheorie, die gewählten Fließkriterien in Form von Bruch- und Versagenshypothesen und die zugehörigen Ver- und Entfestigungsgesetze erläutert. Für letztere wird eine Aufteilung in Zug- und Druckverhalten, jeweils für unbewehrten und bewehrten Beton getrennt, vorgenommen. Abschließend wird der Integrationsalgorithmus, der für die Implementierung des elasto-plastischen Werkstoffmodells in das Finite Elemente Programmsystem ABAQUS [Hibbit et al., 1998] verwendet wird, angegeben.

5.2 Evolutionsgleichungen

Ausgehend von der Kenntnis der gesamten Verzerrungen ist es im Rahmen der Theorie kleiner Verschiebungen und kleiner Verzerrungen möglich, die gesamten Verzerrungen ε mit

$$\varepsilon = \varepsilon^e + \varepsilon^p \tag{5.1}$$

in einen elastischen Anteil ε^e und einen plastischen Anteil ε^p aufzuteilen. Hierbei werden die elastischen Verzerrungen als abhängige Variablen betrachtet, da sie durch die gesamten und die plastischen Verzerrungen bestimmt werden können. Die Aufteilung der gesamten Verzerrungen in einen elastischen und plastischen Anteil wird durch das elasto-plastische Werkstoffgesetz festgelegt. Die Spannungen werden aus den elastischen Verzerrungen mittels des verallgemeinerten Hookeschen Gesetzes zu

$$\boldsymbol{\sigma} = \mathbf{C}_e\, \boldsymbol{\varepsilon}^e = \mathbf{C}_e(\boldsymbol{\varepsilon} - \boldsymbol{\varepsilon}^p) \qquad (5.2)$$

ermittelt und sind deshalb ebenfalls abhängige Variablen. In (5.2) bezeichnet $\mathbf{C}_e$ die Elastizitätsmatrix. Durch die Definition einer Fließfunktion ist es möglich, zwischen rein elastischem und elasto-plastischem Materialverhalten zu unterscheiden. Für Werkstoffe mit unterschiedlichem Verhalten unter Zug- und Druckbeanspruchung ist es schwierig, das Materialverhalten mit einer einzigen Fließfunktion zu beschreiben. Daher werden zumeist zusammengesetzte Fließflächen verwendet, deren jeweilige Fließfunktion mit

$$f_i(\boldsymbol{\sigma}, \mathbf{q}) = 0 \qquad \text{für} \quad i = 1, 2, \dots m \qquad (5.3)$$

angegeben wird. Hierbei entspricht m der Anzahl der einzelnen Fließflächen, die zu einer Fließfläche zusammengesetzt werden. Die Fließbedingung f_i stellt eine Funktion der Spannungen $\boldsymbol{\sigma}$ und der internen Variablen $\mathbf{q}$ dar.

Die Rate der plastischen Verzerrungen $\dot{\boldsymbol{\varepsilon}}^p$ wird mit Hilfe der Fließregel bestimmt. Für eine beliebige Anzahl von Fließflächen mit nicht glatten Übergängen kann die Rate der plastischen Verzerrungen durch die Verwendung der Koiterschen Fließregel mit

$$\dot{\boldsymbol{\varepsilon}}^p = \sum_{i=1}^{m} \dot{\lambda}_i\, \frac{\partial g_i(\boldsymbol{\sigma}, \mathbf{q})}{\partial \boldsymbol{\sigma}} \qquad (5.4)$$

angeschrieben werden, wobei der Gradient der Potentialfunktion $\partial g_i/\partial \boldsymbol{\sigma}$ die Richtung des plastischen Flusses angibt [Koiter, 1953]. Durch die Verwendung der plastischen Potentialfunktion $g_i(\boldsymbol{\sigma}, \mathbf{q})$ wird (5.4) als eine nicht assoziierte Fließregel bezeichnet, da die Richtung des plastischen Flusses nicht mit dem Gradienten der Fließfunktion übereinstimmt. Wird anstelle der plastischen Potentialfunktion g_i die Fließfunktion f_i verwendet, so entspricht (5.4) einer assoziierten Fließregel. Die Rate des Konsistenzparameters $\dot{\lambda}_i$ entspricht einem skalaren Faktor, der die Größe der Rate der plastischen Verzerrungen festlegt. Die Rate des Konsistenzparameters und die Fließfunktion haben die Kuhn-Tucker Bedingungen zu erfüllen [Simo und Hughes, 1998]. Diese werden mit

$$f_i \leq 0, \qquad \dot{\lambda}_i \geq 0, \qquad \dot{\lambda}_i\, f_i = 0 \qquad \text{für} \quad i = 1, 2, \dots m \qquad (5.5)$$

angegeben. Mit Hilfe der Kuhn-Tucker Bedingungen kann die elastische Be- und Entlastung bzw. die plastische Belastung festgelegt werden. Hierbei entsprechen $f < 0$ einer elastischen Be- oder Entlastung, $f = 0$ und $\dot{\lambda}_i = 0$ einer neutralen und $f = 0$ und $\dot{\lambda}_i > 0$ einer plastischen Belastung. Darüber hinaus erfüllen die Raten der Konsistenzparameter und der Fließfunktionen die Konsistenzbedingungen

$$\dot{\lambda}_i \, \dot{f}_i = 0 \qquad \text{für} \quad i = 1, 2, ... m \;. \tag{5.6}$$

Das irreversible Materialverhalten wird im Rahmen der Plastizitätstheorie durch die internen Variablen **q** beschrieben. Diese können allgemein mit

$$\mathbf{q} = \mathbf{k}(\boldsymbol{\kappa}) \tag{5.7}$$

angegeben werden, wobei die internen Variablen eine Funktion der Ver- und Entfestigungsparameter $\boldsymbol{\kappa}$ bilden. Die Rate der Ver- und Entfestigungsparameter kann für eine zusammengesetzte Fließfläche mit

$$\dot{\boldsymbol{\kappa}} = \sum_{i=1}^{m} \dot{\lambda}_i \mathbf{h}_i(\boldsymbol{\sigma}, \boldsymbol{\kappa}) \tag{5.8}$$

angeschrieben werden. Hierbei kann der Vektor $\mathbf{h}_i$ in Abhängigkeit von den Spannungen und der Ver- und Entfestigungsparameter definiert werden.

Bei Verwendung von zusammengesetzten Fließfunktionen müssen im Zuge plastischer Belastung nicht alle Fließbedingungen verletzt werden. Daher ist sowohl für die Rate der plastischen Verzerrungen als auch für die Rate der Ver- und Entfestigungsparameter die Einschränkung zu treffen, daß nur jene Fließflächen f_j für $j \in \{1, 2, ... m\}$, für die die Rate der plastischen Konsistenzparameter $\Delta \lambda_j > 0$ ist, in den Gleichungen (5.4) und (5.8) berücksichtigt werden.

5.3 Formulierung der Fließkriterien

Der Übergang von elastischem zu elasto-plastischem Materialverhalten wird durch eine oder mehrere Fließbedingungen festgelegt. Da sich das Materialverhalten des Betons infolge Zug- und Druckbeanspruchung stark unterscheidet, wird die Bruchumhüllende des Betons für den ebenen Spannungszustand zumeist mit einer zusammengesetzten Fließfunktion beschrieben. In dieser Arbeit wird das Zugverhalten des Betons durch die Bruchhypothese von Rankine und das Druckverhalten durch die Versagenshypothese von Drucker-Prager angenähert [Feenstra und de Borst, 1996].

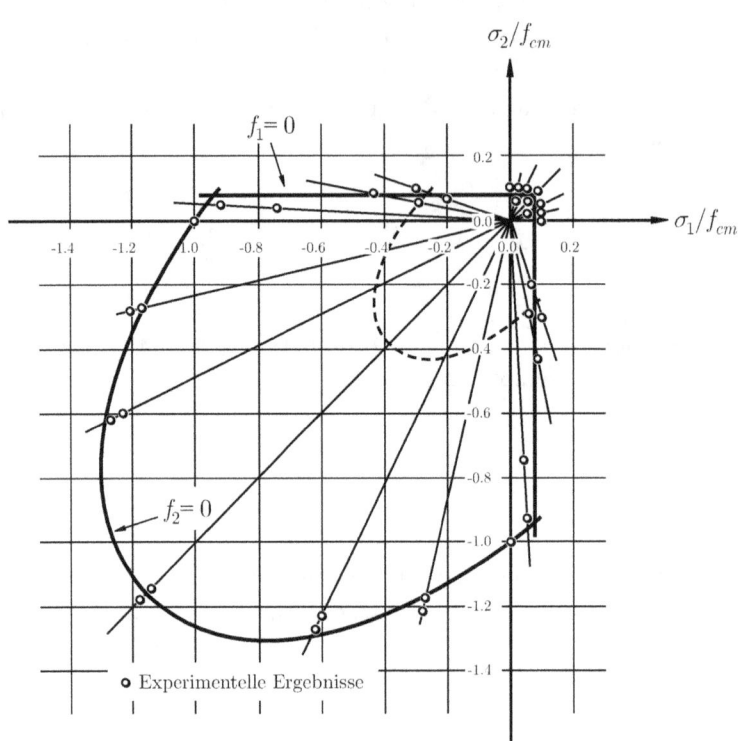

Abb.5.1: Vergleich der zusammengesetzten Fließfunktion lt. [Feenstra und de Borst, 1996] mit der experimentell ermittelten Bruchumhüllenden für biaxiale Spannungszustände

Die Bruchhypothese von Rankine beruht auf der Annahme, daß die größte Normalspannung für den Eintritt des Bruchs von spröden Werkstoffen maßgebend ist. Sie wird auch als die Hypothese der maximalen Normalspannung bezeichnet und wurde 1857 von William John Macquorn Rankine (1820-1872) vorgeschlagen. Die Bruchhypothese von Rankine ist zur Festlegung des Zugversagens spröder Werkstoffe, wie z. B. das Reißen von Beton, sehr gut geeignet. Der Bruch des Werkstoffs tritt ein, wenn die größte Hauptnormalspannung den Wert der Zugfestigkeit erreicht.

Die Versagenshypothese von Drucker-Prager, deren Name sich auf die Arbeiten von Daniel C. Drucker (geb.1918) und William Prager (1903-1980) um 1950 bezieht, stellt eine Erweiterung der Fließhypothese nach von Mises dar. Bei letzterer wird von der Annahme ausgegangen, daß der Fließeintritt lediglich von der Oktaederschubspannung, nicht aber von der Oktaedernormalspannung abhängt. Die Erweiterung der Fließhypothese nach von Mises im Sinne von Drucker-Prager bedeutet, daß die Oktaedernormalspannung den Fließeintritt im Sinne der Coulombschen Reibung beeinflußt [Mang und Hofstetter, 2000].

In Abb.5.1 ist die aus der Bruchhypothese von Rankine f_1 und der Versagenshypothese von Drucker-Prager f_2 zusammengesetzte Fließfunktion lt. [Feenstra und de Borst, 1996] dargestellt. Hierbei werden die Hauptnormalspannungen durch die einaxiale Druckfestigkeit normiert. Ein Vergleich mit den Versuchsergebnissen von [Kupfer et al., 1969] zeigt, daß die zusammengesetzte Fließfunktion die experimentell ermittelte Bruchumhüllende des Betons für biaxiale Spannungszustände gut wiedergibt. Die zusammengesetzte Fließfunktion kann mit

$$f_1 = \left[\tfrac{1}{2} \boldsymbol{\sigma}^\top \mathbf{P}_1 \boldsymbol{\sigma}\right]^{1/2} + \alpha_{f_1} \boldsymbol{\pi}^\top \boldsymbol{\sigma} - \beta_{f_1} \bar{\sigma}_1(\kappa_1)$$

$$f_2 = \left[\tfrac{1}{2} \boldsymbol{\sigma}^\top \mathbf{P}_2 \boldsymbol{\sigma}\right]^{1/2} + \alpha_{f_2} \boldsymbol{\pi}^\top \boldsymbol{\sigma} - \beta_{f_2} \bar{\sigma}_2(\kappa_2) \qquad (5.9)$$

angegeben werden, wobei der Spannungsvektor für den ebenen Spannungszustand mit $\boldsymbol{\sigma}^\top = \{\sigma_{11}, \sigma_{22}, \sigma_{12}\}$ definiert wird. Infolge der Einschränkung des elasto-plastischen Werkstoffmodells für den ebenen Spannungszustand sind die Projektionsmatrizen $\mathbf{P}_1$ und $\mathbf{P}_2$ bzw. der Projektionsvektor $\boldsymbol{\pi}$ in (5.9) zu verwenden, die mit

$$\mathbf{P}_1 = \begin{bmatrix} \tfrac{1}{2} & -\tfrac{1}{2} & 0 \\ -\tfrac{1}{2} & \tfrac{1}{2} & 0 \\ 0 & 0 & 2 \end{bmatrix}, \quad \mathbf{P}_2 = \begin{bmatrix} 2 & -1 & 0 \\ -1 & 2 & 0 \\ 0 & 0 & 6 \end{bmatrix} \qquad (5.10)$$

und $\boldsymbol{\pi}^\top = \{1, 1, 0\}$ angegeben werden. Die äquivalente Spannung $\bar{\sigma}_1(\kappa_1)$ spiegelt die aktuelle einaxiale Zugfestigkeit als Funktion der internen Variable κ_1 wieder, die äquivalente Spannung $\bar{\sigma}_2(\kappa_2)$ steht für die aktuelle einaxiale Druckfestigkeit als Funktion der internen Variable κ_2. Aus (5.9) folgt, daß sich der Vektor der internen Variablen aus den äquivalente Spannung $\bar{\sigma}_1(\kappa_1)$ und äquivalente Spannung $\bar{\sigma}_2(\kappa_2)$ zusammensetzt. Die internen Variablen κ_1 und κ_2 entsprechen den Ver- und Entfestigungsparametern und können auch als Schädigungsindikatoren bezeichnet werden. Hierbei bedeutet der Anfangswert $\kappa_i = 0$ keine Schädigung und $\kappa_i > 0$ eine Schädigung des Werkstoffs.

Die Parameter α_{f_i} und β_{f_i} sind Skalierungsfaktoren, mit deren Hilfe der zweidimensionale Spannungszustand auf die äquivalente Spannung $\bar{\sigma}_i$ abgebildet wird. Hierfür werden die aus einaxialen und biaxialen Zug- bzw. Druckversuchen ermittelten Zug- und Druckfestigkeiten verwendet. Für die Bruchhypothese von Rankine können die Parameter α_{f_1} und β_{f_1} mit

$$\alpha_{f_1} = \tfrac{1}{2}, \qquad \beta_{f_1} = 1 \qquad (5.11)$$

angegeben werden. Die Parameter α_{f_2} und β_{f_2} werden für die Versagenshypothese von Drucker-Prager in Abhängigkeit des Faktors β_c, der dem Verhältnis zwischen einaxialer und biaxialer Druckfestigkeit entspricht, mit

$$\alpha_{f_2} = \frac{\beta_c - 1}{2\beta_c - 1}, \qquad \beta_{f_2} = \frac{\beta_c}{2\beta_c - 1} \qquad (5.12)$$

definiert. Der Faktor β_c wird in Anlehnung an die Versuchsergebnisse von [Kupfer et al., 1969] mit 1.16 festgelegt.

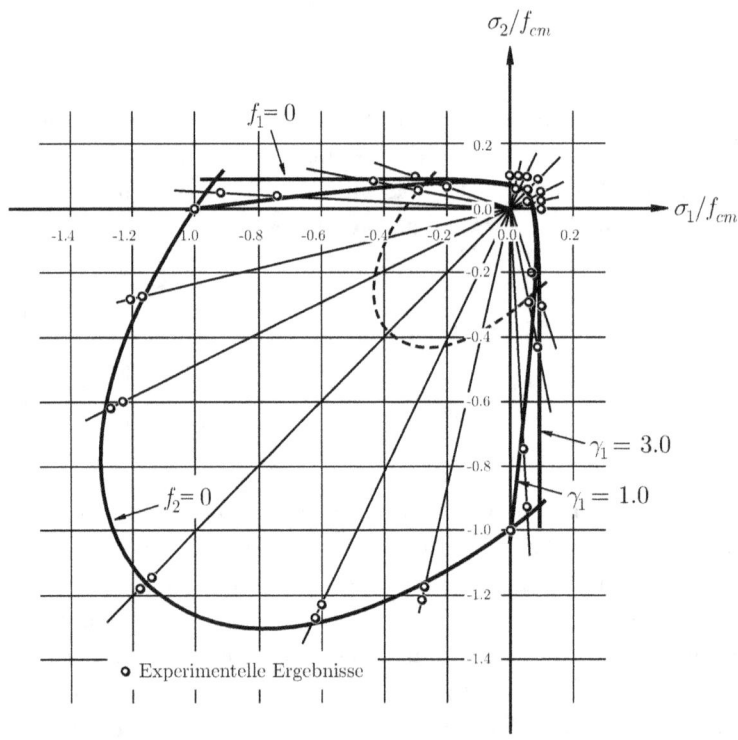

Abb.5.2: Vergleich der zusammengesetzten Fließfunktion lt. [Menrath, 1999] mit der experimentell ermittelten Bruchumhüllenden für biaxiale Spannungszustände

Der Vergleich der zusammengesetzten Fließfunktion mit der experimentell bestimmten Bruchumhüllenden des Betons für biaxiale Spannungszustände in Abb.5.1 zeigt, daß die Bruchhypothese von Rankine die experimentellen Ergebnisse im Zug-Zug Bereich insofern gut wiedergibt, als die maximale aufnehmbare Zugspannung für alle in diesem Bereich vorliegenden Hauptspannungskombinationen der einaxialen Zugfestigkeit entspricht. Für den Druck-Druck Bereich wird die Zunahme der Druckfestigkeit infolge biaxialer Druckbeanspruchung mit Hilfe der Versagenshypothese von Drucker-Prager reproduziert. Für den Druck-Zug Bereich nimmt jedoch die maximal aufnehmbare Druckspannung mit zunehmender Zugspannung ab. Mit anderen Worten nimmt die maximal aufnehmbare Zugspannung mit zunehmender Druckspannung ab. Für die zusammengesetzte Fließfunktion in Abb.5.1 bleibt aber die maximal aufnehmbare Zugspannung infolge der Verwendung der Bruchhypothese von Rankine auch im Zug-Druck Bereich konstant.

Eine Möglichkeit zur Beschreibung des Druck-Zug Bereiches mit dem Effekt, daß die maximal aufnehmbare Zugspannung mit zunehmender Druckspannung abnimmt, findet sich bei [Menrath, 1999]. Hierbei wird sowohl das Zug- als auch das Druckverhalten mit Hilfe der Versagenshypothese von Drucker-Prager beschrieben. Die zusammengesetzte Fließfunktion kann mit

$$f_1 = \left[\tfrac{1}{2}\,\boldsymbol{\sigma}^\top \mathbf{P}_2\, \boldsymbol{\sigma}\right]^{1/2} + \alpha_{f_1} \boldsymbol{\pi}^\top \boldsymbol{\sigma} - \beta_{f_1}\,\bar{\sigma}_1(\kappa_1)$$

$$f_2 = \left[\tfrac{1}{2}\,\boldsymbol{\sigma}^\top \mathbf{P}_2\, \boldsymbol{\sigma}\right]^{1/2} + \alpha_{f_2} \boldsymbol{\pi}^\top \boldsymbol{\sigma} - \beta_{f_2}\,\bar{\sigma}_2(\kappa_2) \qquad (5.13)$$

angegeben werden. Die Parameter α_{f_1} und β_{f_1} werden hierbei in Abhängigkeit des Faktors γ_1 mit

$$\alpha_{f_1} = \frac{\gamma_1 f_{cm} - f_{ctm}}{\gamma_1 f_{cm} + f_{ctm}}, \qquad \beta_{f_1} = \frac{2\gamma_1 f_{cm}}{\gamma_1 f_{cm} + f_{ctm}} \qquad (5.14)$$

definiert. Sie sind Funktionen der einaxialen Zug- und Druckfestigkeit. In Abb.5.2 ist die zusammengesetzte Fließfunktion lt. [Menrath, 1999] für $\gamma_1 = 1.0$ und $\gamma_1 = 3.0$ im Vergleich mit der experimentell ermittelten Bruchumhüllenden für biaxiale Spannungszustände dargestellt. Für $\gamma_1 = 1.0$ kann die Versagenskurve von [Kupfer et al., 1969] im Druck-Zug Bereich im Mittel approximiert werden. Für $\gamma_1 = 3.0$ stellt sich eine Funktion ein, die als Umhüllende der Versuchsergebnisse von [Kupfer et al., 1969] interpretiert werden kann. Jedoch ist es in beiden Fällen nicht möglich, die einaxiale Zugfestigkeit im Sinne der Bruchhypothese von Rankine im Zug-Zug Bereich zu erzielen. Unter biaxialer Zugbeanspruchung wird die maximal aufnehmbare Zugspannung im Verhältnis zu den Versuchsergebnissen von [Kupfer et al., 1969] für $\gamma_1 = 1.0$ um 10% bzw. für $\gamma_1 = 3.0$ um 15% zu gering wiedergegeben [Menrath, 1999].

Daher wird in vorliegender Arbeit die Bruchhypothese von Rankine verwendet, da sie die Bruchumhüllenden für biaxiale Spannungszustände im Zug-Zug Bereich exakter abbilden kann. Um die Versagenskurve im Druck-Zug Bereich mit Hilfe der Bruchhypothese von Rankine besser approximieren zu können, werden folgende Überlegungen angestellt. Bei Erreichen der Fließgrenze des Betons infolge Druckbeanspruchung ist gemäß der Versuchsergebnisse von [Kupfer et al., 1969] in der Richtung normal zur Druckbeanspruchung die gesamte Kapazität zur Aufnahme der Zugspannungen vorhanden. Die Fließgrenze des Betons unter Druckbeanspruchung ist in Abb.5.1, Abb.5.2 und Abb.5.3 als strichlierte Linie dargestellt. Mit zunehmender Druckspannung sinkt die Kapazität zur Aufnahme von Zugspannungen in der Richtung normal zur Druckbeanspruchung, bis schließlich bei Erreichen der einaxialen Druckfestigkeit keine Zugspannungen in Querrichtung mehr aufgenommen werden können. Dies kann folgendermaßen interpretiert werden, daß mit zunehmender Schädigung des Betons infolge Druckbeanspruchung die Kapazität zur Aufnahme von Zugspannungen in der Richtung normal zur Druckbeanspruchung reduziert wird. In anderen Worten bedeutet dies, daß eine Schädigung infolge Druckbeanspruchung eine Schädigung in Querrichtung bewirkt.

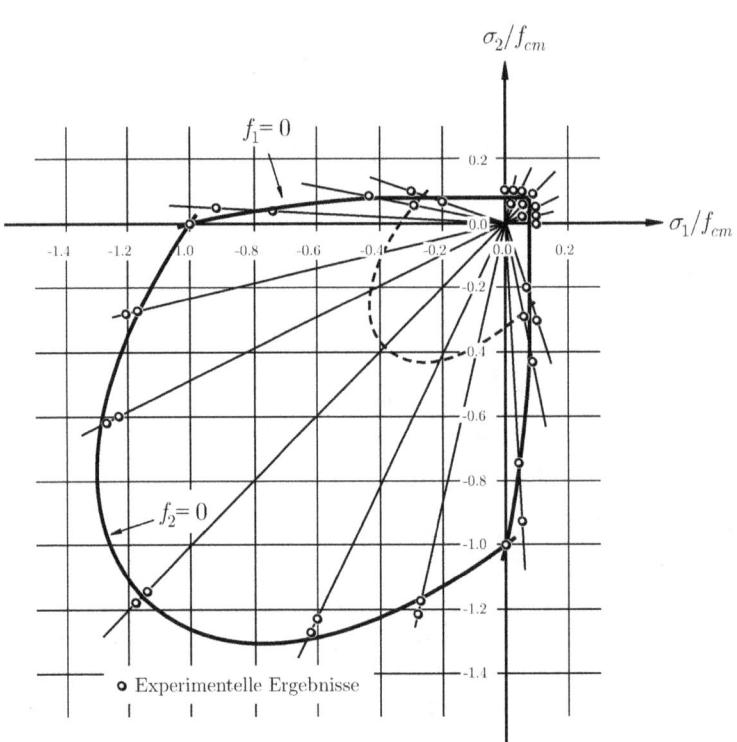

Abb.5.3: Vergleich der zusammengesetzten Fließfunktion infolge einer Kopplung der Ver- und Entfestigungsparameter mit der experimentell ermittelten Bruchumhüllenden für biaxiale Spannungszustände

Dieser Effekt kann durch eine Kopplung der Ver- und Entfestigungsparameter κ_i lt. (5.8) berücksichtigt werden. Eine derartige Kopplung führt zum Ergebnis, daß ausgehend von der Fließgrenze des Betons unter Druckbeanspruchung bis zum Erreichen der Druckfestigkeit das Material soweit

5. Elasto-plastisches Materialmodell für Beton

geschädigt ist, daß die aktuelle Zugspannung in Querrichtung, sprich die äquivalente Spannung $\bar{\sigma}_i$ zu Null wird. Der daraus resultierende Verlauf der zusammengesetzten Fließfunktion ist in Abb. 5.3 im Vergleich mit der experimentell ermittelten Bruchumhüllenden für biaxiale Spannungszustände dargestellt. Die Abbildung beruht auf der Kopplung des Entfestigungsparameters κ_1 mit dem Ver-bzw. Entfestigungsparameter κ_2.

Die Evolution der plastischen Verzerrungen wird mit Hilfe der plastischen Potentialfunktionen beschrieben, die zu

$$\begin{aligned} g_1 &= \left[\tfrac{1}{2}\,\boldsymbol{\sigma}^\top \mathbf{P}_1\,\boldsymbol{\sigma}\right]^{1/2} + \alpha_{g_1}\boldsymbol{\pi}^\top\boldsymbol{\sigma} \\ g_2 &= \left[\tfrac{1}{2}\,\boldsymbol{\sigma}^\top \mathbf{P}_2\,\boldsymbol{\sigma}\right]^{1/2} + \alpha_{g_2}\boldsymbol{\pi}^\top\boldsymbol{\sigma} \end{aligned} \qquad (5.15)$$

angegeben werden können. Hierbei unterscheiden sich die Gradienten der plastischen Potentialfunktionen von jenen der Fließfunktionen lediglich durch die Parameter α_{g_1} und α_{g_2}. Diese werden in Abhängigkeit der Annahme, ob die Rate der plastischen Verzerrungen mit einer assoziierten oder nicht assoziierten Fließregel bestimmt wird, definiert. Für die Bruchhypothese von Rankine wird zumeist assoziiertes Fließen angenommen, was zu $\alpha_{g_1} = \alpha_{f_1}$ führt. Für die Versagenshypothese von Drucker-Prager werden sowohl assoziierte als auch nicht assoziierte Fließregeln verwendet. Unter der Annahme von assoziiertem Fließen entspricht der Parameter α_{g_2} jenem der Fließfläche α_{f_2}. Für nicht assoziiertes Fließen kann der Parameter α_{g_2} mit

$$\alpha_{g_2} = \frac{2\sin\psi}{3-\sin\psi} \qquad (5.16)$$

als eine Funktion des Dilatanzwinkels ψ definiert werden [Feenstra und de Borst, 1996]. Die Auswirkungen von nicht assoziiertem Fließen und in der Folge des Parameters α_{g_2} gemäß (5.16) zeigen sich in der Größenordnung des plastischen Anteils der volumetrischen Verzerrung, die lediglich eine Funktion des Parameters α_{g_2}, der auch als Dilatanzfaktor bezeichnet wird, ist.

Um die Volumenänderung, die im Zuge von einaxialen und biaxialen Druckversuchen beobachtet werden kann, beschreiben zu können, ist es notwendig, den Dilatanzfaktor α_{g_2} als eine Funktion der internen Variable κ_2 zu definieren [Han und Chen, 1987]. Hierbei entspricht der Dilatanzfaktor nach Überschreiten der Elastizitätsgrenze einem negativen Wert, der sich mit zunehmender Druckbeanspruchung zu einem positiven Wert verändert. Somit ist es möglich, sowohl die Volumenabnahme als auch die kurz vor dem Bruch festzustellende Volumenzunahme im Bruchzustand zu erfassen.

5.4 Äquivalente Spannungen und Verzerrungen

Um das elasto-plastische Werkstoffmodell für ingenieurmäßige Berechnungen adaptieren zu können, ist es notwendig, die Fließspannungen bzw. die Ver- und Entfestigungsparameter an Spannungen und plastische Verzerrungen anzupassen, die mit Hilfe von einaxialen Zug- und Druckversuchen bestimmt werden können. Zu diesem Zweck werden die äquivalenten Spannungen $\bar{\sigma}_i$ und die äquivalenten plastischen Verzerrungen κ_i eingeführt. Die zugehörigen $\bar{\sigma}_i - \kappa_i$ Kurven werden verwendet, um die Fließspannung und die Ver- und Entfestigungsparameter zu kalibrieren. Sie werden aus den einaxialen Spannungs-Dehnungskurven für die einaxiale Zug- und Druckbeanspruchung ermittelt [Chen und Zhang, 1991].

Im Werkstoff Beton auftretende Risse entsprechen einem anisotropen Schädigungsprozeß des Materials. Trotzdem werden zu deren rechnerischen Berücksichtigung mit Erfolg auch isotrope Entfestigungsgesetze auf Basis der Plastizitätstheorie herangezogen [Meschke und Mang, 1997]. Deshalb wird in der vorliegenden Arbeit das Reißen mit einem isotropen Entfestigungsgesetz beschrieben. Die Steuerung des Ver- und Entfestigungsverhaltens erfolgt durch die internen Variablen κ_1 für Zug- und κ_2 für Druckbeanspruchung. Infolge der isotropen Ver- bzw. Entfestigung kommt es zu einer gleichmäßigen Vergrößerung bzw. einer gleichmäßigen Verkleinerung der Fließfläche, ohne daß sich die Lage der Fließfläche im zweidimensionalen Spannungsraum ändert.

Für die Ermittlung der äquivalenten Spannung $\bar{\sigma}_i$ infolge isotroper Ver- bzw. Entfestigung wird die Funktion $F_i(\boldsymbol{\sigma})$ verwendet. Hierzu ist es vorab notwendig, die Fließfunktion $f_i(\boldsymbol{\sigma}, \mathbf{q})$ in zwei Anteile mit

$$f_i(\boldsymbol{\sigma}, \mathbf{q}) = F_i(\boldsymbol{\sigma}) - k_i(\mathbf{q}) \tag{5.17}$$

aufzuteilen, wobei $F_i(\boldsymbol{\sigma})$ bei entsprechender Skalierung eine Funktion beschreibt, die den zweidimensionalen Spannungszustand auf die äquivalente Spannung $\bar{\sigma}_i$ abbildet. Da $F_i(\boldsymbol{\sigma})$ eine homogene Funktion der Spannungen $n-$ten Grades ist, kann sie mit

$$F_i(\boldsymbol{\sigma}) = C\,\bar{\sigma}_i^n \tag{5.18}$$

in ein Abhängigkeitsverhältnis zur äquivalenten Spannung $\bar{\sigma}_i$ gesetzt werden. Bei Auswertung für den einaxialen Zug- und Druckversuch können die äquivalenten Spannungen für die Bruchfläche von Rankine und für die Versagenshypothese von Drucker-Prager mit

5. Elasto-plastisches Materialmodell für Beton

$$\begin{aligned}
\bar{\sigma}_1 &= F_1(\boldsymbol{\sigma})/\beta_{f_1} & \text{für} \quad n=1, \quad C=\beta_{f_1} \\
\bar{\sigma}_2 &= F_2(\boldsymbol{\sigma})/\beta_{f_2} & \text{für} \quad n=1, \quad C=\beta_{f_2}
\end{aligned} \qquad (5.19)$$

bestimmt werden.

Die äquivalente plastische Verzerrung kann für biaxiale Spannungszustände mit zwei verschiedenen Konzepten bestimmt werden. Bei Verwendung der Verzerrungsverfestigung (strain hardening) steht die Rate der Ver- bzw. Entfestigungsparameter durch Verwendung eines Skalierungsfaktors in einem direkten Zusammenhang mit der Rate der plastischen Verzerrungen [Chen, 1988]. Als zweite Möglichkeit kann die Arbeitsverfestigungshypothese (work hardening hypothesis) verwendet werden. Hierbei wird von der Annahme ausgegangen, daß die Rate der plastischen Arbeit des biaxialen Spannungszustandes der des eindimensionalen Vergleichszustandes entspricht:

$$\dot{W}_i^p = \boldsymbol{\sigma}^\mathsf{T} \dot{\boldsymbol{\varepsilon}}^p = \bar{\sigma}_i \, \dot{\kappa}_i. \qquad (5.20)$$

In dieser Arbeit wird die Rate der Ver- und Entfestigungsparameter mit Hilfe der Rate der plastischen Arbeit ermittelt. Bezugnehmend auf [Feenstra und de Borst, 1996] kann die Rate der plastischen Arbeit unter Berücksichtigung der verwendeten Fließregel für eine zusammengesetzte Fließfunktion mit

$$\dot{W}_i^p = \sum_{j=1}^{2} \zeta_{ij} \frac{\bar{\sigma}_i}{\bar{\sigma}_j} \boldsymbol{\sigma}^\mathsf{T} \left(\dot{\lambda}_j \frac{\partial g_j}{\partial \boldsymbol{\sigma}} \right) = \bar{\sigma}_i \, \dot{\kappa}_i \qquad (5.21)$$

angegeben werden. Hierbei wird der Gleichung für die Rate der plastischen Arbeit aus (5.20) neben dem Verhältnis $\bar{\sigma}_i/\bar{\sigma}_j$ der skalare Faktor ζ_{ij} hinzugefügt, der eine eventuelle Kopplung der Ver- bzw. Entfestigungsparameter berücksichtigt. Durch Anschreiben von (5.21) für die zwei verwendeten Fließfunktionen können die Raten der plastischen Arbeit infolge Zug- und Druckbeanspruchung mit

$$\begin{aligned}
\dot{W}_1^p &= \zeta_{11} \frac{\bar{\sigma}_1}{\bar{\sigma}_1} \dot{\lambda}_1 \left(\boldsymbol{\sigma}^\mathsf{T} \frac{\partial g_1}{\partial \boldsymbol{\sigma}} \right) + \zeta_{12} \frac{\bar{\sigma}_1}{\bar{\sigma}_2} \dot{\lambda}_2 \left(\boldsymbol{\sigma}^\mathsf{T} \frac{\partial g_2}{\partial \boldsymbol{\sigma}} \right) = \bar{\sigma}_1 \dot{\kappa}_1 \\
\dot{W}_2^p &= \zeta_{21} \frac{\bar{\sigma}_2}{\bar{\sigma}_1} \dot{\lambda}_1 \left(\boldsymbol{\sigma}^\mathsf{T} \frac{\partial g_1}{\partial \boldsymbol{\sigma}} \right) + \zeta_{22} \frac{\bar{\sigma}_2}{\bar{\sigma}_2} \dot{\lambda}_2 \left(\boldsymbol{\sigma}^\mathsf{T} \frac{\partial g_2}{\partial \boldsymbol{\sigma}} \right) = \bar{\sigma}_2 \dot{\kappa}_2
\end{aligned} \qquad (5.22)$$

angegeben werden. Die Raten der Ver- und Entfestigungsparameter werden durch Division von (5.22) durch die jeweilige äquivalente Spannung $\bar{\sigma}_i$ zu

$$\dot{\kappa}_1 = \left(\zeta_{11} \frac{1}{\bar{\sigma}_1} \boldsymbol{\sigma}^\top \frac{\partial g_1}{\partial \boldsymbol{\sigma}} \right) \dot{\lambda}_1 + \left(\zeta_{12} \frac{1}{\bar{\sigma}_2} \boldsymbol{\sigma}^\top \frac{\partial g_2}{\partial \boldsymbol{\sigma}} \right) \dot{\lambda}_2$$

$$\dot{\kappa}_2 = \left(\zeta_{21} \frac{1}{\bar{\sigma}_1} \boldsymbol{\sigma}^\top \frac{\partial g_1}{\partial \boldsymbol{\sigma}} \right) \dot{\lambda}_1 + \left(\zeta_{22} \frac{1}{\bar{\sigma}_2} \boldsymbol{\sigma}^\top \frac{\partial g_2}{\partial \boldsymbol{\sigma}} \right) \dot{\lambda}_2 \qquad (5.23)$$

bestimmt. Mit $m = 2$ erhält man aus der allgemeinen Darstellung (5.8)

$$\dot{\boldsymbol{\kappa}} = \sum_{j=1}^{2} \dot{\lambda}_j \, \mathbf{h}_j \qquad (5.24)$$

mit den beiden aus (5.23) folgenden Vektoren

$$\mathbf{h}_1 = \begin{bmatrix} \zeta_{11} \dfrac{1}{\bar{\sigma}_1} \boldsymbol{\sigma}^\top \dfrac{\partial g_1}{\partial \boldsymbol{\sigma}} \\[2ex] \zeta_{21} \dfrac{1}{\bar{\sigma}_1} \boldsymbol{\sigma}^\top \dfrac{\partial g_1}{\partial \boldsymbol{\sigma}} \end{bmatrix}, \qquad \mathbf{h}_2 = \begin{bmatrix} \zeta_{12} \dfrac{1}{\bar{\sigma}_2} \boldsymbol{\sigma}^\top \dfrac{\partial g_2}{\partial \boldsymbol{\sigma}} \\[2ex] \zeta_{22} \dfrac{1}{\bar{\sigma}_2} \boldsymbol{\sigma}^\top \dfrac{\partial g_2}{\partial \boldsymbol{\sigma}} \end{bmatrix}. \qquad (5.25)$$

Im Rahmen dieser Arbeit wird vorwiegend assoziiertes Fließen berücksichtigt. Hierzu sei erwähnt, daß zur Beschreibung des Materialverhaltens des Betons für biaxiale Spannungszustände eine assoziierte Fließregel als ausreichend angesehen wird [Pravida, 1999]. Für den Fall einer assoziierten Fließregel verändert sich (5.23) insofern, als die Gradienten der Potentialfläche durch die der Fließfläche ersetzt werden. (5.23) kann somit zu

$$\dot{\kappa}_1 = \left(\zeta_{11} \frac{1}{\bar{\sigma}_1} \boldsymbol{\sigma}^\top \frac{\partial f_1}{\partial \boldsymbol{\sigma}} \right) \dot{\lambda}_1 + \left(\zeta_{12} \frac{1}{\bar{\sigma}_2} \boldsymbol{\sigma}^\top \frac{\partial f_2}{\partial \boldsymbol{\sigma}} \right) \dot{\lambda}_2$$

$$\dot{\kappa}_2 = \left(\zeta_{21} \frac{1}{\bar{\sigma}_1} \boldsymbol{\sigma}^\top \frac{\partial f_1}{\partial \boldsymbol{\sigma}} \right) \dot{\lambda}_1 + \left(\zeta_{22} \frac{1}{\bar{\sigma}_2} \boldsymbol{\sigma}^\top \frac{\partial f_2}{\partial \boldsymbol{\sigma}} \right) \dot{\lambda}_2 \qquad (5.26)$$

angeschrieben werden. Da der Gradient der Fließfläche $\partial f_i/\partial \boldsymbol{\sigma}$ dem Gradienten der Funktion F_i mit $\partial F_i/\partial \boldsymbol{\sigma}$ entspricht und die Funktionen $F_i(\boldsymbol{\sigma})$ homogene Funktionen der Spannungen n–ten Grades sind, kann

$$\boldsymbol{\sigma}^\top \frac{\partial f_i}{\partial \boldsymbol{\sigma}} = \boldsymbol{\sigma}^\top \frac{\partial F_i}{\partial \boldsymbol{\sigma}} = n\, F_i \qquad (5.27)$$

angenommen werden [Chen, 1988]. Die verwendeten Fließfunktionen sind homogene Funktionen ersten Grades. Durch Einsetzen von (5.27) in (5.26) können die Raten der Ver- bzw. Entfestigungsparameter mit

$$\begin{aligned}
\dot{\kappa}_1 &= \left(\zeta_{11} \frac{1}{\bar{\sigma}_1} F_1 \right) \dot{\lambda}_1 + \left(\zeta_{12} \frac{1}{\bar{\sigma}_2} F_2 \right) \dot{\lambda}_2 \\
\dot{\kappa}_2 &= \left(\zeta_{21} \frac{1}{\bar{\sigma}_1} F_1 \right) \dot{\lambda}_1 + \left(\zeta_{22} \frac{1}{\bar{\sigma}_2} F_2 \right) \dot{\lambda}_2
\end{aligned} \qquad (5.28)$$

ermittelt werden. Durch Einsetzen der äquivalenten Spannungen aus (5.19) mit $\bar{\sigma}_i = F_i(\boldsymbol{\sigma})/\beta_{f_i}$ kann (5.28) mit

$$\begin{aligned}
\dot{\kappa}_1 &= \left(\zeta_{11} \beta_{f_1} \right) \dot{\lambda}_1 + \left(\zeta_{12} \beta_{f_2} \right) \dot{\lambda}_2 \\
\dot{\kappa}_2 &= \left(\zeta_{21} \beta_{f_1} \right) \dot{\lambda}_1 + \left(\zeta_{22} \beta_{f_2} \right) \dot{\lambda}_2
\end{aligned} \qquad (5.29)$$

angegeben werden, wobei (5.29) weder eine Funktion der Spannungen $\boldsymbol{\sigma}$ noch der Ver- und Entfestigungsparameter $\boldsymbol{\kappa}$ darstellt. Die Raten der Ver- und Entfestigungsparameter sind lediglich von den Parametern β_{f_i} und von den Kopplungsfaktoren ζ_{ij} abhängig. Wird (5.29) wiederum in Form von (5.24) angeschrieben, so ergeben sich die Vektoren $\mathbf{h}$ zu

$$\mathbf{h}_1 = \begin{bmatrix} \zeta_{11} \beta_{f_1} \\ \zeta_{21} \beta_{f_1} \end{bmatrix}, \qquad \mathbf{h}_2 = \begin{bmatrix} \zeta_{12} \beta_{f_2} \\ \zeta_{22} \beta_{f_2} \end{bmatrix}. \qquad (5.30)$$

Die Kopplungsfaktoren werden lt. [Feenstra und de Borst, 1996] mit $\zeta_{11} = 1$ und $\zeta_{22} = 1$ festgelegt, ζ_{12} und ζ_{21} werden für entkoppeltes Materialverhalten zu Null gesetzt. Eine Kopplung der Ver- und Entfestigungsparameter kann mit $\zeta_{12} \neq 0$ und $\zeta_{21} \neq 0$ erfolgen.

5.5 Ver- und Entfestigungsgesetze

Wie zuvor beschrieben, werden die Beziehungen zwischen den äquivalenten Spannungen und den äquivalenten plastischen Verzerrungen, die im folgenden als Ver- bzw. Entfestigungsgesetze bezeichnet werden, mit Hilfe von einaxialen Zug- bzw. Druckversuchen bestimmt. Die im Rahmen dieser Arbeit verwendeten Ver- und Entfestigungsgesetze werden im folgenden beschrieben.

5.5.1 Zugverhalten des unbewehrten Betons

Zur Beschreibung des Entfestigungsverhaltens von unbewehrtem Beton gibt es in der Literatur eine große Anzahl von verschiedenen Entfestigungsgesetzen. Der wohl einfachste Entfestigungsverlauf entspricht hierbei einer linearen Funktion, die mit Hilfe der Zugfestigkeit des Betons f_{ctm} und jener Rißöffnung, bei der die verbleibende Zugspannung zu Null wird, definiert wird. Die Größe dieser Rißöffnung liegt in Bereich von 0.05 - 0.08 mm. Als weitere Möglichkeit wird lt. [CEB-FIP, 1991] ein bilineares Entfestigungsgesetz vorgeschlagen. Diese zwei Entfestigungsgesetze sind in Abb.5.4(a) dargestellt.

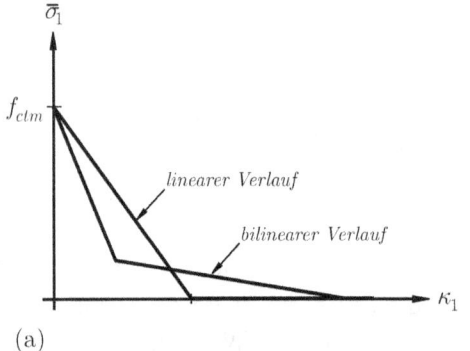
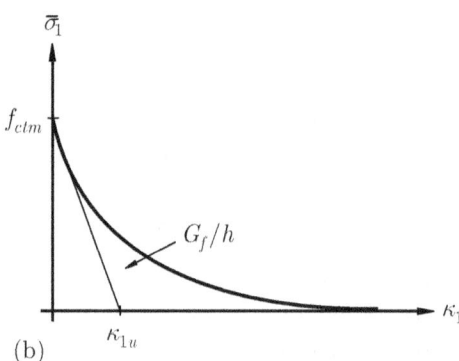

Abb.5.4: Entfestigungsgesetze für das Zugverhalten des unbewehrten Betons mit (a) linearem bzw. bilinearem und (b) exponentiellem Verlauf

In dieser Arbeit wird das entfestigende Materialverhalten mit Hilfe eines exponentiellen Entfestigungsgesetzes beschrieben [Feenstra, 1993]. Dieses kann mit

$$\bar{\sigma}_1(\kappa_1) = f_{ctm} \exp\left(-\frac{\kappa_1}{\kappa_{1u}}\right) \qquad (5.31)$$

angegeben werden, wobei die Fläche unter der Kurve der spezifischen Bruchenergie G_f für Zugversagen, bezogen auf die charakteristische Länge des Elementes h, entspricht. Durch die Bildung des Integrals der exponentiellen Funktion in den Grenzen von 0 bis ∞ mit

$$\frac{G_f}{h} = \int_0^\infty \bar{\sigma}_1(\kappa_1) \, d\kappa_1 = f_{ctm} \, \kappa_{1u} \quad \longrightarrow \quad \kappa_{1u} = \frac{G_f}{h \, f_{ctm}} \qquad (5.32)$$

kann der den Verlauf der Funktion bestimmende Parameter κ_{1u} ermittelt werden. Das im Zuge dieser Arbeit verwendete exponentielle Entfestigungsgesetz ist in Abb.5.4(b) dargestellt.

5.5.2 Zugverhalten des bewehrten Betons

Grundlage zur Beschreibung des Entfestigungsgesetzes für den bewehrten Beton unter Zugbeanspruchung bildet das Tension Stiffening Modell lt. [CEB-FIP, 1991] für den eingebetteten Bewehrungsstab unter einaxialer Zugbeanspruchung. Hierbei erfolgt eine Modifizierung der Spannungs-Dehnungsbeziehung des Betons durch die Umrechnung des den Tension Stiffening Effekt beschreibenden Anteils der Stahlspannungen in äquivalente Betonspannungen. Der daraus resultierende Verlauf der Spannungs-Dehnungsbeziehung kann nach Auftreten des ersten Risses in drei Abschnitte eingeteilt werden, in die Phase der Rißbildung, das Verhalten bei konstantem Rißbild und in das Tragverhalten nach Erreichen der Fließdehnung der Bewehrung.

In diesem Teil der Arbeit wird das Tension Stiffening Modell lt. [CEB-FIP, 1991] insofern modifiziert, als es zum einen als Funktion der äquivalenten plastischen Verzerrung κ_1 definiert wird und zum anderen der Verlauf des Entfestigungsgesetzes wahlweise mit einer Exponentialfunktion beschrieben wird. Weiters wird das einaxiale Tension Stiffening Modell lt. [CEB-FIP, 1991] für biaxiale Problemstellungen erweitert.

Ausgehend von den gesamten Verzerrungen an den Stellen ε_{srn} und ε_{sry} aus (4.17) können die äquivalenten plastischen Verzerrungen κ_{1srn} und κ_{1sry} mit

$$\kappa_{1srn} = \frac{\sigma_{srn}}{E_s} - \beta_t \, \Delta\varepsilon_{sr} - \beta_t \, \frac{f_{ctm}}{E_c}$$

$$\kappa_{1sry} = \frac{f_y}{E_s} - \beta_t \, \Delta\varepsilon_{sr} - \beta_t \, \frac{f_{ctm}}{E_c} \qquad (5.33)$$

angegeben werden. Da in dieser Arbeit das Mitwirken des Betons zwischen den Rissen nach Erreichen der Fließgrenze der Bewehrung vernachlässigt wird, entspricht die äquivalente plastische Verzerrung mit $\kappa_{1sy} = f_y / E_s$ der gesamten Verzerrung ε_{sy}. Die äquivalenten Betonspannungen können für den bilinearen Verlauf bis zum Erreichen von κ_{1srn} für einen Bereich $\kappa_1 < \kappa_{1srn}$ mit

$$\bar{\sigma}_1(\kappa_1) = f_{ctm} \left[\beta_t + \left(1 - \beta_t \right) \left(\frac{\kappa_{1srn} - \kappa_1}{\kappa_{1srn}} \right) \right] \quad (5.34)$$

und für den Bereich $\kappa_{1srn} \leq \kappa_1 < \kappa_{1sry}$ mit $\bar{\sigma}_1(\kappa_1) = \beta_t f_{ctm}$ berechnet werden. Wird ein exponentieller Verlauf für das Entfestigungsgesetz gewählt, so kann dieser in Abhängigkeit von κ_{1srn} definiert werden. Daraus folgt, daß sowohl der bilineare Ansatz als auch die Exponentialfunktion an der Stelle $\kappa_1 = 0$ dieselben Neigungen aufweisen.

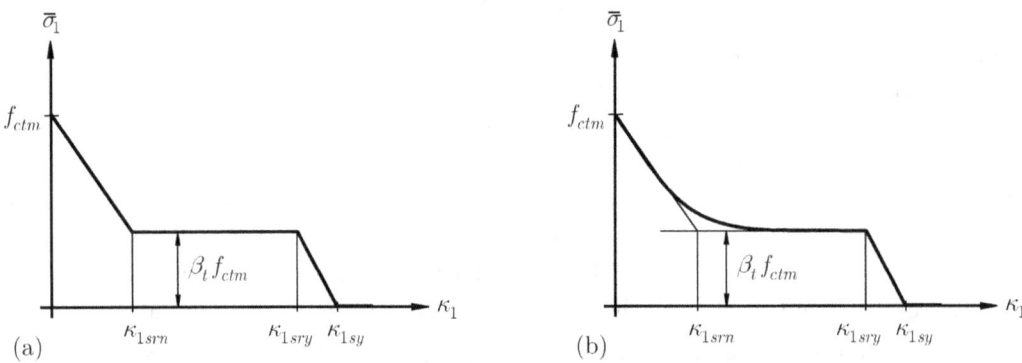

Abb.5.5: Entfestigungsgesetze für das Zugverhalten des bewehrten Betons mit (a) bilinearem und (b) exponentiellem Verlauf in Richtung normal auf den Riß

Die äquivalente Betonspannung kann für den exponentiellen Verlauf bis zum Erreichen von κ_{1sry} für den Bereich $\kappa_1 < \kappa_{1sry}$ mit

$$\bar{\sigma}_1(\kappa_1) = f_{ctm} \left[\beta_t + \left(1 - \beta_t \right) exp \left(- \frac{\kappa_1}{\kappa_{1srn}} \right) \right] \quad (5.35)$$

angegeben werden. Die Vernachlässigung des Tension Stiffening Effektes nach Erreichen der Fließdehnung der Bewehrung führt sowohl für den bilinearen als auch für den exponentiellen

5. Elasto-plastisches Materialmodell für Beton

Ansatz zu einer Funktion für die äquivalenten Betonspannungen im Bereich $\kappa_{1sry} \leq \kappa_1 \leq \kappa_{1sy}$ mit

$$\bar{\sigma}_1(\kappa_1) = \beta_t\, f_{ctm}\left(\frac{\kappa_{1sy} - \kappa_1}{\kappa_{1sy} - \kappa_{1sry}}\right), \qquad (5.36)$$

die den Tension Stiffening Effekt bis zum Erreichen der Fließdehnung der Bewehrung linear reduziert. Nach Überschreiten von κ_{1sy} wird die äquivalente Spannung mit $\bar{\sigma}_1(\kappa_1) = 0$ festgelegt. Die verwendeten Entfestigungsgesetze zur Beschreibung des Mitwirkens des Betons zwischen den Rissen werden in Abb.5.5 dargestellt.

Ausgangspunkt für die Erweiterung des Tension Stiffening Effektes lt. [CEB-FIP, 1991] für biaxiale Spannungszustände bildet die Berücksichtigung des Winkels zwischen der vorhandenen Bewehrung und der Richtung normal auf den Riß. Bezogen auf die Richtung der Bewehrung ist der Tension Stiffening Effekt unabhängig vom Winkel zwischen Bewehrung und Hauptdehnungsrichtung des Betons [Kollegger, 1988]. Die Hauptdehnungsrichtung des Betons entspricht hierbei der Richtung normal auf den Riß. Wird der Tension Stiffening Effekt jedoch in Richtung der Hauptdehnung des Betons berücksichtigt, so führt dies zur Abhängigkeit von der Orientierung der vorhandenen Bewehrung. Für die Formulierung des Tension Stiffening Effektes im Rahmen der Plastizitätstheorie als Funktion der äquivalenten plastischen Verzerrung muß daher der Winkel zwischen der Bewehrung und der Richtung normal auf den Riß berücksichtigt werden. Ausgehend von (5.33) können durch Einsetzen von (4.11) und (4.12) die äquivalenten plastischen Verzerrungen κ_{1srn} und κ_{1sry} aus (5.33) mit

$$\kappa_{1srn} = (1.3 - \beta_t)\, f_{ctm}\left[\frac{1}{E_s \rho_{eff}} + \frac{1}{E_c}\right]$$

$$\kappa_{1sry} = \kappa_{1sy} - \beta_t\, f_{ctm}\left[\frac{1}{E_s \rho_{eff}} + \frac{1}{E_c}\right] \qquad (5.37)$$

angeschrieben werden. In (5.37) entsprechen die äquivalenten plastischen Verzerrungen κ_{1srn} und κ_{1sry} Funktionen des Elastizitätsmoduls der Bewehrung E_s und des effektiven Bewehrungsprozentsatzes ρ_{eff}. Das Produkt aus dem Elastizitätsmodul des Stahls und dem effektiven Bewehrungsprozentsatz kann als die Dehnsteifigkeit der Bewehrung, bezogen auf den effektiven Betonquerschnitt lt. [CEB-FIP, 1991], angesehen werden, d. h. $E_s\,\rho_{eff}$ ist die effektive Dehnsteifigkeit der Bewehrung pro Einheitsfläche. Für den einaxialen Zugversuch kann die Dehnsteifigkeit der Bewehrung, bezogen auf den effektiven Betonquerschnitt, mit

$$\left(E_s\ \rho_{\mathit{eff}}\right)\ =\ \frac{E_s\ A_s}{A_{c,\mathit{eff}}} \tag{5.38}$$

angegeben werden. Für biaxiale Problemstellungen und mehrere vorhandene Bewehrungslagen mit unterschiedlichen Orientierungen kann die Dehnsteifigkeit der Bewehrung, bezogen auf den effektiven Betonquerschnitt, in Richtung normal auf den Riß mit Hilfe der Transformationsbeziehung

$$\left(E_s\ \rho_{\mathit{eff}}\right)\ =\ \sum_{i=1}^{n}\ E_{s,i}\ \rho_{\mathit{eff},i}\ \cos^4\gamma_i \tag{5.39}$$

ermittelt werden. Hierbei beschreibt γ_i den Winkel zwischen der jeweiligen Bewehrungslage i und der Richtung normal auf den Riß. n entspricht der Anzahl der vorhandenen Bewehrungslagen. In Abb.5.6 ist eine schematische Darstellung zur Ermittlung der effektiven Dehnsteifigkeit der Bewehrung dargestellt.

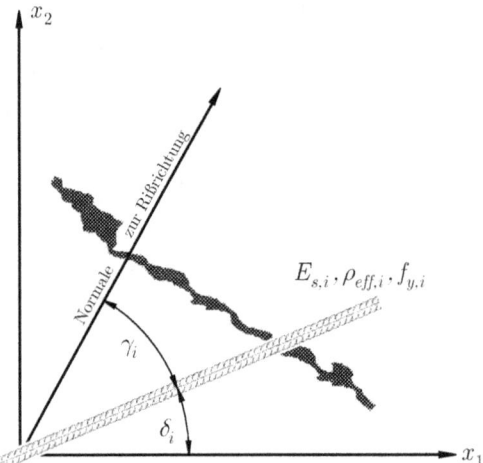

Abb.5.6: Schematische Darstellung zur Ermittlung der effektiven Dehnsteifigkeit der Bewehrung in Richtung normal auf den Riß

Die äquivalente plastische Verzerrung κ_{1sy} wird mit Hilfe der Transformationsbeziehung

$$\kappa_{1sy}\ =\ \frac{1}{\cos^2\gamma_j}\ \frac{f_{y,j}}{E_{s,j}} \tag{5.40}$$

für biaxiale Beanspruchungen modifiziert. Da aber die Fließdehnungen der einzelnen Bewehrungslagen i von unterschiedlicher Größe sein können, ist es notwendig, für die Berechnung von (5.40) ein zusätzliches Kriterium zu schaffen. Eine Vielzahl von Versuchen hat gezeigt, daß die Bewehrungslage mit dem größten Stahlquerschnitt den maßgeblichen Einfluß auf das Mitwirken des Betons zwischen den Rissen ausübt. Dies kann insofern bestätigt werden, als nach Fließeintritt der schwächeren Bewehrungslage das Zugverhalten des bewehrten Betons durch die noch im Bereich elastischen Materialverhaltens befindliche stärkere Bewehrungslage weiterhin beeinflußt wird [Vecchio und Collins, 1982], [Bhide und Collins, 1987]. Daher wird für die Ermittlung der äquivalenten plastischen Verzerrung aus (5.40) jene Bewehrungslage j verwendet, die den größten Anteil zur Dehnsteifigkeit der Bewehrung beiträgt. Diese Bewehrungslage wird somit als jene angesehen, die den Tension Stiffening Effekt auf Grund ihrer Orientierung und ihres Querschnittes vorwiegend beeinflußt.

5.5.3 Übergangsbedingung zwischen unbewehrtem und bewehrtem Beton

In den zwei Abschnitten zuvor wurden die Entfestigungsgesetze für den unbewehrten und den bewehrten Beton vorgestellt. Hierbei sei nochmals erwähnt, daß die Objektivität der numerischen Berechnung für das Entfestigungsgesetz des unbewehrten Betons durch die Verwendung der spezifischen Bruchenergie für Zugversagen und der charakteristischen Länge des finiten Elementes gewährleistet wird. Ausgangspunkt für die Formulierung des Entfestigungsgesetzes bildet die zugehörige Spannungs-Verschiebungsbeziehung, die eine objektive Beschreibung des Zugverhaltens unter einaxialer Zugbeanspruchung darstellt.

Im Gegensatz dazu wird der Tension Stiffening Effekt lt. [CEB-FIP, 1991] in Form eines Spannungs-Dehnungsdiagrammes angegeben, das einer objektiven Formulierung entspricht. Für Stahlbetonprobekörper mit verschiedenen Längen unter einaxialer Zugbeanspruchung weisen die zugehörigen Spannungs-Verschiebungskurven unterschiedliche Verläufe auf, hingegen stimmen die zugehörigen Spannungs-Dehnungsdiagramme überein. Grund hierfür ist, daß für verschiedene Probenlängen unterschiedlich viele Risse auftreten, die somit die Längenänderung der Stahlbetonstäbe beeinflussen. Für unbewehrte Betonproben trifft dies nicht zu, da trotz unterschiedlicher Probenlängen immer nur ein Riß auftritt.

Daher ist es notwendig, zwischen der objektiven Formulierung des Tension Softening Effekts für den unbewehrten Beton durch die Verwendung der spezifischen Bruchenergie für Zugversagen und der charakteristischen Länge des Finiten Elementes und der objektiven Formulierung des Tension Stiffening Effektes für den bewehrten Beton in Form von Spannungs-Dehnungsbeziehungen zu unterscheiden. Dies trifft im speziellen für die Definition des Übergangsbereiches zwischen unbewehrtem und bewehrtem Beton zu. Als Kriterium hierfür wird der minimale Bewehrungsprozentsatz lt. [CEB-FIP, 1991] verwendet, mit dessen Hilfe die minimale Dehnsteifigkeit der Bewehrung, bezogen auf den effektiven Betonquerschnitt, zu

$$\left(E_s \, \rho_{eff}\right)_{min} = \frac{E_s \, A_{s,min}}{A_{c,eff}} \tag{5.41}$$

definiert werden kann. Für einen Stahlbetonstab, der einen geringeren Bewehrungsprozentsatz als den minimalen Bewehrungsprozentsatz aufweist, ist die Bewehrung nicht in der Lage, die bei Auftreten des ersten Risses im Beton freiwerdenden Zugkräfte zu übernehmen. Die Folge ist ein sofortiger Bruch der Bewehrung. Diese Versagensform entspricht jener eines unbewehrten Betonstabes. Das bedeutet, daß sich trotz der vorhandenen Bewehrung nur ein Riß über die gesamte Probenlänge bildet. Die Objektivität der numerischen Berechnung kann durch die Verwendung des Entfestigungsgesetzes für unbewehrten Beton gewährleistet werden.

Mit Hilfe von (5.39) und (5.41) kann festgestellt werden, wie weit das Entfestigungsverhalten in Richtung normal auf den Riß durch die vorhandene Bewehrung beeinflußt wird. Für $(E_s\, \rho_{eff}) > (E_s\, \rho_{eff})_{min}$ ist der Einfluß der Bewehrung in Form des Tension Stiffening Effektes zu berücksichtigen, für $(E_s\, \rho_{eff}) \leq (E_s\, \rho_{eff})_{min}$ entspricht das Zugverhalten dem des unbewehrten Betons, woraus die Berücksichtigung des Tension Softening Effektes folgt. Diese Definitionen sind laut angegebenem Beispiel nicht nur werkstoffgerecht, sondern auch notwendig, um für biaxiale Spannungszustände eine objektive Formulierung zu erhalten.

Um das angegebene Kriterium zu verifizieren, wird im folgenden ein Vergleich mit dem mittleren Rißabstand lt. [CEB-FIP, 1991] vorgenommen. Die Ermittlung des mittleren Rißabstandes für biaxiale Problemstellungen kann als ein Maß für den Einfluß der vorhandenen Bewehrung angesehen werden. Für einen Stahlbetonstab unter einaxialer Zugbeanspruchung kann der mittlere Rißabstand lt. [CEB-FIP, 1991] mit

$$l_s = \tfrac{2}{3}\, l_{s,max} \qquad l_{s,max} = \frac{\phi}{3.6\, \rho_{eff}}\, , \qquad (5.42)$$

bestimmt werden, wobei $l_{s,max}$ dem größten Rißabstand, der in Abhängigkeit vom effektiven Bewehrungsprozentsatz ρ_{eff} und dem Stabdurchmesser ϕ der Bewehrung ermittelt wird, entspricht. Der effektive Bewehrungsprozentsatz ρ_{eff} errechnet sich aus dem Stahlquerschnitt A_s und dem unter Zugbeanspruchung stehenden Teil des Betonquerschnitts $A_{c,eff}$. Für ebene Problemstellungen kann der mittlere Rißabstand für ein orthogonales Bewehrungsnetz lt. [CEB-FIP, 1991] mit

$$l_s = \left[\frac{|cos\, \gamma|}{l_{s1}} + \frac{|sin\, \gamma|}{l_{s2}}\right]^{-1} \qquad (5.43)$$

ermittelt werden. Die Bewehrungslagen sind in Richtung 1 und 2 angeordnet, und γ beschreibt den Winkel zwischen der Richtung 1 und der Normalen auf den Riß.

Ausgehend von der Annahme, daß bei einem ebenen Problem lediglich eine Bewehrungslage mit dem effektiven Bewehrungsprozentsatz ρ_{eff} und dem Stabdurchmesser ϕ vorhanden ist, kann mit Hilfe von (5.43) der Einfluß der Bewehrung in Abhängigkeit vom Winkel γ ermittelt werden.

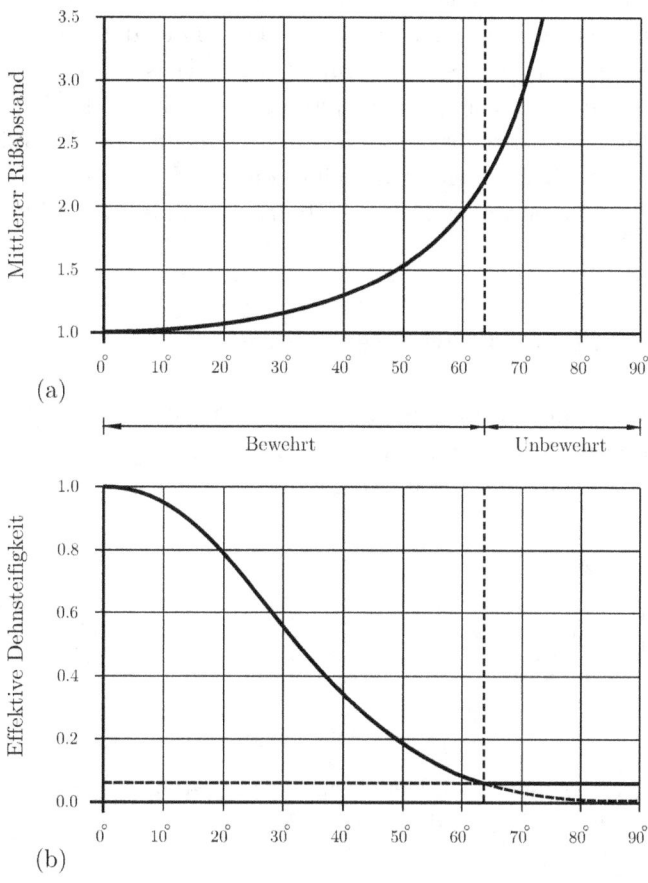

Abb.5.7: Vergleich zwischen (a) dem normierten mittleren Rißabstand und (b) der normierten effektiven Dehnsteifigkeit der Bewehrung in Abhängigkeit vom Winkel γ zwischen Bewehrung und der Richtung normal auf den Riß

Der daraus resultierende Verlauf für $0° \leq \gamma \leq 90°$ ist in Abb.5.7(a) dargestellt, wobei die Kurve des mittleren Rißabstandes mit $l_s(\gamma = 0°)$ normiert wird. Hierbei zeigt sich, daß mit zunehmendem Winkel der Einfluß der Bewehrung kontinuierlich sinkt. Da ab $\gamma \approx 65°$ die Größe des mittleren Rißabstandes sehr stark zunimmt, kann der Einfluß der Bewehrung ab diesem Winkel als minimal angesehen werden.

Mit Hilfe von (5.39) kann die effektive Dehnsteifigkeit der Bewehrung in Abhängigkeit von γ bestimmt werden. Der zugehörige Verlauf ist in Abb.5.7(b) angeführt. Hierbei wird die Dehnsteifigkeit der Bewehrung durch $E_s \, \rho_{eff}(\gamma = 0°)$ normiert. Mit zunehmendem γ verringert sich die Größe der effektiven Dehnsteifigkeit und somit der Einfluß der vorhandenen Bewehrung. Für dieses Beispiel entspricht die vorhandene effektive Dehnsteifigkeit bei $\gamma \approx 65°$ der minimalen effektiven Dehnsteifigkeit der Bewehrung $(E_s \rho_{eff})_{min}$. Daraus folgt, daß für $\gamma \geq 65°$ das Materialverhalten des unbewehrten Betons angenommen wird. Dies kann bei Vergleich mit dem mittleren Rißabstand als zutreffend angesehen werden. Beide Kurven zeigen eine gute Übereinstimmung bezüglich des Einflusses der vorhandenen Bewehrung auf die Rißbildung bzw. das Materialverhalten. Ähnliche Überlegungen zur Definition des Übergangsbereiches zwischen unbewehrtem und bewehrtem Beton finden sich bei [Hauke und Maekawa, 1998].

5.5.4 Druckverhalten des unbewehrten Betons

Zur Beschreibung des Ver- und Entfestigungsverhaltens des unbewehrten Betons unter Druckbeanspruchung ist es notwendig, zwei getrennte Funktionen zu verwenden. Hierbei wird für das Verfestigungsgesetz ein parabolischer Verlauf vorgeschlagen [Feenstra, 1993], der mit

$$\bar{\sigma}_2(\kappa_2) = \frac{f_{cm}}{3} \left[1 + 4 \frac{\kappa_2}{\kappa_{2e}} - 2 \frac{\kappa_2^2}{\kappa_{2e}^2} \right] \qquad \text{für} \qquad \kappa_{2e} = 0.0022 - \frac{f_{cm}}{E_c} \qquad (5.44)$$

für den Bereich $\kappa_2 < \kappa_{2e}$ angegeben wird. Der Parameter κ_{2e} steht für die äquivalente plastische Verzerrung bei Erreichen der Druckfestigkeit des Betons.

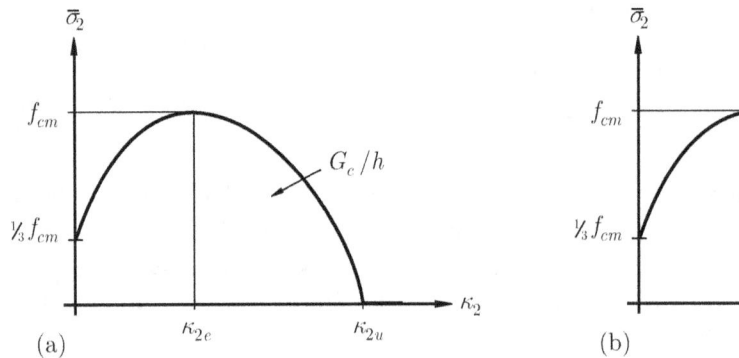
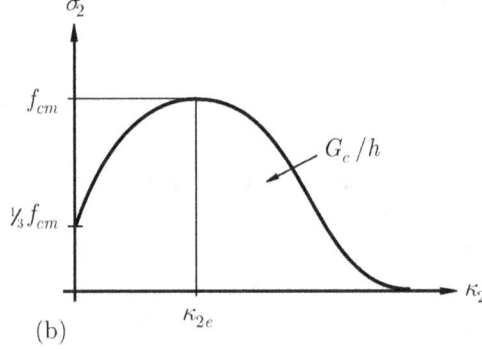

Abb.5.8: Ver- und Entfestigungsgesetze für das Druckverhalten des unbewehrten Betons mit (a) parabolischem Verfestigungs- und parabolischem Entfestigungsverlauf und (b) parabolischem Verfestigungs- und exponentiell quadratischem Entfestigungsverlauf

Für die Beschreibung des Entfestigungsverhaltens kann ebenfalls eine parabolische Funktion verwendet werden [Feenstra und de Borst, 1996], die mit

$$\bar{\sigma}_2(\kappa_2) \;=\; f_{cm} \left[1 - \frac{(\kappa_2 - \kappa_{2e})^2}{(\kappa_{2u} - \kappa_{2e})^2} \right] \qquad \text{für} \qquad \kappa_{2u} = \kappa_{2e} + 1.50\,\frac{G_c}{h\,f_{cm}} \qquad (5.45)$$

für den Bereich $\kappa_{2e} \leq \kappa_2 < \kappa_{2u}$ angegeben wird. Für $\kappa_2 \geq \kappa_{2u}$ ist die äquivalente Spannung $\bar{\sigma}_2 = 0$. Die Fläche unter der Kurve muß der spezifischen Bruchenergie G_c für Druckversagen, bezogen auf die charakteristische Länge des Elementes h, entsprechen. Mit Hilfe des Integrals der parabolischen Entfestigungsfunktion in den Grenzen von κ_{2e} bis κ_{2u} mit

$$\frac{G_c}{h} \;=\; \int_{\kappa_{2e}}^{\kappa_{2u}} \bar{\sigma}_2(\kappa_2)\,d\kappa_2 \;=\; \frac{2}{3}\,f_{cm}\,(\kappa_{2u} - \kappa_{2e}) \qquad (5.46)$$

kann der Parameter κ_{2u} bestimmt werden, der in (5.45) angeführt wird. Eine weitere Möglichkeit stellt die Verwendung eines exponentiell quadratischen Entfestigungsgesetzes dar, das mit

$$\bar{\sigma}_2(\kappa_2) \;=\; f_{cm}\,\exp\!\left(-\frac{(\kappa_2 - \kappa_{2e})^2}{(\kappa_{2u})^2}\right) \qquad \text{für} \qquad \kappa_{2u} = \frac{2}{\sqrt{\pi}}\,\frac{G_c}{h\,f_{cm}} \qquad (5.47)$$

angegeben werden kann und für den Bereich $\kappa_2 \geq \kappa_{2e}$ gilt [Lackner, 1999]. Mit Hilfe des Integrals der exponentiell quadratischen Entfestigungsfunktion in den Grenzen von κ_{2e} bis ∞ mit

$$\frac{G_c}{h} \;=\; \int_{\kappa_{2e}}^{\infty} \bar{\sigma}_2(\kappa_2)\,d\kappa_2 \;=\; \frac{\sqrt{\pi}}{2}\,f_{cm}\,\kappa_{2u} \qquad (5.48)$$

kann überprüft werden, ob die Fläche unter der Kurve der spezifischen Bruchenergie G_c für Druckversagen, bezogen auf die charakteristische Länge des Elementes h, entspricht. Der die exponentiell quadratische Entfestigungsfunktion steuernde Parameter kann aus (5.48) bestimmt werden und wird in (5.47) angegeben. In Abb.5.8 werden die Ver- und Entfestigungsgesetze lt. [Feenstra, 1993] und [Lackner, 1999] dargestellt.

5.5.5 Druckverhalten des bewehrten Betons

Für bewehrten Beton ist es notwendig, die Ver- und Entfestigungsgesetze des unbewehrten Betons zu modifizieren. Grund hierfür ist die Tatsache, daß für einen infolge Querzugsbeanspruchung bereits gerissenen Beton weiterhin Druckkräfte übertragen werden können, allerdings die

Druckfestigkeit aufgrund der Risse in Querrichtung reduziert ist. Ein Maß zur Ermittlung der Restdruckfestigkeit stellt der bereits in Kapitel 4 angeführte Abminderungskoeffizient β dar, der in dieser Arbeit als Funktion des Verhältnisses der Hauptzugdehnung ε_1 zur Stauchung bei Erreichen der Betondruckfestigkeit ε_{c1} definiert wird [Vecchio und Collins, 1986].

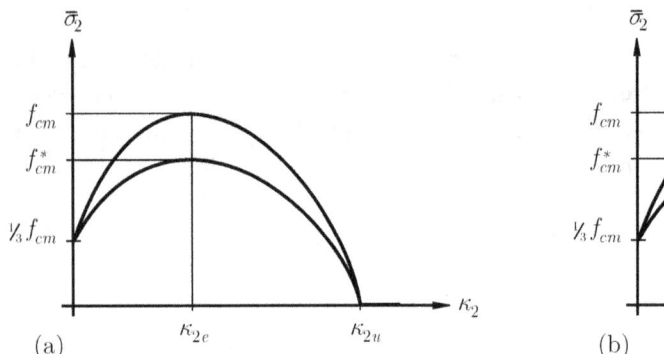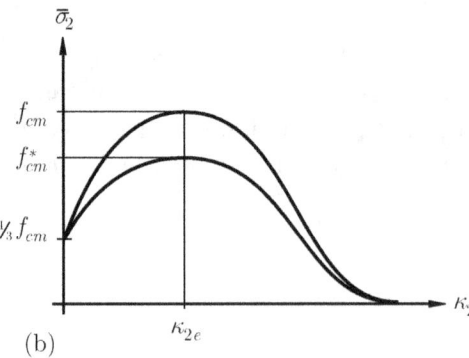

Abb.5.9: Modifizierte Ver- und Entfestigungsgesetze für das Druckverhalten des bewehrten Betons in Abhängigkeit vom Abminderungskoeffizienten β für den (a) parabolischen Verfestigungs- und parabolischen Entfestigungsverlauf und den (b) parabolischen Verfestigungs- und exponentiell quadratischen Entfestigungsverlauf

Im Rahmen der Plastizitätstheorie ist es aber erforderlich, den Abminderungskoeffizienten β als Funktion der äquivalenten plastischen Verzerrung anzugeben. In Anlehnung an [Park und Klingner, 1997] wird daher die Abminderung der Druckfestigkeit mit $f_{cm}^* = \beta\, f_{cm}$ für

$$\beta = \frac{1}{0.80 + 0.34\, \kappa_1/\kappa_{2e}} \leq 1.0 \qquad (5.49)$$

festgelegt. Hierbei beschreibt κ_{2e} die äquivalente plastische Verzerrung bei Erreichen der Druckfestigkeit lt. (5.44). Der Abminderungskoeffizient β führt in der Folge auch zu einer Modifikation der Beziehung zwischen der äquivalenten Spannung und der äquivalenten plastischen Verzerrung, die in Abb.5.9 dargestellt werden. Sie äußert sich in einer Reduktion der Druckfestigkeit bei gleichbleibender äquivalenter plastischer Verzerrung.

Hierbei sei erwähnt, daß eine Änderung des Abminderungskoeffizienten β lediglich bis zum Erreichen von κ_{2e} berücksichtigt wird. Der Verlauf des Entfestigungsgesetzes wird durch die Ermittlung von β an der Stelle $\kappa_2 = \kappa_{2e}$ vorgegeben. Der Parameter κ_{2u} wird in Anlehnung an [Vecchio und Collins, 1986] unverändert belassen.

5.6 Formulierung von Entlastungszuständen

Im Rahmen des verwendeten elasto-plastischen Werkstoffmodells für unbewehrten und bewehrten Beton ist es möglich, das Versagen von Strukturen bzw. Teilbereichen davon unter der Voraussetzung monotoner Belastungsformen zu beschreiben. Im Zuge numerischer Berechnungen führen Lokalisierungseffekte in Teilbereichen der Struktur zu Spannungsumlagerungen, die lokale Entlastungszustände für die betrachtete Struktur bewirken können.

Entlastungszustände äußern sich in einer Reduktion der Verzerrungen. Dies bedeutet, daß sich bereits geöffnete Risse wiederum schließen. Im Rahmen der Plastizitätstheorie führt dies zu einer Entlastung unter Beibehaltung der gesamten plastischen Verzerrungen. Dies bedeutet, daß sich ein geöffneter Riß nicht mehr schließen kann. Im Gegensatz dazu werden im Rahmen der Schädigungstheorie die Verzerrungen bei Entlastung vollständig reduziert, und somit schließt sich ein bereits geöffneter Riß wiederum.

Im folgenden wird nun eine Möglichkeit zur Berücksichtigung einer völligen Rißschließung im Rahmen der Schädigungstheorie angeführt [Menrath, 1999]. Infolge der Schädigung des Materials kommt es zu Änderungen der mechanischen Materialeigenschaften, sprich zu einer Degradation der elastischen Materialeigenschaften. Hierfür ist die Kenntnis des Schädigungsgrades zum Zeitpunkt des Entlastungsbeginns erforderlich.

Für ein isotropes Werkstoffmodell wird von der Annahme ausgegangen, daß die Mikrorißbildung in allen Richtungen gleichmäßig auftritt. Daher ist es möglich, die isotrope Schädigung mit einem skalaren Schädigungsparameter d zu beschreiben [Mazars, 1981]. Daraus folgt der Zusammenhang zwischen dem degradierten Elastizitätsmodul E_d und dem Elastizitätsmodul des ungeschädigten Materials E_c mit

$$E_d = (1 - d) E_c, \tag{5.50}$$

wobei der skalare Schädigungsparamter mit $0 \leq d \leq 1$ definiert wird. Hierbei entspricht $d = 0$ dem ungeschädigten und $d = 1$ dem völlig geschädigten Material. Im Rahmen des Konzepts der verschmierten Risse kann der Schädigungsgrad in einem ingenieurmäßigen Ansatz mit der Beziehung zwischen der äquivalenten Spannung und der äquivalenten Dehnung abgeschätzt werden [Crisfield und Wills, 1989]. Mit Hilfe der bei Entlastungsbeginn zum Zeitpunkt t_n noch übertragbaren Spannung $\bar{\sigma}_n$ des geschädigten Materials kann der Schädigungsparameter mit

$$d = 1 - \frac{E_d}{E_c} = 1 - \frac{\bar{\sigma}_n}{\bar{\sigma}_n + E_c \, \kappa_n} \tag{5.51}$$

ermittelt werden, wobei κ_n der äquivalenten plastischen Verzerrung zum Zeitpunkt t_n entspricht. Die Berechnung des Schädigungsparameters lt. (5.51) führt zu einem vollständig geschlossenen Riß (Abb.5.10(a)). Da aber in zahlreichen experimentellen Untersuchungen festgestellt wurde,

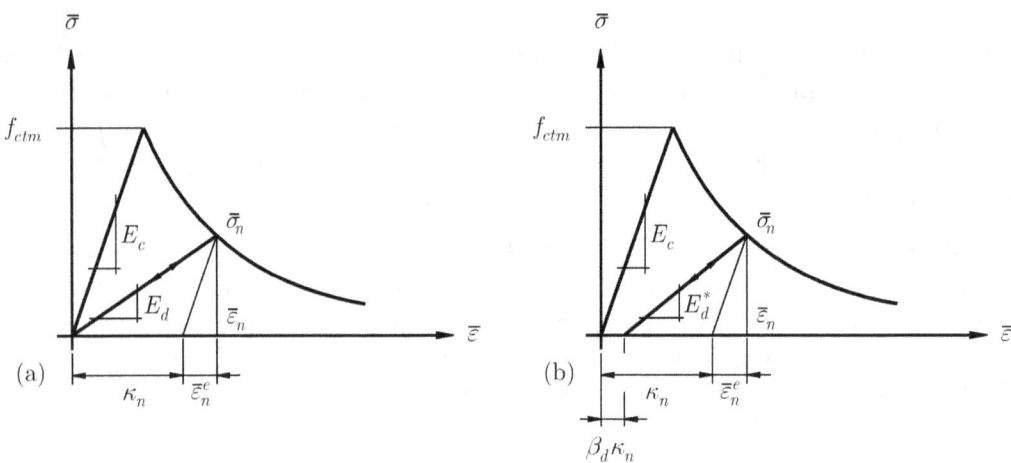

Abb.5.10: Beziehungen zwischen der äquivalenten Spannung und der äquivalenten Dehnung zur Bestimmung des Schädigungsparameters d infolge Zugbeanspruchung unter Berücksichtigung von (a) keinen und (b) teilweise verbleibenden plastischen Verzerrungen

daß die Rißöffnung bzw. die plastischen Verzerrungen bei einer Entlastung nicht völlig abgebaut werden [Reinhardt, 1984], wird (5.51) durch die Verwendung des Skalierungsfaktors β_d erweitert:

$$d = 1 - \frac{E_d^*}{E_c} = 1 - \frac{\bar{\sigma}_n}{\bar{\sigma}_n + E_c\,(1-\beta_d)\,\kappa_n}. \tag{5.52}$$

Einsetzen von (5.52) in (5.50) führt anstelle des degradierten Elastizitätsmoduls E_d zum Ent- und Wiederbelastungsmodul E_d^* (Abb.5.10(b)). Der Skalierungsfaktor β_d wird mit 0.20 festgelegt [Dahlblom und Ottosen, 1990]. Eine zusätzliche Möglichkeit zur Berücksichtigung von teilweise verbleibenden plastischen Verzerrungen wird in [Meiswinkel und Rahm, 1999] angegeben. Mit Hilfe eines Kombinationsfaktors κ_d kann der Ent- bzw. Wiederbelastungsmodul E_d^* mit

$$E_d^* = \kappa_d\,E_d + (1-\kappa_d)\,E_c \tag{5.53}$$

aus dem degradierten Elastizitätsmodul E_d und dem Elastizitätsmodul des ungeschädigten Materials E_c berechnet werden. Die Größe des Kombinationsfaktors κ_d wird in einem Bereich zwischen 0.95 und 1.00 angegeben.

5.7 Integrationsalgorithmus

Im Rahmen der Methode der Finiten Elemente werden endliche Zeit- und Lastinkremente verwendet. Anders als bei der Formulierung auf Kontinuumsebene ist es notwendig, die Ratengleichungen numerisch zu integrieren, um inkrementelle Beziehungen zu erhalten. Bei Verwendung des Newtonverfahrens zur Bestimmung der inkrementellen Knotenverschiebungen sind diese dann mit dem Integrationsalgorithmus in konsistenter Weise zu linearisieren. Diese Vorgangsweise wird als Projektionsverfahren oder Return Mapping Algorithmus bezeichnet [Simo und Hughes, 1998] und wird im folgenden in allgemeiner Form für das verwendete Materialmodell erläutert.

5.7.1 Aktualisierung der Spannungen

Zu einem Zeitpunkt t_n seien die Spannungen, die gesamten Verzerrungen, die plastischen Verzerrungen und die internen Variablen bekannt. Für das bereits bekannte Verzerrungsinkrement $\Delta \varepsilon_{n+1}$ bzw. für eine Abschätzung davon sind die Zustandsgrößen für den aktuellen Zeitschritt $n+1$ zu aktualisieren

$$(\boldsymbol{\sigma}_n,\ \varepsilon_n,\ \varepsilon_n^p,\ \mathbf{q}_n,\ \Delta\varepsilon_{n+1}) \longrightarrow (\boldsymbol{\sigma}_{n+1},\ \varepsilon_{n+1}^p,\ \mathbf{q}_{n+1}), \tag{5.54}$$

d. h., es sind die unabhängigen Variablen für den Zeitpunkt t_{n+1} zu bestimmen. Dies sind die gesamten Verzerrungen ε_{n+1}, die plastischen Verzerrungen ε_{n+1}^p und die internen Variablen $\mathbf{q}_{n+1}$, mit denen in der Folge die elastischen Verzerrungen ε_{n+1}^e und die Spannungen $\boldsymbol{\sigma}_{n+1}$ berechnet werden können [Hofstetter et al., 1993].

Hierfür wird das Projektionsverfahren verwendet, das in zwei Teilschritte unterteilt werden kann; zum einen in die Formulierung einer elastischen Prädiktorspannung $\boldsymbol{\sigma}_{n+1}^{\text{Trial}}$, auch als elastischer Prädiktor bezeichnet, und zum anderen in die Projektion der elastischen Prädiktorspannung auf die Fließfläche, auch plastischer Korrektor genannt [Simo und Taylor, 1986], [Simo et al., 1988]. Für den Zeitpunkt t_{n+1} können die Spannungen aus der konstitutiven Beziehung mit

$$\boldsymbol{\sigma}_{n+1} = \mathbf{C}_e \left(\varepsilon_{n+1} - \varepsilon_{n+1}^p \right) \tag{5.55}$$

ermittelt werden, wobei C_e der Elastizitätsmatrix für den ebenen Spannungszustand entspricht. Die Aktualisierung der gesamten Verzerrungen erfolgt durch

$$\varepsilon_{n+1} = \varepsilon_n + \Delta\varepsilon_{n+1}. \tag{5.56}$$

Im Rahmen der Plastizitätstheorie für eine beliebige Anzahl von Fließflächen mit nicht glatten Übergängen können die plastischen Verzerrungen und die Ver- und Entfestigungsparameter aus (5.4) und (5.8) durch numerische Integration unter Verwendung der impliziten Eulerschen Rückwärtsmethode mit

$$\varepsilon^p_{n+1} = \varepsilon^p_n + \sum_i \Delta\lambda_{i,n+1} \frac{\partial g_{i,n+1}}{\partial \boldsymbol{\sigma}_{n+1}}$$

$$\boldsymbol{\kappa}_{n+1} = \boldsymbol{\kappa}_n + \sum_i \Delta\lambda_{i,n+1} \mathbf{h}_i \qquad (5.57)$$

angeschrieben werden, wobei i die Anzahl der vorhandenen Fließ- bzw. Potentialflächen bezeichnet. Hierbei entspricht $\Delta\lambda_{i,n+1} = \dot{\lambda}_{i,n+1} \Delta t_{n+1}$.

Die numerische Integration unter Verwendung der impliziten Eulerschen Rückwärtsmethode ist unbedingt stabil und erfüllt die Konsistenzbedingungen zum Zeitpunkt t_{n+1} [Simo und Taylor, 1986]. Die diskrete Formulierung der Kuhn-Tucker Bedingungen, die die Ermittlung der plastischen Multiplikatoren $\Delta\lambda_{i,n+1}$ steuern, kann mit

$$\Delta\lambda_{i,n+1} \geq 0 \,, \qquad f_{i,n+1} \leq 0 \,, \qquad \Delta\lambda_{i,n+1} \, f_{i,n+1} = 0 \qquad (5.58)$$

angeschrieben werden. Unter der Voraussetzung der Konvexität der zusammengesetzten Fließfläche kann die Beurteilung, ob ein elastischer oder plastischer Belastungszustand vorliegt, mit Hilfe der elastischen Prädiktorspannung erfolgen. Unter der Annahme, daß der Schritt $n+1$ elastisch ist, werden die plastischen Verzerrungen und internen Variablen ab dem Zeitpunkt n konstant gehalten. Somit kann die elastische Prädiktorspannung mit

$$\boldsymbol{\sigma}^{\text{Trial}}_{n+1} = \mathbf{C}_e \left(\boldsymbol{\varepsilon}_{n+1} - \boldsymbol{\varepsilon}^p_n \right) \qquad (5.59)$$

ermittelt werden, wobei für die Berechnung der elastischen Prädiktorspannung die konvergierten Werte für ε^p_n und $\boldsymbol{\kappa}_n$ bzw. $\mathbf{q}_n$ gemäß (5.7) des vorangegangenen Lastschrittes verwendet werden. Die Möglichkeit, sich auf nicht konvergierte Werte des vorangegangenen Lastschrittes zu beziehen, kann für wegabhängige Probleme zu physikalisch fragwürdigen Ergebnissen führen. Durch Einsetzen der elastischen Prädiktorspannung aus (5.59) und der internen Variablen in die einzelnen Fließbedingungen

5. Elasto-plastisches Materialmodell für Beton

$$f_{i,n+1}^{\text{Trial}} = f_{i,n+1}^{\text{Trial}}(\boldsymbol{\sigma}_{n+1}^{\text{Trial}}, \mathbf{q}_n) \tag{5.60}$$

kann überprüft werden, ob die jeweilige Fließbedingung verletzt wird. Auf Grund der Konvexität der zusammengesetzten Fließfläche gilt stets

$$f_{i,n+1}^{\text{Trial}} \geq f_{i,n+1}. \tag{5.61}$$

Somit kann an Hand der Größe des Wertes von $f_{i,n+1}^{\text{Trial}}$ eine Aussage getroffen werden, ob elastische bzw. plastische Belastung vorliegt. Für $f_{i,n+1}^{\text{Trial}} < 0$ ist der Schritt $n+1$ elastisch mit $f_{i,n+1} < 0$ und $\Delta\lambda_{i,n+1} = 0$. Die Spannungen zum Zeitpunkt t_{n+1} stimmen in diesem Fall mit den elastischen Prädiktorspannungen überein.

Für $f_{j,n+1}^{\text{Trial}} > 0$ hingegen ist der Schritt $n+1$ plastisch, wobei j nur einer der vorhandenen Fließflächen entsprechen muß. Die Spannungen können für diesen Fall durch Einsetzen von (5.57_1) in (5.55) für den Zeitpunkt t_{n+1} durch die Projektion der elastischen Prädiktorspannung auf die Fließfläche mit

$$\boldsymbol{\sigma}_{n+1} = \mathbf{C}_e \left(\boldsymbol{\varepsilon}_{n+1} - \boldsymbol{\varepsilon}_n^p - \sum_i \Delta\lambda_{i,n+1} \frac{\partial g_{i,n+1}}{\partial \boldsymbol{\sigma}_{n+1}} \right) \tag{5.62}$$

ermittelt werden. Wird die elastische Prädiktorspannung aus (5.59) in (5.62) eingesetzt, so können die Spannungen für den Zeitpunkt t_{n+1} zu

$$\boldsymbol{\sigma}_{n+1} = \boldsymbol{\sigma}_{n+1}^{\text{Trial}} - \sum_i \Delta\lambda_{i,n+1} \, \mathbf{C}_e \, \frac{\partial g_{i,n+1}}{\partial \boldsymbol{\sigma}_{n+1}} \tag{5.63}$$

angeschrieben werden. Durch Einsetzen von (5.63) in die verletzten Fließbedingungen $f_{i,n+1} = 0$ können die zugehörigen Konsistenzparameter $\Delta\lambda_{i,n+1}$ bestimmt werden. Eine geometrische Interpretation des Projektionsverfahrens für eine einzelne Fließfläche unter Verwendung einer assoziierten Fließregel ist in Abb.5.11 dargestellt. Die Abbildung zeigt, daß die implizite Eulersche Rückwärtsmethode unbedingt stabil ist, da die elastische Prädiktorspannung in Richtung des Gradienten $\partial f_{n+1}/\partial\boldsymbol{\sigma}_{n+1}$ auf die jeweilige Fließfläche projiziert wird. Für die explizite Eulersche Vorwärtsmethode wird hingegen der Gradient $\partial f_n/\partial\boldsymbol{\sigma}_n$ verwendet. Dies kann bei großen Lastschritten die numerische Stabilität beeinträchtigen.

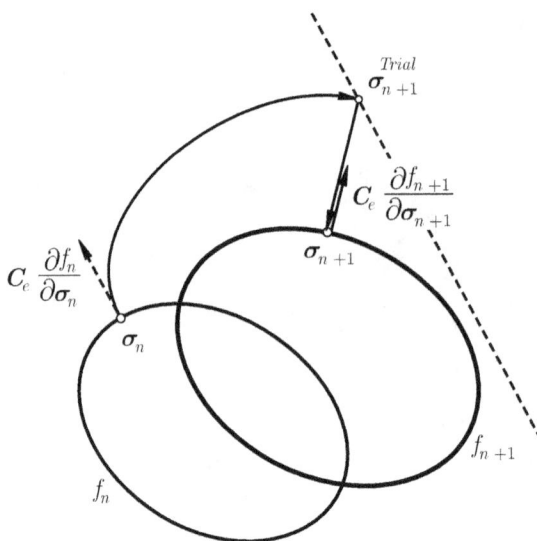

Abb.5.11: Geometrische Interpretation des Projektionsverfahrens

Im folgenden wird die Aktualisierung der plastischen Verzerrungen und der internen Variablen für den Lastschritt $n+1$ unter Voraussetzung eines plastischen Lastschrittes erläutert. Auf Grund der Verwendung der impliziten Eulerschen Rückwärtsmethode muß die Berechnung von $\Delta\varepsilon^p_{n+1}$ und κ_{n+1} iterativ erfolgen. Hierfür wird eine lokale Newton Iteration verwendet, wobei die dazu benötigte Jacobi-Matrix mit Hilfe eines Broyden-Update bestimmt wird [Dennis und Schnabel, 1983]. Der Erfolg des gewählten Iterationsverfahrens hängt im wesentlichen von den Anfangswerten der Jacobi-Matrix ab. Diese werden durch die Linearisierung der Fließfunktionen im Prädiktorzustand ermittelt. Einsetzen der Spannungen aus (5.63) und der internen Variablen in (5.58$_3$) führt zu

$$f_{i,n+1}(\boldsymbol{\sigma}_{n+1}, \mathbf{q}_{n+1}) = 0, \qquad (5.64)$$

wobei i für die Anzahl der verletzten Fließflächen steht. Mit Hilfe des nichtlinearen Gleichungssystems, bestehend aus i Gleichungen, können die Konsistenzparameter $\Delta\lambda_{i,n+1}$ für i aktive Fließflächen ermittelt werden.

Im Gegensatz zu einer vorhandenen Fließfläche bedeutet für mehrere Fließflächen ein positiver Wert $f^{\text{Trial}}_{i,n+1} > 0$ nicht unbedingt, daß der zugehörige Konsistenzparameter größer als Null sein muß [Simo et al., 1988]. Die Zusatzbedingung, ob eine Fließfläche i aktiv ist, wird durch

5. Elasto-plastisches Materialmodell für Beton

$\Delta\lambda_{i,n+1} > 0$ gegeben. Zusätzlich gilt für ent- und verfestigendes Materialverhalten, daß der Schnittpunkt von zwei angrenzenden Fließflächen nicht vorab bekannt ist. In Anbetracht des nichtlinearen Gleichungssystems (5.64), das für jeweils i-aktive Fließflächen zu lösen ist, ist es vorab notwendig, die aktiven Fließflächen im Prädiktorzustand festzulegen.

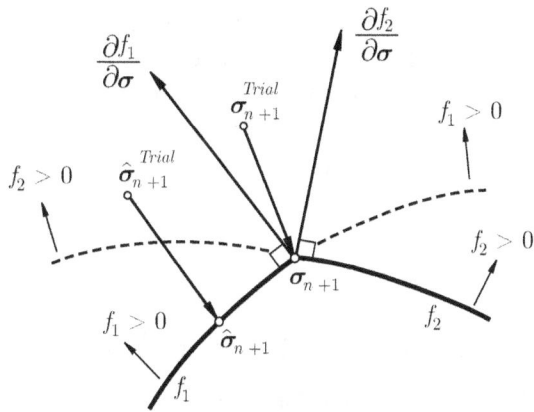

Abb.5.12: Projektionsverfahren für den Schnittpunkt von zwei Fließflächen

In Abb.5.12 sind zwei Prädiktorspannungszustände $\sigma_{n+1}^{\text{Trial}}$ und $\hat{\sigma}_{n+1}^{\text{Trial}}$ als Beispiele hierfür dargestellt. Für beide elastischen Prädiktorspannungen gilt $f_{1,n+1}^{\text{Trial}} > 0$ und $f_{2,n+1}^{\text{Trial}} > 0$. Wird die elastische Prädiktorspannung $\sigma_{n+1}^{\text{Trial}}$ in den Schnittpunkt der beiden Fließflächen zurückprojiziert, so ergeben sich die zugehörigen Konsistenzparameter zu $\Delta\lambda_{1,n+1} > 0$ und $\Delta\lambda_{2,n+1} > 0$. Daraus folgt, daß die elastische Prädiktorspannung in den Schnittpunkt der beiden Fließflächen f_1 und f_2 zu projizieren ist. Wird hingegen die elastische Prädiktorspannung $\hat{\sigma}_{n+1}^{\text{Trial}}$ in den Schnittpunkt der beiden Fließflächen zurückprojiziert, so werden die zugehörigen Konsistenzparameter sich zu $\Delta\lambda_{1,n+1} > 0$ und $\Delta\lambda_{2,n+1} < 0$ ergeben. Dies bedeutet, daß die elastische Prädiktorspannung nicht in den Schnittpunkt, sondern auf die Fließfläche f_1 projiziert werden muß.

Diese zwei Beispiele stehen stellvertretend für den von [Simo et al., 1988] vorgeschlagenen unbedingt stabilen Algorithmus für eine beliebige Anzahl von Fließflächen mit nicht glatten Übergängen. Hierbei wurde die Annahme getroffen, daß die Anzahl der aktiven Fließflächen nach der Rückprojektion der Spannung gleich oder kleiner der Anzahl der aktiven Fließflächen im Prädiktorzustand ist. Im Zuge der Lösung des nichtlinearen Gleichungssystems (5.64) bedeutet dies, daß jene Fließflächen $f_{j,n+1}$ deaktiviert werden, für die der Konsistenzparameter $\Delta\lambda_{j,n+1} < 0$ wird. Die Deaktivierung von Fließflächen kann sowohl am Ende der Iteration an

Hand der konvergierten Werte als auch während der Iteration in jedem einzelnen Iterationsschritt durchgeführt werden. Als Ergebnis bleiben schließlich nur jene Fließflächen übrig, für die der zugehörige Konsistenzparameter größer Null ist. Hierbei ist zu erwähnen, daß $\Delta\lambda_{j,n+1}$ im Zuge der Iteration zeitweilig negative Werte annehmen kann, obgleich die zugehörige Fließfläche schlußendlich aktiv sein wird. Dies würde bei einer Überprüfung der Konsistenzparameter in jedem einzelnen Iterationsschritt zu einer unberechtigten Deaktivierung von Fließflächen führen.

Der soeben beschriebene Algorithmus bedeutet aber gleichzeitig, daß es nicht möglich ist, eine im Prädiktorzustand inaktive Fließfläche im Zuge der Projektion aktiv werden zu lassen. Dieser Effekt kann aber bei entfestigendem Materialverhalten auftreten. Hierfür schlagen [Pramono und Willam, 1989] einen Algorithmus vor, der auf der Überlegung beruht, jede Fließfläche gesondert zu betrachten. Dieser Algorithmus wird mit der Aktivierung der maßgebenden Fließfläche gestartet und die elastische Prädiktorspannung auf diese Fließfläche projiziert. Ist in der Folge eine zweite Fließbedingung verletzt, so wird die Projektion durch die Aktivierung beider Fließflächen wiederholt. Dieser Vorgang wird solange durchgeführt, bis keine der verbleibenden Fließflächen mehr verletzt wird. Im Zuge dieser Arbeit wurde der Algorithmus lt. [Pramono und Willam, 1989] für die Bestimmung der aktiven Fließflächen verwendet.

5.7.2 Elasto-plastische Tangentensteifigkeitsmatrix

Bei der iterativen Lösung einer nichtlinearen Gleichung nach dem Newtonverfahren ist eine lineare Approximation der Gleichung an der Stelle einer bekannten Näherungslösung notwendig. Da infolge der Projektion der elastischen Prädiktorspannung auf die Fließfläche alle unabhängigen Variablen und die Spannungen zum Zeitpunkt t_{n+1} bekannt sind, ist abschließend noch die linearisierte Form des Prinzips der virtuellen Verschiebungen (3.6) bzw. (3.8) an der jetzt bekannten Stelle $n+1$ zu ermitteln. Die quadratische Konvergenz der Newton Iteration hängt wesentlich von der konsistenten Linearisierung der konstitutiven Beziehungen, mit der die Tangentensteifigkeitsmatrix bestimmt wird, ab [Simo und Taylor, 1985]. Das totale Differential der konstitutiven Beziehung (5.55) ergibt sich unter Berücksichtigung von (5.57_1) zu

$$d\boldsymbol{\sigma}_{n+1} = \mathbf{C}_e \left(d\boldsymbol{\varepsilon}_{n+1} - d\boldsymbol{\varepsilon}^p_{n+1} \right)$$

$$d\boldsymbol{\varepsilon}^p_{n+1} = \sum_{i=1}^m \left(d(\Delta\lambda_{i,n+1}) \frac{\partial g_{i,n+1}}{\partial \boldsymbol{\sigma}_{n+1}} + \Delta\lambda_{i,n+1} \frac{\partial^2 g_{i,n+1}}{\partial \boldsymbol{\sigma}^2_{n+1}} \, d\boldsymbol{\sigma}_{n+1} \right). \tag{5.65}$$

5. Elasto-plastisches Materialmodell für Beton

Durch die Kombination der beiden Gleichungen aus (5.65) kann das totale Differential der konstitutiven Beziehung mit

$$d\boldsymbol{\sigma}_{n+1} = \boldsymbol{\Xi}_{n+1}\left(d\boldsymbol{\varepsilon}_{n+1} - \sum_{i=1}^{m} d(\Delta\lambda_{i,n+1})\,\frac{\partial g_{i,n+1}}{\partial \boldsymbol{\sigma}_{n+1}}\right), \tag{5.66}$$

$$\boldsymbol{\Xi}_{n+1} = \left[\mathbf{C}_e^{-1} + \sum_{i=1}^{m}\Delta\lambda_{i,n+1}\,\frac{\partial^2 g_{i,n+1}}{\partial \boldsymbol{\sigma}_{n+1}^2}\right]^{-1} \tag{5.67}$$

angeschrieben werden. Da die aktualisierte Spannung einen Punkt auf der bzw. den Fließflächen repräsentiert, werden die Konsistenzbedingungen erfüllt. Die Differentiale $d(\Delta\lambda_{i,n+1})$ können durch das totale Differential der Fließfunktion $f_{i,n+1} = 0$ mit

$$\left(\frac{\partial f_{i,n+1}}{\partial \boldsymbol{\sigma}_{n+1}}\right)^{\mathsf{T}} d\boldsymbol{\sigma}_{n+1} + \left(\frac{\partial f_{i,n+1}}{\partial \mathbf{q}_{n+1}}\right)^{\mathsf{T}} d\mathbf{q}_{n+1} = 0 \tag{5.68}$$

ermittelt werden, wobei nur Fließflächen mit $\Delta\lambda_{i,n+1} > 0$, sprich aktive Fließflächen, betrachtet werden. Hierbei läßt sich $d\mathbf{q}_{n+1}$ mit (5.57$_2$) zu

$$d\mathbf{q}_{n+1} = \left(\frac{\partial \mathbf{q}_{n+1}}{\partial \boldsymbol{\kappa}_{n+1}}\right) d\boldsymbol{\kappa}_{n+1} = \left(\frac{\partial \mathbf{q}_{n+1}}{\partial \boldsymbol{\kappa}_{n+1}}\right)\sum_{i=1}^{m} d(\Delta\lambda_{i,n+1})\mathbf{h}_i \tag{5.69}$$

anschreiben. Einsetzen von (5.66) und (5.69) in (5.68) führt zum Gleichungssystem

$$\left(\frac{\partial f_{i,n+1}}{\partial \boldsymbol{\sigma}_{n+1}}\right)^{\mathsf{T}} \boldsymbol{\Xi}_{n+1}\left[\sum_{j=1}^{m} d(\Delta\lambda_{j,n+1})\,\frac{\partial g_{j,n+1}}{\partial \boldsymbol{\sigma}_{n+1}}\right] -$$

$$- \left(\frac{\partial f_{i,n+1}}{\partial \mathbf{q}_{n+1}}\right)^{\mathsf{T}}\left[\left(\frac{\partial \mathbf{q}_{n+1}}{\partial \boldsymbol{\kappa}_{n+1}}\right)\sum_{j=1}^{m} d(\Delta\lambda_{j,n+1})\mathbf{h}_j\right] =$$

$$= \left(\frac{\partial f_{i,n+1}}{\partial \boldsymbol{\sigma}_{n+1}}\right)^{\mathsf{T}} \boldsymbol{\Xi}_{n+1}\,d\boldsymbol{\varepsilon}_{n+1} \tag{5.70}$$

mit m Gleichungen zur Ermittlung der Konsistenzparameter $d(\Delta\lambda_{i,n+1})$ für m aktive Fließflächen. Zur weiteren Betrachtung werden die Gradienten der Fließfunktionen im Vektor

$$\left(\frac{\partial f_{n+1}}{\partial \boldsymbol{\sigma}_{n+1}}\right)^{\mathsf{T}} = \begin{bmatrix} \left(\dfrac{\partial f_{1,n+1}}{\partial \boldsymbol{\sigma}_{n+1}}\right)^{\mathsf{T}} \\ \cdots \\ \cdots \\ \left(\dfrac{\partial f_{m,n+1}}{\partial \boldsymbol{\sigma}_{n+1}}\right)^{\mathsf{T}} \end{bmatrix} \tag{5.71}$$

zusammengefaßt. Aus dem Gleichungssystem (5.70) kann in der Folge der Lösungsvektor $d(\Delta\boldsymbol{\lambda}_{n+1})$, der stellvertretend für

$$d(\Delta\boldsymbol{\lambda}_{n+1})^{\mathsf{T}} = \begin{bmatrix} d(\Delta\lambda_{1,n+1}) & \cdots & \cdots & d(\Delta\lambda_{m,n+1}) \end{bmatrix} \tag{5.72}$$

steht, unter Berücksichtigung von (5.71) zu

$$d(\Delta\boldsymbol{\lambda}_{n+1}) = \boldsymbol{\Gamma}_{n+1}^{-1} \left[\left(\frac{\partial f_{n+1}}{\partial \boldsymbol{\sigma}_{n+1}}\right)^{\mathsf{T}} \boldsymbol{\Xi}_{n+1}\, d\boldsymbol{\varepsilon}_{n+1}\right] \tag{5.73}$$

bestimmt werden. Die einzelnen Koeffizienten der Matrix $\boldsymbol{\Gamma}_{n+1}$ werden hierbei mit

$$\Gamma_{ij} = \left(\frac{\partial f_{i,n+1}}{\partial \boldsymbol{\sigma}_{n+1}}\right)^{\mathsf{T}} \boldsymbol{\Xi}_{n+1} \left(\frac{\partial g_{j,n+1}}{\partial \boldsymbol{\sigma}_{n+1}}\right) - \left(\frac{\partial f_{i,n+1}}{\partial \mathbf{q}_{n+1}}\right)^{\mathsf{T}} \left(\frac{\partial \mathbf{q}_{n+1}}{\partial \boldsymbol{\kappa}_{n+1}}\right) \mathbf{h}_j \tag{5.74}$$

berechnet, wobei i und j aktive Fließflächen bezeichnen. An der Bestimmung der Koeffizienten der Matrix $\boldsymbol{\Gamma}_{n+1}$ ist ersichtlich, daß infolge einer eventuellen Kopplung der Ent- bzw. Verfestigungsparameter die Matrix $\boldsymbol{\Gamma}_{n+1}$ durch die Vektoren $\mathbf{h}_i$ unsymmetrisch wird. Dies trifft auch für die Annahme von nichtassoziiertem Fließen zu. Einsetzen des Lösungsvektors $d(\Delta\boldsymbol{\lambda}_{n+1})$ aus (5.73) in (5.66) führt auf

$$d\boldsymbol{\sigma}_{n+1} = \boldsymbol{\Xi}_{n+1}\left(d\boldsymbol{\varepsilon}_{n+1} - \left(\frac{\partial g_{n+1}}{\partial \boldsymbol{\sigma}_{n+1}}\right) d(\Delta\boldsymbol{\lambda}_{n+1})\right), \tag{5.75}$$

wobei die Gradienten der Potentialfunktionen im Vektor

$$\left(\frac{\partial g_{n+1}}{\partial \boldsymbol{\sigma}_{n+1}}\right) = \left[\ \left(\frac{\partial g_{1,n+1}}{\partial \boldsymbol{\sigma}_{n+1}}\right) \quad \cdots \quad \cdots \quad \left(\frac{\partial g_{m,n+1}}{\partial \boldsymbol{\sigma}_{n+1}}\right) \ \right] \tag{5.76}$$

zusammengefaßt werden. Einsetzen des Lösungsvektors $d(\Delta\boldsymbol{\lambda}_{n+1})$ aus (5.73) in (5.75) ergibt die konsistente elasto-plastische Tangentensteifigkeitsmatrix mit

$$\frac{d\boldsymbol{\sigma}_{n+1}}{d\boldsymbol{\varepsilon}_{n+1}} = \boldsymbol{\Xi}_{n+1} - \boldsymbol{\Xi}_{n+1} \left(\frac{\partial g_{n+1}}{\partial \boldsymbol{\sigma}_{n+1}}\right) \boldsymbol{\Gamma}_{n+1}^{-1} \left(\frac{\partial f_{n+1}}{\partial \boldsymbol{\sigma}_{n+1}}\right)^{\top} \boldsymbol{\Xi}_{n+1}. \tag{5.77}$$

An dieser Stelle sei noch einmal erwähnt, daß die elasto-plastische Tangentensteifigkeitsmatrix lediglich für die Annahme von assoziiertem Fließen und ungekoppeltem Materialverhalten eine symmetrische Form aufweist.

5.7.3 Anwendung des Projektionsverfahrens für das Materialmodell

Im folgendem Abschnitt werden die Formulierungen für das verwendete elasto-plastische Materialmodell für das Projektionsverfahren adaptiert. Hierbei wird im speziellen die Rückprojektion in den Schnittpunkt der beiden Fließfunktionen betrachtet. Die Aktualisierung der Spannungen erfolgt ausgehend von der elastischen Prädiktorspannung aus (5.63) zu

$$\boldsymbol{\sigma}_{n+1} = \boldsymbol{\sigma}_{n+1}^{\text{Trial}} - \sum_{i=1}^{2} \left[\Delta\lambda_{i,n+1} \frac{\mathbf{C}_e \mathbf{P}_i \boldsymbol{\sigma}_{n+1}}{2\sqrt{\frac{1}{2}\boldsymbol{\sigma}_{n+1}^{\top} \mathbf{P}_i \boldsymbol{\sigma}_{n+1}}} + \alpha_{g_i} \Delta\lambda_{i,n+1} \mathbf{C}_e \boldsymbol{\pi} \right], \tag{5.78}$$

wobei sich die Gradienten der Potentialfunktionen (5.15) zu

$$\frac{\partial g_{i,n+1}}{\partial \boldsymbol{\sigma}_{n+1}} = \frac{\mathbf{P}_i \ \boldsymbol{\sigma}_{n+1}}{2\sqrt{\frac{1}{2}\boldsymbol{\sigma}_{n+1}^{\top} \mathbf{P}_i \boldsymbol{\sigma}_{n+1}}} + \alpha_{g_i} \boldsymbol{\pi} \tag{5.79}$$

ergeben. Einsetzen der Spannung $\boldsymbol{\sigma}_{n+1}$ aus (5.78) in das Gleichungssystem (5.64) führt zu den Konsistenzparametern $\Delta\lambda_{i,n+1}$. Um eine geeignete Form für (5.78) zu finden, wird im folgenden die Vorgangsweise lt. [de Borst, 1993] verwendet.

Da die Spannung σ_{n+1} für die Rückprojektion in den Schnittpunkt der beiden Fließflächen am Ende des Lastschrittes $n+1$ beide Fließbedingungen erfüllen muß, kann vorab die Variable ϕ_i, die dem jeweils ersten Term der beiden Fließfunktionen (5.9) entspricht, mit

$$\phi_i = \sqrt{\tfrac{1}{2}\boldsymbol{\sigma}_{n+1}^\mathsf{T}\mathbf{P}_i\boldsymbol{\sigma}_{n+1}} = \beta_{f_i}\bar{\sigma}_i - \alpha_{f_i}\boldsymbol{\pi}^\mathsf{T}\boldsymbol{\sigma}_{n+1} \qquad (5.80)$$

festgelegt werden [Feenstra und de Borst, 1996]. Einsetzen von (5.80) in (5.78) ergibt somit

$$\boldsymbol{\sigma}_{n+1} = \boldsymbol{\sigma}_{n+1}^{\text{Trial}} - \sum_{i=1}^{2}\left[\Delta\lambda_{i,n+1}\frac{1}{2\phi_i}\mathbf{C}_e\mathbf{P}_i\,\boldsymbol{\sigma}_{n+1} + \alpha_{g_i}\Delta\lambda_{i,n+1}\mathbf{C}_e\boldsymbol{\pi}\right]. \qquad (5.81)$$

Die Forderung, daß die Spannung $\boldsymbol{\sigma}_{n+1}$ lediglich eine Funktion der elastischen Prädiktorspannung und der Konsistenzparameter darstellt, kann durch die Vormultiplikation von (5.81) mit dem Projektionsvektor $\boldsymbol{\pi}$ zu

$$\boldsymbol{\pi}^\mathsf{T}\boldsymbol{\sigma}_{n+1} = \boldsymbol{\pi}^\mathsf{T}\boldsymbol{\sigma}_{n+1}^{\text{Trial}} - \sum_{i=1}^{2}\left[\Delta\lambda_{i,n+1}\frac{1}{2\phi_i}\boldsymbol{\pi}^\mathsf{T}\mathbf{C}_e\mathbf{P}_i\,\boldsymbol{\sigma}_{n+1} + \alpha_{g_i}\Delta\lambda_{i,n+1}\boldsymbol{\pi}^\mathsf{T}\mathbf{C}_e\boldsymbol{\pi}\right] \qquad (5.82)$$

erzielt werden [de Borst, 1993]. Durch die Vormultiplikation von (5.81) mit dem Projektionsvektor $\boldsymbol{\pi}$ können folgende Terme in (5.82) zu

$$\boldsymbol{\pi}^\mathsf{T}\mathbf{C}_e\mathbf{P}_1 = \mathbf{0}^\mathsf{T} \qquad \boldsymbol{\pi}^\mathsf{T}\mathbf{C}_e\mathbf{P}_2 = \frac{E}{(1-\nu)}\boldsymbol{\pi}^\mathsf{T} \qquad \boldsymbol{\pi}^\mathsf{T}\mathbf{C}_e\boldsymbol{\pi} = \frac{2E}{(1-\nu)} \qquad (5.83)$$

berechnet werden. Einsetzen von (5.83_1) und (5.83_2) in (5.82) führt zu

$$\boldsymbol{\pi}^\mathsf{T}\boldsymbol{\sigma}_{n+1} = \boldsymbol{\pi}^\mathsf{T}\boldsymbol{\sigma}_{n+1}^{\text{Trial}} - \frac{E}{(1-\nu)}\frac{\Delta\lambda_{2,n+1}}{2\phi_2}\boldsymbol{\pi}^\mathsf{T}\boldsymbol{\sigma}_{n+1} - \sum_{j=1}^{2}\alpha_{g_j}\Delta\lambda_{j,n+1}\boldsymbol{\pi}^\mathsf{T}\mathbf{C}_e\boldsymbol{\pi}. \qquad (5.84)$$

Umformulieren von (5.84), so daß $\boldsymbol{\pi}^\mathsf{T}\boldsymbol{\sigma}_{n+1}$ als eine Funktion von $\boldsymbol{\pi}^\mathsf{T}\boldsymbol{\sigma}_{n+1}^{\text{Trial}}$ und $\Delta\lambda_{i,n+1}$ freigestellt wird, ergibt

5. Elasto-plastisches Materialmodell für Beton

$$\boldsymbol{\pi}^\mathsf{T} \boldsymbol{\sigma}_{n+1} = \left[1 + \frac{E}{(1-\nu)} \frac{\Delta\lambda_{2,n+1}}{2\,\phi_2} \right]^{-1} E^{\mathrm{Trial},\lambda}, \qquad (5.85)$$

wobei die von ϕ_i bzw. der Spannung $\boldsymbol{\sigma}_{n+1}$ unabhängigen Terme in (5.84) mit

$$E^{\mathrm{Trial},\lambda} = \boldsymbol{\pi}^\mathsf{T} \boldsymbol{\sigma}_{n+1}^{\mathrm{Trial}} - \sum_{i=1}^{2} \alpha_{g_i} \Delta\lambda_{i,n+1} \boldsymbol{\pi}^\mathsf{T} \mathbf{C}_e \boldsymbol{\pi} \qquad (5.86)$$

zusammengefaßt werden. Einsetzen von (5.85) in die Fließbedingungen (5.80) und Auswerten für beide Fließfunktionen ergibt die Gleichungen

$$\phi_1 = \beta_{f_1}\bar{\sigma}_1 - \alpha_{f_1} \left[1 + \frac{E}{(1-\nu)} \frac{\Delta\lambda_{2,n+1}}{2\,\phi_2} \right]^{-1} E^{\mathrm{Trial},\lambda}$$

$$\phi_2 = \beta_{f_2}\bar{\sigma}_2 - \alpha_{f_2} \left[1 + \frac{E}{(1-\nu)} \frac{\Delta\lambda_{2,n+1}}{2\,\phi_2} \right]^{-1} E^{\mathrm{Trial},\lambda} \qquad (5.87)$$

mit den Unbekannten ϕ_1 und ϕ_2. Die zweite Gleichung aus (5.87) stellt hierbei lediglich eine Funktion von ϕ_2 dar. Sie entspricht einem Polynom 2. Grades und kann zu

$$\phi_2^2 + \left[\Delta\lambda_{2,n+1} \frac{E}{2(1-\nu)} + \alpha_{f_2} E^{\mathrm{Trial},\lambda} - \beta_{f_2}\bar{\sigma}_2 \right] \phi_2$$

$$+ \left[-\Delta\lambda_{2,n+1} \frac{E}{2(1-\nu)} \beta_{f_2}\bar{\sigma}_2 \right] = 0 \qquad (5.88)$$

umgeformt werden. Da lt. Vietaschem Wurzelsatz das Produkt der Wurzeln eines Polynoms n-ten Grades gleich dem mit $(-1)^n$ multiplizierten Absolutglied ist, kann für (5.88) eine Zusatzbedingung formuliert werden. Für zwei aktive Fließflächen mit $\Delta\lambda_{1,n+1} > 0$ und $\Delta\lambda_{2,n+1} > 0$ und weil die äquivalente Spannung $\bar{\sigma}_2$ durch die Wahl des zugehörigen Ver- und Entfestigungsgesetzes (exponentiell quadratischer Verlauf) stets größer Null ist, ist das Absolutglied in (5.88) immer eine negative Zahl.

Daraus resultiert die Feststellung, daß (5.88) je eine positive und eine negative Wurzel, sprich Lösung, besitzt. Da ϕ_2 lt. (5.80) stellvertretend für eine Quadratwurzel steht bzw. infolge geometrischer Interpretation der Fließfläche keinen negativen Zahlenwert annehmen kann, ist es notwendig, die negative Lösung von (5.88) als mathematisch und physikalisch nicht zutreffend anzusehen. Somit kann ϕ_2 als die positive Lösung aus (5.88) zu

$$\phi_2 = \Delta\lambda_{2,n+1} \frac{E}{2(1-\nu)} + \alpha_{f_2} E^{\text{Trial},\lambda} - \beta_{f_2}\bar{\sigma}_2 + \left[\left(\Delta\lambda_{2,n+1} \frac{E}{2(1-\nu)} + \right.\right.$$

$$\left.\left. + \alpha_{f_2} E^{\text{Trial},\lambda} - \beta_{f_2}\bar{\sigma}_2 \right)^2 - \Delta\lambda_{2,n+1} \frac{E}{2(1-\nu)} \beta_{f_2}\bar{\sigma}_2 \right]^{\frac{1}{2}} \quad (5.89)$$

ermittelt werden. ϕ_1 wird in der Folge durch Einsetzen von (5.89) in (5.87) bestimmt. Somit stellen sowohl ϕ_1 als auch ϕ_2 lediglich Funktionen der elastischen Prädiktorspannung und der Konsistenzparameter dar.

Falls nur eine der beiden Fließflächen aktiv ist, wird wie folgt vorgegangen. Für $\Delta\lambda_{2,n+1} = 0$ kann ϕ_1 direkt aus (5.80) unter Berücksichtigung von (5.86) mit

$$\phi_1 = \beta_{f_1}\bar{\sigma}_1 - \alpha_{f_1} E^{\text{Trial},\lambda} \quad (5.90)$$

ermittelt werden. Für $\Delta\lambda_{1,n+1} = 0$ führt die Bestimmung von ϕ_2 über (5.89), wobei die Berechnung von ϕ_1 in der Folge entfällt.

Die Aktualisierung der Spannungen $\boldsymbol{\sigma}_{n+1}$ erfolgt durch die Umformulierung von (5.81) unter Berücksichtigung der jeweils aktiven Fließfläche i und der zugehörigen Variablen ϕ_i mit

$$\boldsymbol{\sigma}_{n+1} = \left[\mathbf{I} + \sum_{i=1}^{2} \Delta\lambda_{i,n+1} \frac{1}{2\phi_i} \mathbf{C}_e \mathbf{P}_i \right]^{-1}$$

$$\times \left[\boldsymbol{\sigma}_{n+1}^{\text{Trial}} - \sum_{j=1}^{2} \alpha_{g_j} \Delta\lambda_{j,n+1} \mathbf{C}_e \boldsymbol{\pi} \right]. \quad (5.91)$$

5.7.4 Eckausrundung für die Bruchfläche von Rankine

Wie zuvor gezeigt, ist es möglich, die Spannungen $\boldsymbol{\sigma}_{n+1}$ lediglich als eine Funktion der elastischen Prädiktorspannung und der Konsistenzparameter darzustellen. Jedoch bedarf (5.91) einer zusätzlichen Betrachtung. Ist zum Beispiel die Fließfläche $f_{1,n+1}$ aktiv, aber die zugehörige Variable $\phi_1 = 0$, so kommt es in (5.91) zu einer Division durch Null. Dies gilt natürlich auch für die zweite Fließfläche. Für die Bruchfläche von Rankine führt dies lt. (5.80) zu

$$\phi_1 = \sqrt{\tfrac{1}{2}\boldsymbol{\sigma}_{n+1}^\mathsf{T}\mathbf{P}_1\boldsymbol{\sigma}_{n+1}} = 0. \qquad (5.92)$$

Dies trifft für alle durch $\sigma_1 = \sigma_2$ festgelegten Spannungspunkte zu. Für die Fließhypothese von Drucker Prager führt (5.80) zu

$$\phi_2 = \sqrt{\tfrac{1}{2}\boldsymbol{\sigma}_{n+1}^\mathsf{T}\mathbf{P}_2\boldsymbol{\sigma}_{n+1}} = 0, \qquad (5.93)$$

wobei (5.93) nur dann erfüllt wird, wenn der zugehörige Spannungspunkt im Ursprung des zweidimensionalen Hauptspannungsraumes liegt. Da die äquivalente Spannung durch die Wahl des zugehörigen Ver- und Entfestigungsgesetzes stets größer Null ist, kann dieser Sonderfall nicht eintreten. Deshalb wird im folgenden nur mehr der Fall $\phi_1 = 0$ betrachtet.

Zwar stellt die Bruchfläche von Rankine ein geeignetes Kriterium zur Beschreibung des Zugversagens des Betons dar, jedoch ist sie als Funktion nicht stetig differenzierbar. Im Eckbereich der Fließfunktion, sprich für $\sigma_1 = \sigma_2$, sind die Ableitungen $\partial f_{1,n+1}/\partial \boldsymbol{\sigma}_{n+1}$ und $\partial^2 f_{1,n+1}/\partial \boldsymbol{\sigma}_{n+1}^2$, die zur Aktualisierung der Spannungen bzw. zur Ermittlung der konsistenten elasto-plastischen Steifigkeitsmatrix benötigt werden, nicht eindeutig definiert. Dies resultiert wiederum aus der Tatsache, daß für $\sigma_1 = \sigma_2$ die Variable ϕ_1 zu Null wird.

Der Bereich, für den die elastische Prädiktorspannung in den Eckpunkt projiziert wird, kann mit Hilfe der Hauptnormalspannungen festgelegt werden. Ist sowohl die erste als auch die zweite Hauptnormalspannung für den betrachteten Prädiktorzustand größer als die äquivalente Spannung, so erfolgt die Abbildung in die Ecke der Fließfunktion.

Eine Möglichkeit, um $\partial f_{1,n+1}/\partial \boldsymbol{\sigma}_{n+1}$ und $\partial^2 f_{1,n+1}/\partial \boldsymbol{\sigma}_{n+1}^2$ eindeutig bestimmen zu können, stellt die Modifizierung der Bruchfläche von Rankine durch einen Ausrundungskreis im Eckbereich dar. Hierbei kann zum Beispiel ein konstanter Term der Fließfunktion hinzugefügt werden [Pravida, 1999].

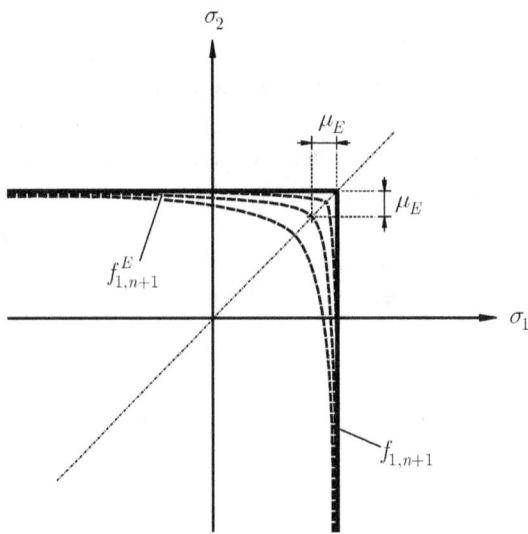

Abb.5.13: Ausrundung der Bruchfläche von Rankine

In dieser Arbeit wird hierfür der Ausrundungsfaktor μ_E, der als absolute Größe definiert wird, verwendet. Die modifizierte Bruchfläche von Rankine kann somit mit

$$f_1^E = \left[\tfrac{1}{2} \boldsymbol{\sigma}_{n+1}^\mathsf{T} \mathbf{P}_1 \boldsymbol{\sigma}_{n+1} + \mu_E^2 \right]^{1/2} + \alpha_{f_1} \boldsymbol{\pi}^\mathsf{T} \boldsymbol{\sigma}_{n+1} - \beta_{f_1} \bar{\sigma}_1 \qquad (5.94)$$

angegeben werden, wobei die Ausrundung von der jeweiligen Größenordnung des Ausrundungsfaktors μ_E abhängt. In Abb.5.13 sind drei verschiedene Ausrundungsradien für die Bruchfläche von Rankine dargestellt. Wird der Ausrundungsfaktor μ_E mit einer beliebig kleinen Zahl festgelegt, so betrifft die Ausrundung lediglich die nächste Umgebung der Ecke und verändert somit die Form der Bruchfläche von Rankine nur geringfügig. Für $\mu_E = 0$ verschwindet der Ausrundungseffekt.

Zur Verifizierung des gewählten Ansatzes wird der Sonderfall der biaxialen Zugbeanspruchung überprüft. Hierbei zeigt sich, daß im Zuge der vollständigen Entfestigung des Materials, die für ein lineares Entfestigungsgesetz mit $\bar{\sigma}_1 = 0$ gegeben ist, der zugehörige Spannungspunkt, um die Fließbedingung (5.94) zu erfüllen, zu $\boldsymbol{\sigma}_{n+1}^\mathsf{T} = \{\,-\mu_E, -\mu_E, 0\,\}$ berechnet wird.

5. Elasto-plastisches Materialmodell für Beton

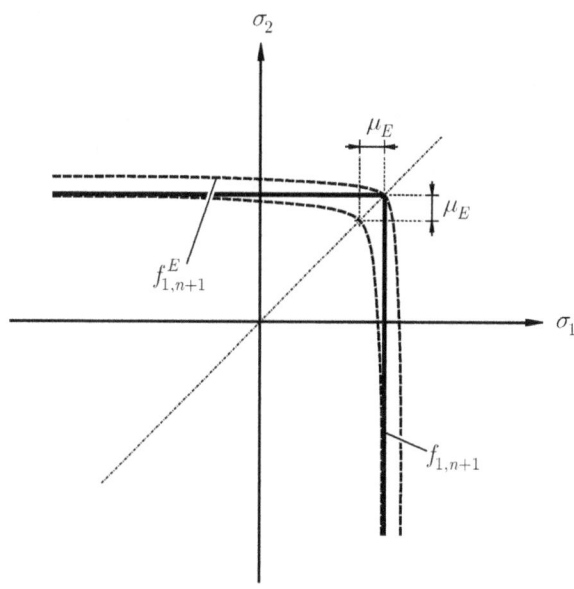

Abb.5.14: Ausrundung der Bruchfläche von Rankine mit zusätzlicher Translation

Dieser Spannungspunkt entspricht einer Druckspannung, die aus physikalischer Sicht in einem geöffneten Riß nicht möglich ist.

Um dies zu verhindern, wird die Ausrundungsfunktion um den Betrag μ_E verschoben. In Abb.5.14 ist die modifizierte Form der Eckausrundung dargestellt, die mit

$$f_1^E = \left[\tfrac{1}{2} \boldsymbol{\sigma}_{n+1}^\top \mathbf{P}_1 \boldsymbol{\sigma}_{n+1} + \mu_E^2 \right]^{1/2} + \left(\alpha_{f_1} \boldsymbol{\pi}^\top \boldsymbol{\sigma}_{n+1} - \mu_E \right) - \beta_{f_1} \bar{\sigma}_1 \qquad (5.95)$$

angeschrieben werden kann. Für einen beliebig kleinen Ausrundungsfaktor betrifft die Ausrundung wiederum nur den Eckbereich des Bruchkriteriums von Rankine. Bei einer völligen Entfestigung des Materials mit $\bar{\sigma}_1 = 0$ werden im Zuge biaxialer Zugbeanspruchung alle Komponenten des Spannungsvektors $\boldsymbol{\sigma}$ zu Null.

Kapitel 6

Verifizierung des Materialmodells

6.1 Allgemeines

Zur Verifizierung des elasto-plastischen Werkstoffgesetzes werden numerische Untersuchungen an Hand von aus der Literatur bekannten Beispielen für unbewehrten und bewehrten Beton durchgeführt. Hierbei dienen die Biaxialversuche von [Kupfer et al., 1969], der Spaltzugversuch, der Biegezugversuch und der vierpunktgestützte Balken mit Kerbe [Schlangen, 1993] zur Überprüfung des Materialmodells für unbewehrten Beton. Als Beispiele für den bewehrten Beton werden die einaxialen Zugversuche von [Hartl, 1977], die biaxialen Versuche von [Vecchio und Collins, 1982] und [Bhide und Collins, 1987] und die experimentellen Untersuchungen an Stahlbetonträgern von [Bresler und Scordelis, 1963] verwendet.

6.2 Biaxialversuche von Kupfer

Als Grundlage für die Festlegung der zusammengesetzten Fließfunktion für das elasto-plastische Werkstoffmodell diente die Bruchumhüllende des Betons für biaxiale Spannungszustände lt. [Kupfer et al., 1969]. Diese wurde im Zuge experimenteller Untersuchungen an Betonscheiben mit den Abmessungen 200/200/50 mm ermittelt. Die Prüfkörper wurden mit unterschiedlichen Hauptspannungskombinationen σ_1/σ_2 belastet. Die Versuchsergebnisse von [Kupfer et al., 1969] beinhalten neben der Bruchumhüllenden des Betons für biaxiale Spannungszustände die zu den einzelnen Hauptspannungskombinationen zugehörigen Spannungs-Dehnungsbeziehungen. Weiters werden die Spannungs-Volumendehnungsbeziehungen unter einaxialer und biaxialer Druckbelastung angegeben. Im folgenden wird das elasto-plastische Werkstoffmodell an diesen Versuchsergebnissen getestet.

Für die numerischen Untersuchungen wurden die Betonscheiben mit einem einzigen finiten Element diskretisiert. Da während der Versuche die Richtungen und die Beträge der Hauptspannungen unverändert blieben, lag für alle Versuche ein homogener Spannungszustand vor. Die numerische Simulation erfolgte kraftgesteuert, wobei sich die aufzubringende Belastung nach dem vorgegebenen Hauptnormalspannungsverhältnis richtete. Die einaxialen Werkstoffkennwerte wurden in Anlehnung an [Pravida, 1999] an Hand einer Versuchsreihe von [Kupfer et al., 1969] festgelegt. Die Geometrie und die verwendeten Materialparameter sind in Abb.6.1 angeführt.

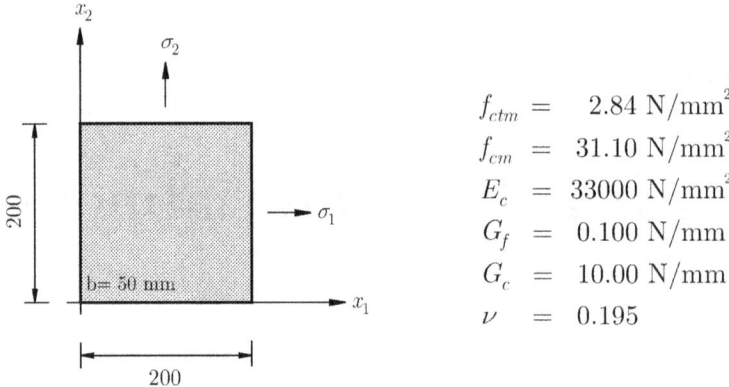

Abb.6.1: Biaxialversuche von Kupfer: Geometrie und Materialparameter

Die Auswertung der numerischen Ergebnisse erfolgt in Form von Spannungs-Dehnungsdiagrammen. Die numerisch bestimmten Zug- und Druckspannungen werden durch die einaxiale Druckfestigkeit normiert und als Funktion der zugehörigen Dehnungen aufgetragen. Hierbei werden die experimentellen Ergebnisse in Form von Symbolen, die numerischen Ergebnisse durch Linienzüge angegeben. Die Ergebnisse werden in die Spannungs-Dehnungsdiagramme für den Zug-Zug Bereich, für den Druck-Druck Bereich und den Zug-Druck Bereich gegliedert. Abschließend werden die Spannungs-Volumendehnungsbeziehungen für den Druck-Druck Bereich angegeben. Hierzu ist es erforderlich, die Verzerrung normal zur Scheibenebene zu ermitteln. Diese wurde zur Vervollständigung der Berechnungsergebnisse auch in die Spannungs-Dehnungsdiagramme eingetragen.

Die Spannungs-Dehnungsbeziehungen für den Zug-Zug Bereich werden in Abb.6.2 angeführt. Der Vergleich mit den experimentell ermittelten Kurven zeigt, daß für das einaxiale und biaxiale Zugverhalten die Bruchhypothese von Rankine gute Ergebnisse liefert. Die maximal aufnehmbare Zugspannung entspricht für alle drei untersuchten Hauptspannungskombinationen der einaxialen Zugfestigkeit. Bei Erreichen der Zugfestigkeit kommt es in Richtung normal zum Riß zur Entfestigung, die in den experimentellen Untersuchungen nicht erfaßt wurde. In jenen Richtungen, die nicht von der Rißbildung beeinflußt werden, tritt Entlastung auf.

In Abb.6.3 sind die Spannungs-Dehnungsbeziehungen für den Druck-Druck Bereich dargestellt, für die ebenfalls eine gute Übereinstimmung mit den experimentell bestimmten Kurven festgestellt werden kann. Die Versuchsergebnisse lt. [Kupfer et al., 1969] zeigen, daß für biaxiale Druckbeanspruchung die Druckfestigkeit deutlich größer als die einaxiale Druckfestigkeit ist. Für ein Hauptspannungsverhältnis von $\sigma_1/\sigma_2 = -1\,/-1$ vergrößert sich die Druckfestigkeit um

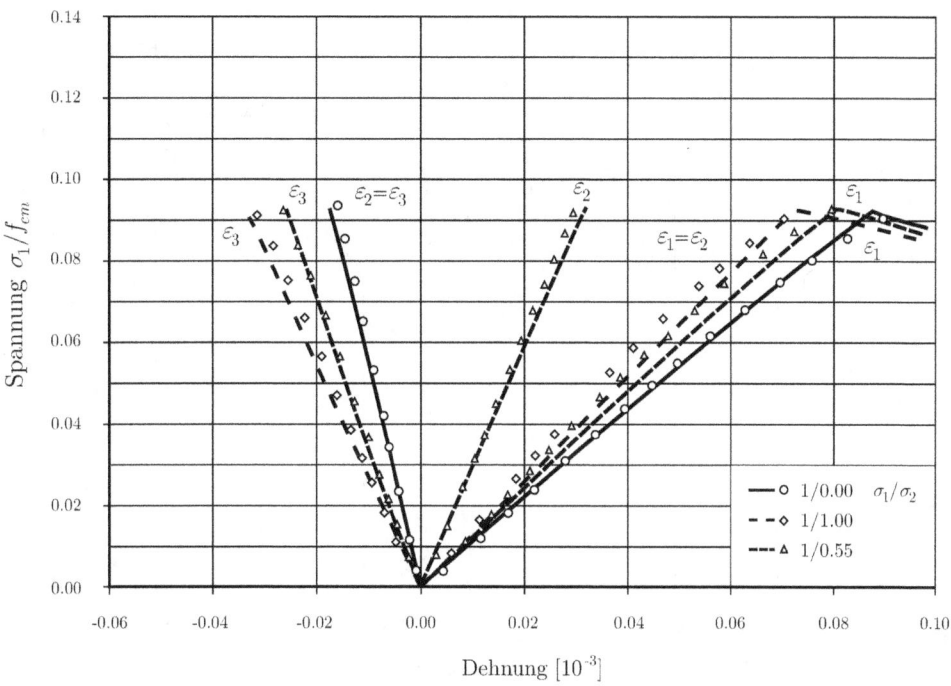

Abb.6.2: Biaxialversuche von Kupfer: Spannungs-Dehnungsbeziehungen für den Zug-Zug Bereich

etwa 16% gegenüber der einaxialen Druckfestigkeit. Dies kann gemäß Abb.6.3 mit dem verwendeten elasto-plastischen Werkstoffmodell erfaßt werden. Für ein Hauptspannungsverhältnis von $\sigma_1/\sigma_2 = -1/-0.5$ wird die Erhöhung der maximalen Druckfestigkeit lt. [Kupfer et al., 1969] mit etwa 25% angegeben. Im Zuge der numerischen Berechnungen ergibt sich eine etwas höhere Druckspannung, jedoch beträgt die Abweichung lediglich 5%. An dieser Stelle sei erwähnt, daß für die numerischen Berechnungen assoziiertes Fließen angenommen wurde.

Für den Zug-Druck Bereich nimmt die maximal aufnehmbare Druckspannung mit zunehmender Zugspannung fortlaufend ab. Ausgehend von der einaxialen Druckfestigkeit kann für die Hauptspannungsverhältnisse $\sigma_1/\sigma_2 = +0.052/-1$ und $\sigma_1/\sigma_2 = +0.103/-1$ eine Reduktion der aufnehmbaren Druckspannungen festgestellt werden. Dies kann mit Hilfe der Bruchhypothese von Rankine nur teilweise beschrieben werden, da bei dieser Hypothese die maximal aufnehmbare Zugspannung für den Zug-Druck Bereich eine konstante Größe darstellt. Daraus resultieren wiederum zu große aufnehmbare Druckspannungen. Das elasto-plastische Werkstoffmodell überschätzt somit das Tragverhalten infolge Zug-Druckbeanspruchung. Daher wird zur Nachrechnung der Versuche von [Kupfer et al., 1969] für den Zug-Druck Bereich eine Kopplung der Ver- und Entfestigungsparameter für den Zug-Druck Bereich berücksichtigt. Unter

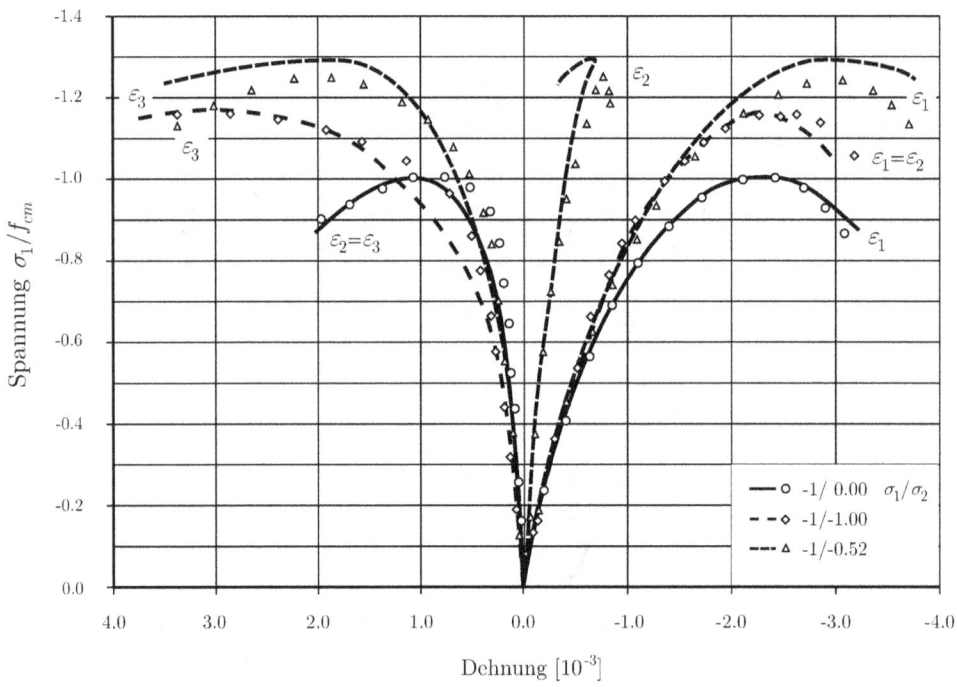

Abb.6.3: Biaxialversuche von Kupfer: Spannungs-Dehnungsbeziehungen für den Druck-Druck Bereich

der Annahme, daß infolge der Schädigung des Materials durch Druckbeanspruchung die aktuelle Zugspannung in Querrichtung kontinuierlich reduziert wird, ist es möglich, das Tragverhalten für den Zug-Druck Bereich mit Hilfe der Bruchhypothese von Rankine wiederzugeben. Die Spannungs-Dehnungskurven für den Zug-Druck Bereich sind in Abb.6.4 dargestellt. Hierbei werden neben der graphischen Versuchsauswertung lt. [Kupfer et al., 1969] zusätzlich die Zugspannungen, die wiederum mit der einaxialen Druckfestigkeit normiert werden, angeführt. Mit zunehmender Schädigung des Betons infolge Druckbeanspruchung sinkt die zugehörige maximal aufnehmbare Zugspannung. Bei Überschreiten der maximal aufnehmbaren Zugspannung infolge der gegebenen Zugbeanspruchung reißt der Beton. Durch die Rißbildung kommt es zur Entfestigung des Materials und somit zu einer Reduktion der aufnehmbaren Belastung. In Richtung der Zugbeanspruchung nimmt die Dehnung infolge Rißbildung zu, in Richtung der Druckbeanspruchung kommt es zur Entlastung. Für die untersuchten Hauptspannungskombinationen kann gemäß Abb.6.4 festgestellt werden, daß die numerisch ermittelten Spannungs-Dehnungskurven die Versuchsergebnisse gut beschreiben. Jedoch muß an dieser Stelle erwähnt werden, daß die elasto-plastische Steifigkeitsmatrix durch die Kopplung der Ver- und Entfestigungsparameter eine unsymmetrische Form aufweist. Daher wird für die weiteren numerischen Berechnungen im Rahmen dieser Arbeit auf eine Kopplung der Ver- und Entfestigungsparameter verzichtet.

6. Verifizierung des Materialmodells

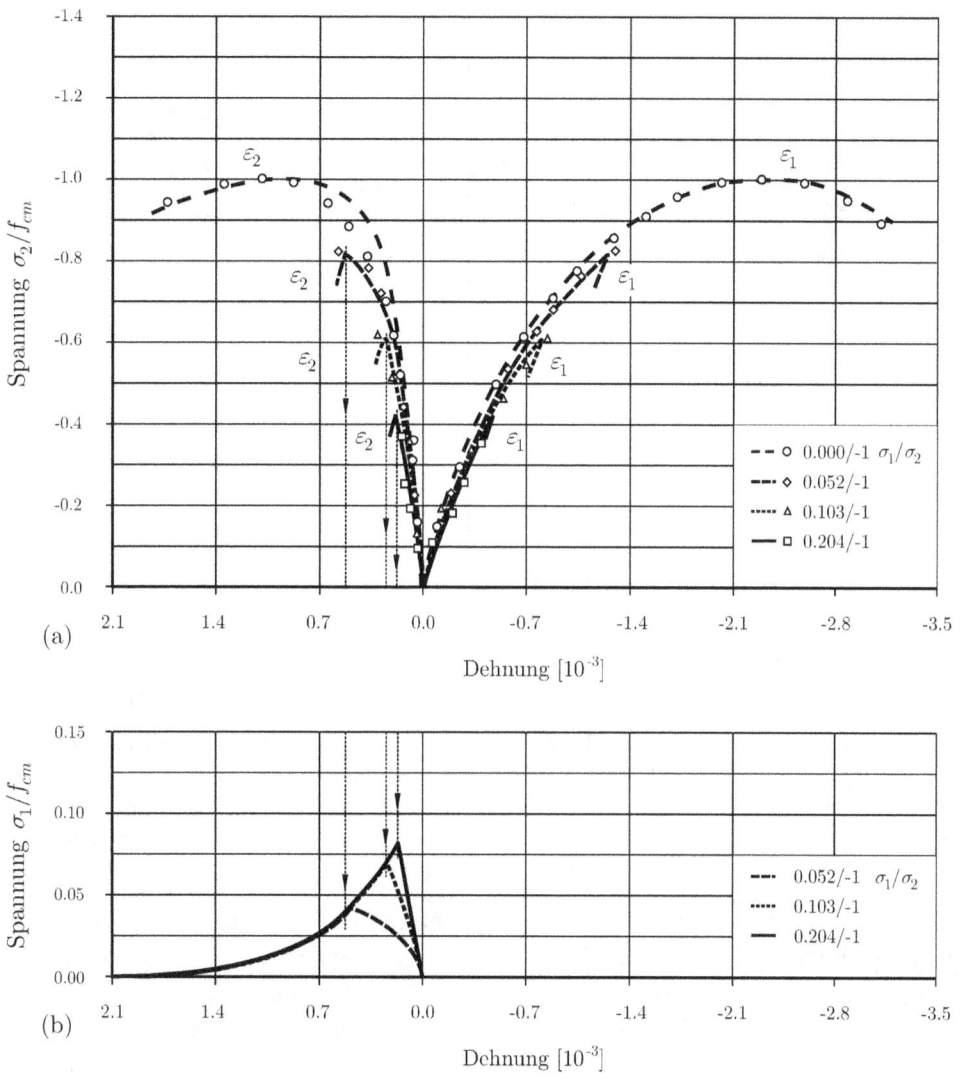

Abb.6.4: Biaxialversuche von Kupfer: Spannungs-Dehnungsbeziehungen für den Zug-Druck Bereich in Form der (a) Druckspannungen und (b) der Zugspannungen

Wie zuvor beschrieben, wurden die Spannungs-Dehnungsdiagramme für den Druck-Druck Bereich unter der Annahme assoziierten Fließens ermittelt. Hierbei kann erwähnt werden, daß zur Beschreibung des Materialverhaltens des Betons für biaxiale Spannungszustände eine assoziierte Fließregel ausreicht [Pravida, 1999]. Die Auswirkungen von nicht assoziiertem Fließen zeigen sich in der Größenordnung des plastischen Anteils der volumetrischen Verzerrungen. Im folgenden werden Spannungs-Volumendehnungsbeziehungen [Kupfer et al., 1969] verwendet, um

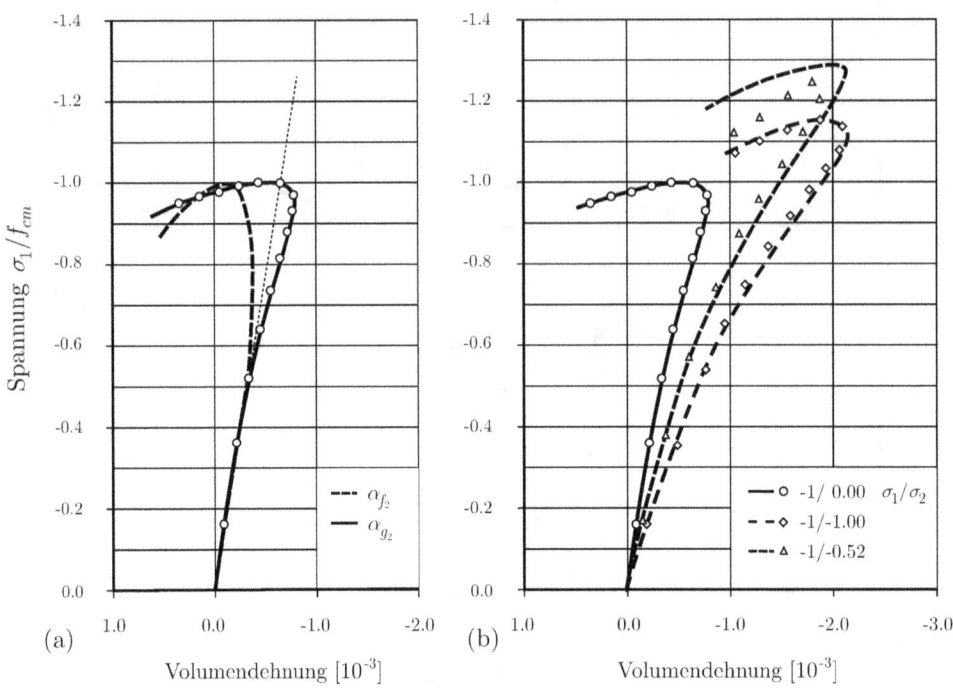

Abb.6.5: Biaxialversuche von Kupfer: Spannungs-Volumendehnungsbeziehungen für den Druck-Druck Bereich: (a) für die einaxiale Druckbeanspruchung, (b) für die Hauptspannungskombinationen lt. [Kupfer et al., 1969]

den Einfluß einer nicht assoziierten Fließregel zu untersuchen. Im Zuge der Versuche konnte festgestellt werden, daß für einaxiale und biaxiale Druckbeanspruchung, ausgehend von der Elastizitätsgrenze das Volumen kontinuierlich abnimmt, bis schließlich nahe des Bruchzustandes eine Volumenzunahme eintritt. In Abb.6.5(a) sind die Spannungs-Volumendehnungsdiagramme für assoziiertes und nicht assoziiertes Fließen dargestellt. Hierbei wird der Verlauf der Kurve für assoziiertes Fließen durch den Parameter α_{f_2} und für nicht assoziiertes Fließen durch α_{g_2} vorgegeben. Zur Nachrechnung der Versuchsergebnisse wird der Dilatanzfaktor α_{g_2} als eine Funktion der internen Variable κ_2 definiert [Han und Chen, 1987]. Abb.6.5(a) zeigt, daß mit Hilfe einer nicht assoziierten Fließregel im speziellen die Volumensabnahme bis zum Erreichen des minimalen Volumens gut wiedergegeben werden kann. Die dünne strichlierte Linie in Abb.6.5(a) entspricht dem elastischen Anteil der volumetrischen Verzerrungen. Die anschließende Volumenzunahme kann mit beiden Fließregeln beschrieben werden. In Abb.6.5(b) sind die Spannungs-Volumendehnungsdiagramme für die drei Hauptspannungskombinationen bei Berücksichtigung einer nicht assoziierten Fließregel dargestellt. Diese stimmen mit den experimentell ermittelten Kurven lt. [Kupfer et al., 1969] gut überein. An dieser Stelle sei erwähnt, daß eine nicht assoziierte Fließregel zu einer unsymmetrischen elasto-plastischen Steifigkeitsmatrix führt. Um die

Stabilität der numerischen Berechnungen zu gewährleisten, wird für diese Arbeit assoziiertes Fließen angenommen.

6.3 Spaltzugversuch

Eine einfache Methode zur Bestimmung der zentrischen Zugfestigkeit des Betons stellt in der Praxis der Spaltzugversuch dar. Hierfür können zum Beispiel Betonzylinder mit einem Durchmesser von 150 mm und einer Höhe von 300 m verwendet werden, die quer zur Längsrichtung durch eine Druckkraft belastet werden. Dies führt quer zur Belastungsrichtung zu einer Spannungsverteilung, die durch eine sehr hohe Druckspannung im Bereich der Lasteinleitung und eine konstante Zugspannung über einen großen Bereich der Querschnittshöhe charakterisiert ist (Abb.6.6). Unter der Annahme, daß sich der Beton bis zum Bruch elastisch verhält, kann mit Hilfe der Elastizitätstheorie die Spaltzugfestigkeit $f_{ct,sp}$ in Abhängigkeit von der maximal aufgebrachten Druckkraft F_u mit

$$f_{ct,sp} = \frac{2\,F_u}{\pi\,d\,l} \qquad (6.1)$$

berechnet werden. In (6.1) steht d für den Durchmesser und l für die Länge des Betonzylinders. Durch geeignete Umrechnungsfaktoren kann die zentrische Zugfestigkeit mit Hilfe der Spaltzugfestigkeit abgeschätzt werden. Die zentrische Zugfestigkeit wird lt. [CEB-FIP, 1991] mit $f_{ctm} = 0.90\,f_{ct,sp}$ angegeben. Im folgenden wird nun das elasto-plastische Werkstoffmodell an Hand der numerischen Simulation des Spaltzugversuches verifiziert.

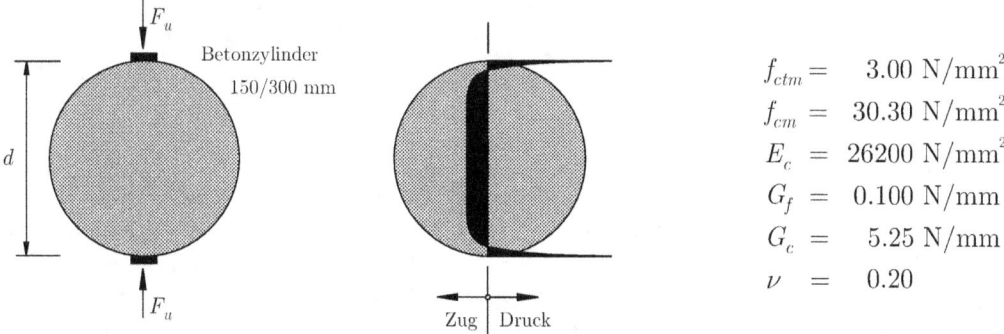

Abb.6.6: Spaltzugversuch: Geometrie, Spannungsverteilung quer zur Belastungsrichtung und Materialparameter

Die Materialkennwerte werden in Anlehnung an [Lackner, 1999] festgelegt und sind in Abb.6.6 aufgelistet. Für die gegebene Geometrie und für das Verhältnis zwischen zentrischer Zugfestigkeit

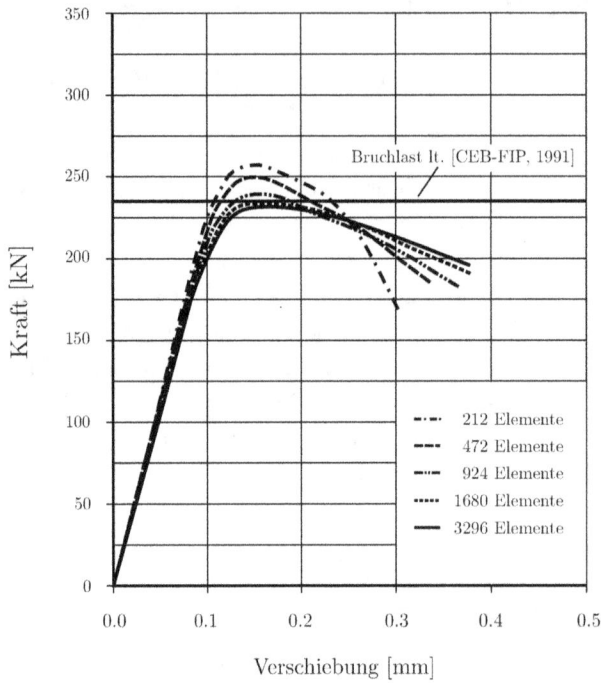

Abb.6.7: Spaltzugversuch: Last-Verschiebungskurven

und Spaltzugfestigkeit lt. [CEB-FIP, 1991] kann die maximal aufnehmbare Kraft aus (6.1) mit

$$F_u = \frac{f_{ctm}}{0.9} \frac{\pi\, d\, l}{2} = 235\,\text{kN} \tag{6.2}$$

vorab ermittelt werden. Die Bruchlast ist in Abb.6.7 als horizontale Linie eingezeichnet. Für die numerische Simulation des Spaltzugversuches wurden fünf verschiedene finite Elemente Netze generiert. Hierbei werden vierknotige Elemente mit vier Integrationspunkten je Element verwendet. Zur gleichmäßigen Lasteinleitung werden lt. [ÖN B 3303, 1981] zwei harte Faserplatten mit einer Breite von 10 mm und einer Höhe von 5 mm vorgeschlagen. Infolgedessen wurde auch die Lasteinleitung in einer Breite von 10 mm modelliert. Die numerische Simulation wurde weggesteuert durchgeführt. Die berechneten Last-Verschiebungskurven für die fünf verschiedenen Diskretisierungen sind in Abb.6.7 dargestellt. Hierbei wurde die aufgebrachte Druckkraft als Funktion der gegenseitigen vertikalen Verschiebung der Lasteinleitungsplatten aufgetragen. Die Last-Verschiebungskurven zeigen, daß für die Diskretisierung mit 212 Elementen eine zu steife Abbildung der Struktur vorliegt. Mit zunehmender Verfeinerung des Finite

6. Verifizierung des Materialmodells

Elemente Netzes nähert sich die numerisch ermittelte maximal aufnehmbare Last der Bruchlast lt. [CEB-FIP, 1991] an. Der Vergleich zwischen den einzelnen Last-Verschiebungskurven zeigt weiters, daß die Objektivität der aus der numerischen Berechnung erhaltenen Bruchlast bezüglich der gewählten Netzfeinheit gegeben ist. Drei der verwendeten Diskretisierungen sind in Abb.6.8 dargestellt.

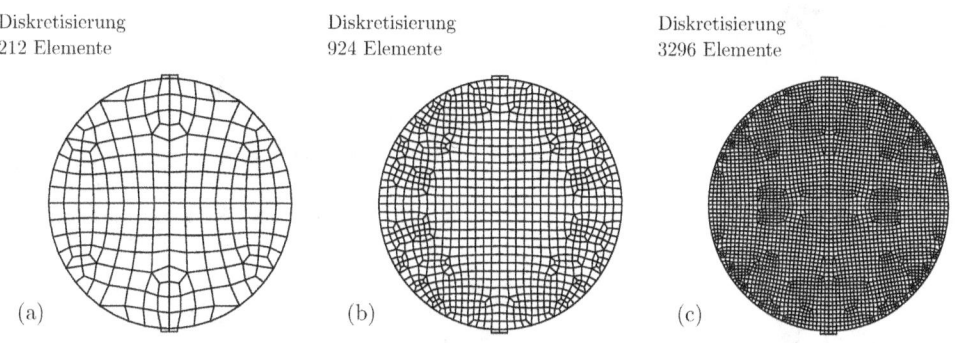

Abb.6.8: Spaltzugversuch: Diskretisierung der Prüfkörper (a) mit 212, (b) mit 924 und (c) mit 3296 Elementen

Vor Erreichen der Bruchlast wird das Last-Verschiebungsverhalten durch plastische Deformationen im Bereich der Lasteinleitung, die infolge der hohen Druckspannungen hervorgerufen werden, bestimmt. Dies kann an Hand der Entwicklung der internen Variablen κ_2 gezeigt werden. In Abb.6.9(d)-(f) ist die berechnete Materialschädigung infolge Druckbeanspruchung für die Diskretisierungen mit 212, 924 und 3296 Elementen dargestellt. Bevor aber der Beton im Lasteinleitungsbereich infolge der hohen Druckspannungen versagt, wird quer zur Lasteinleitungsrichtung entlang der vertikalen Symmetrieachse die Zugfestigkeit erreicht. Nach Erreichen der Zugfestigkeit setzt die Materialentfestigung ein und führt zum Absinken der Last.

Im Zuge experimenteller Untersuchungen geht das Erreichen der Zugfestigkeit mit dem Aufspalten des Betonzylinders entlang der vertikalen Symmetrieachse einher. Dies kann in der numerischen Simulation an Hand der internen Variablen κ_1 beschrieben werden. In Abb.6.9(a)-(c) ist die Materialschädigung infolge Zugbeanspruchung für die Diskretisierungen mit 212, 924 und 3296 Elementen dargestellt. Mit zunehmender Netzverfeinerung kommt es zur Lokalisierung der Materialschädigung entlang der vertikalen Symmetrieachse, was dem Aufspalten des Betonzylinders gleichkommt. Zusätzlich treten auch an der Oberfläche des Betonzylinders im Lasteinleitungsbereich hohe Zugspannungen auf, die zu einer Schädigung des Betons in unmittelbarer Nähe der Lasteinleitung führen. Die Auswertung der berechneten Materialschädigung infolge Zug- und Druckbeanspruchung erfolgte für alle drei Diskretisierungen bei einer gegenseitigen vertikalen Verschiebung von 0.20 mm.

Schädigung infolge Zug ($\kappa_1>0$)
212 Elemente

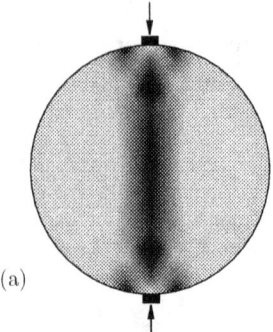

(a)

Schädigung infolge Druck ($\kappa_2>0$)
212 Elemente

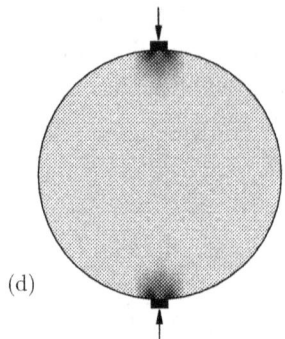

(d)

Schädigung infolge Zug ($\kappa_1>0$)
924 Elemente

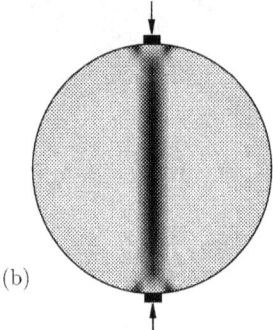

(b)

Schädigung infolge Druck ($\kappa_2>0$)
924 Elemente

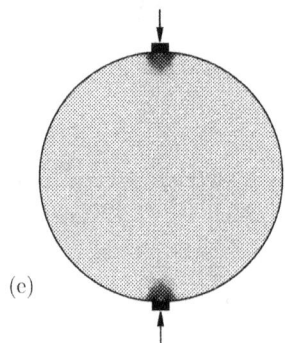

(e)

Schädigung infolge Zug ($\kappa_1>0$)
3296 Elemente

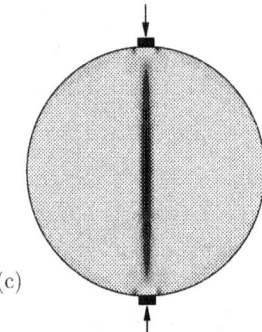

(c)

Schädigung infolge Druck ($\kappa_2>0$)
3296 Elemente

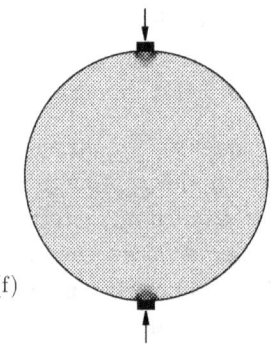

(f)

Abb.6.9: Spaltzugversuch: Berechnete Materialschädigung (a)-(c) infolge Zugbeanspruchung und (d)-(f) infolge Druckbeanspruchung für drei verschiedene Netze

6.4 Biegezugversuch

Die zentrische Zugfestigkeit kann auch mit Hilfe des Biegezugversuches und der daraus ermittelten Biegezugfestigkeit bestimmt werden. Hierfür sind lt. [ÖN B 3303, 1981] quadratische Betonprismen mit einem Verhältnis von Länge zu Breite bzw. Höhe von $h/d = 4$ zu verwenden. Die Last- und Auflagerrollen sollen um ihre Längsachse drehbar gelagert sein. Die Biegezugfestigkeit ist durch eine Drittelpunktsbelastung gemäß Abb.6.10 zu ermitteln. Unter der Annahme, daß sich der Beton bis zum Bruch linear elastisch verhält, kann mit Hilfe der Elastizitätstheorie die Biegezugfestigkeit $f_{ct,fl}$ mit

$$f_{ct,fl} = \frac{F_u l}{d^3} \qquad (6.3)$$

berechnet werden. Hierbei entspricht F_u der Höchstlast, l der Stützweite der Probe und d der Breite bzw. Höhe des Betonprismas. Die Stützweite l wird mit $3d$ festgelegt. Die zentrische Zugfestigkeit kann in der Folge lt. [CEB-FIP, 1991] mit

$$f_{ctm} = f_{ct,fl} \, \frac{\alpha_{fl} \, (h_b/h_o)^{0.7}}{1 + \alpha_{fl} \, (h_b/h_o)^{0.7}} \qquad (6.4)$$

abgeschätzt werden. Hierbei entspricht h_b der Höhe des Balkens und h_o einer Vergleichshöhe von 100 mm. Der Faktor α_{fl} hängt vom Entfestigungsverhalten des Betons ab und nimmt mit zunehmender Materialsprödigkeit ab.

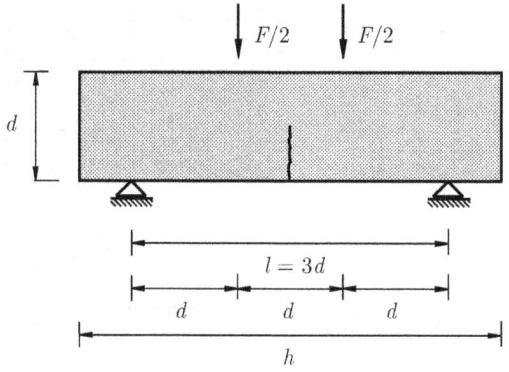

f_{ctm} =	3.00 N/mm^2
f_{cm} =	38.00 N/mm^2
E_c =	30000 N/mm^2
G_f =	0.075 N/mm
G_c =	10.00 N/mm
ν =	0.18

Abb.6.10: Biegezugversuch: Geometrie und Materialparameter

Lt. [FIP, 1999] können für α_{fl} Werte zwischen 1.0 und 2.0 angenommen werden, im [CEB-FIP, 1991] wird α_{fl} mit 1.50 angegeben. In Abb.6.12(a) ist der Quotient aus Biegezugfestigkeit $f_{ct,fl}$ und zentrischer Zugfestigkeit f_{ctm} als Funktion der Prismenhöhe lt. [FIP, 1999] aufgetragen. Mit zunehmender Balkenhöhe nähert sich hierbei die Biegezugfestigkeit der zentrischen Zugfestigkeit an. Weiters hängt das Verhältnis zwischen zentrischer Zugfestigkeit und Biegezugfestigkeit vom gewählten Faktor α_{fl} ab.

Die Abhängigkeit der Biegezugfestigkeit von der Bauteilhöhe kann als einer der bekanntesten Maßstabseffekte bezeichnet werden. Falls sich geometrisch ähnliche Bauteile für unterschiedliche Größen nicht ähnlich verhalten, so liegt ein Maßstabseffekt vor. Solche Effekte treten beim Beton praktisch überall - mehr oder weniger ausgeprägt - auf. Maßstabseffekte sind bei Zug- oder Schubbeanspruchung signifikanter als bei Druckbeanspruchung.

In diesem Abschnitt wird die Abhängigkeit der Biegezugfestigkeit von der Balkenhöhe an Hand eines Vierpunktbiegezugversuches in Anlehnung an [Duda, 1991] numerisch untersucht. Hierbei wurde der in Abb.6.10 dargestellte Balken mit jeweils drei konsistent verfeinerten Netzen diskretisiert. Auf Grund der gegebenen Symmetriebedingungen wurden die numerischen Berechnungen am halben System vorgenommen. Für die Modellierung wurden vierknotige Elemente mit vier Integrationspunkten je Element verwendet, wobei die einzelnen Diskretisierungen aus 32, 128 und 512 Elementen bestehen. Die numerische Simulation wurde kraftgesteuert durchgeführt. Der Riß wurde entlang der Symmetrieachse durch eine geringfügige Querschnittsschwächung vorgegeben. Die drei verwendeten Diskretisierungen sind in Abb.6.11 dargestellt. Im folgenden wird die Balkenhöhe zwischen 20 mm und 1000 mm variiert. Die anderen Abmessungen werden proportional zur Bauteilhöhe verändert. Die verwendeten Materialparameter für den Beton sind in Abb.6.10 angeführt.

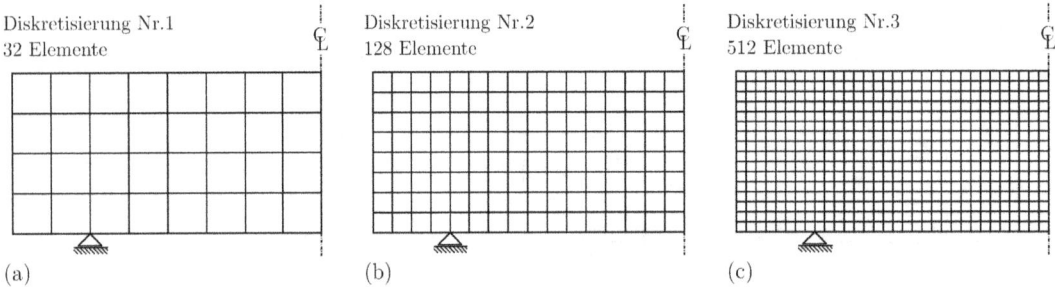

Abb.6.11: Spaltzugversuch: Diskretisierung der Betonprismen unter Berücksichtigung der Symmetriebedingungen (a) mit 32, (b) mit 128 und (c) mit 512 Elementen

Die Ergebnisse der numerischen Berechnungen werden in Abb.6.12(b) angeführt. Hierbei wird der Quotient aus Biegezugfestigkeit $f_{ct,fl}$ und zentrischer Zugfestigkeit f_{ctm} als Funktion der Bauteilhöhe aufgetragen. Die numerisch ermittelte Kurve stimmt qualitativ mit jenen lt. [FIP, 1999] überein. Die Biegezugfestigkeit nimmt mit abnehmender Bauteilhöhe kontinuierlich zu. Die Größenordnung des numerisch ermittelten Beiwerts α_{fl} lt. (6.4) liegt bei $\alpha_{fl} = 1.50$. Dies kann darauf zurückgeführt werden, daß die Materialparameter in Anlehnung an [CEB-FIP, 1991] gewählt wurden. Wird die zentrische Zugfestigkeit konstant belassen und die spezifische Bruchenergie für Zugversagen variiert, so stellen sich unterschiedliche Werte für die Biegezugfestigkeit ein. Untersuchungen bezüglich des Einflusses des Entfestigungsverhaltens, sprich des Verhältnisses zwischen der zentrischen Zugfestigkeit und der spezifischen Bruchenergie für Zugversagen, auf die Biegezugfestigkeit wurden von [Duda, 1991] durchgeführt.

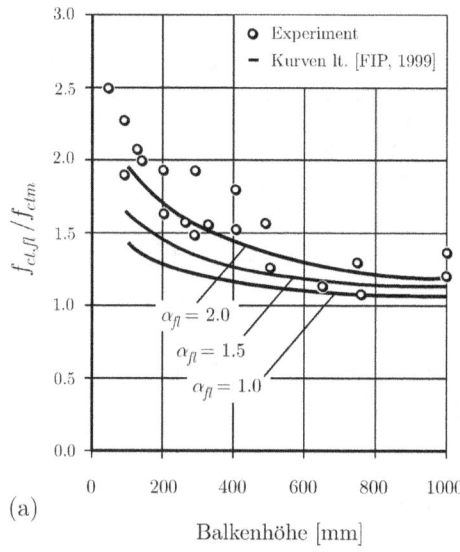 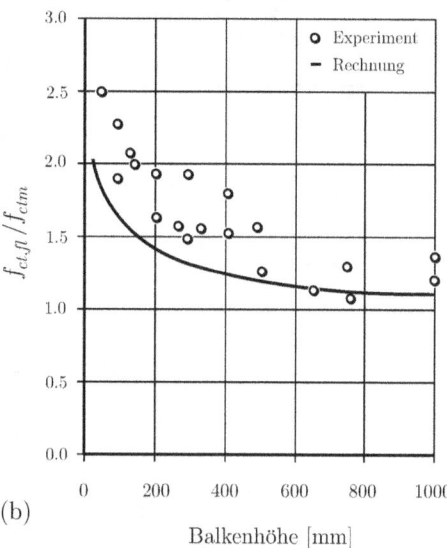

Abb.6.12: Biegezugversuch: Einfluß der Balkenhöhe auf die Biegezugfestigkeit des Betons (a) lt. [FIP, 1999] und (b) infolge numerischer Berechnung

6.5 Vierpunktgestützter Balken mit Kerbe

Ausgehend von den Versuchen von [Arrea und Ingraffea, 1982] und [Schlangen, 1993] bildet der vierpunktgestützte Balken mit Kerbe (Single Edge Notched Beam) ein geeignetes Beispiel zur Verifizierung von nichtlinearen Werkstoffmodellen von Beton [Feenstra, 1993], [Menrath et al., 1998]. Für die experimentellen Untersuchungen wurden Betonbalken mit der Länge von 440 mm, der Höhe von 100 mm und der Breite von 100 mm verwendet. Die Geometrie der Prüfkörper ist in Abb.6.13 dargestellt. Der Balken ist mittig an der Oberseite mit einer Einkerbung von 20/5 mm versehen und wird durch ein horizontal verschiebliches und ein festes Auflager gehalten. Die Belastung P wird in Form von zwei Einzelkräften aufgebracht. Die Kraft $P_1 = 10/11\, P$ greift in einem Abstand von 40 mm zum horizontal verschieblichen Auflager an. Die Kraft $P_2 = 1/11\, P$ weist einen Abstand von 400 mm zum festen Auflager auf.

Die Materialkennwerte wurden in Anlehnung an [Feenstra, 1993] gewählt und sind in Tab.6.1 angeführt. Die Querdehnzahl ν wurde mit 0.15 festgelegt. Die Diskretisierung des Balkens erfolgte mit Hilfe von vierknotigen Elementen mit vier Integrationspunkten je Element. Das Finite Elemente Netz umfaßt 7040 Elemente und 7267 Knoten. Die Anzahl der Freiheitsgrade beträgt 14534. Die numerische Simulation wurde kraftgesteuert mit Hilfe des Bogenlängenverfahrens durchgeführt. Für die Lasteinleitung und die Lagerung des Balkens im Bereich des Einschnittes wurden zusätzlich zwei Lasteinleitungsplatten modelliert. Die gewählte Diskretisierung ist in Abb.6.15(a) dargestellt.

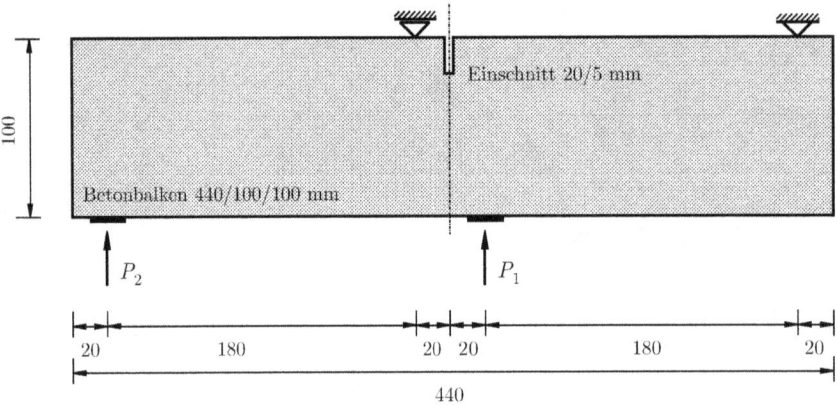

Abb.6.13: Vierpunktgestützter Balken mit Kerbe: Geometrie

Beton		
Druckfestigkeit	N/mm²	36.50
Zentrische Zugfestigkeit	N/mm²	2.80
Elastizitätsmodul	N/mm²	35000
Bruchenergie für Zugversagen	N/mm	0.070
Bruchenergie für Druckversagen	N/mm	10.00

Tab.6.1: Materialkennwerte für Beton

Die Auswertung der numerischen Ergebnisse erfolgte in Form von Last-Verschiebungsdiagrammen. Hierbei wird die experimentell und numerisch bestimmte Last P als Funktion der gegenseitigen vertikalen und horizontalen Verschiebung der beiden Eckpunkte an der Oberseite der Einkerbung aufgetragen. Die Last-Verschiebungsdiagramme sind in Abb.6.14 im Vergleich zu den experimentellen Ergebnissen von [Schlangen, 1993] dargestellt. Die zugehörigen Verschiebungskomponenten Δu_h und Δu_v sind in Abb.6.15(b) ersichtlich. Die jeweiligen Last-

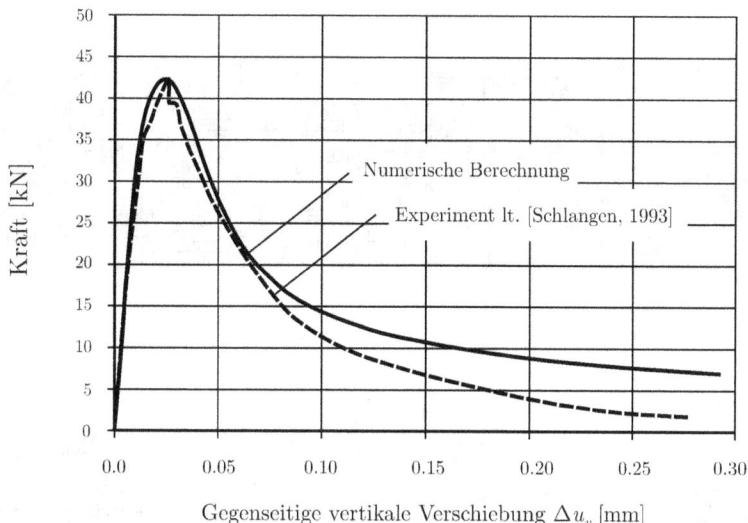

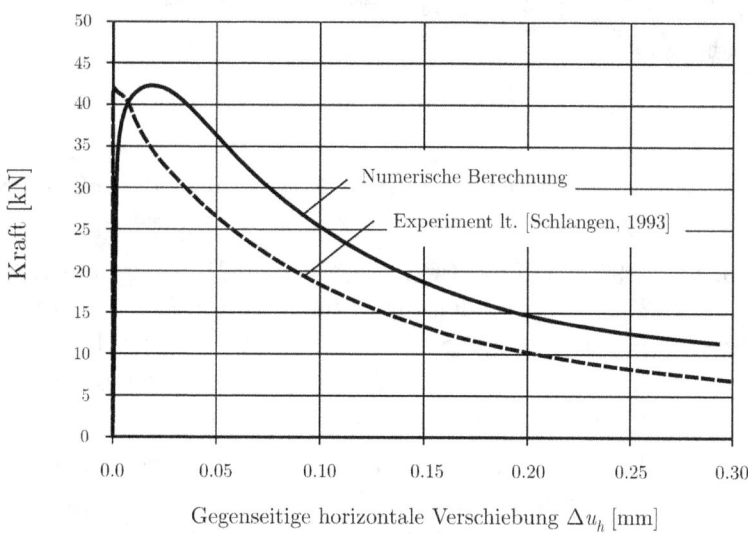

Abb.6.14: Vierpunktgestützter Balken mit Kerbe: Last-Verschiebungskurven

Verschiebungskurven zeigen eine gute Übereinstimmung. Mit Erreichen der Traglast wird an der rechten unteren Seite der Einkerbung ein Schubriß initiiert. Dieser Riß breitet sich bis zum rechten Ende der unteren Lastplatte aus und bewirkt den Versuchsergebnissen entsprechend

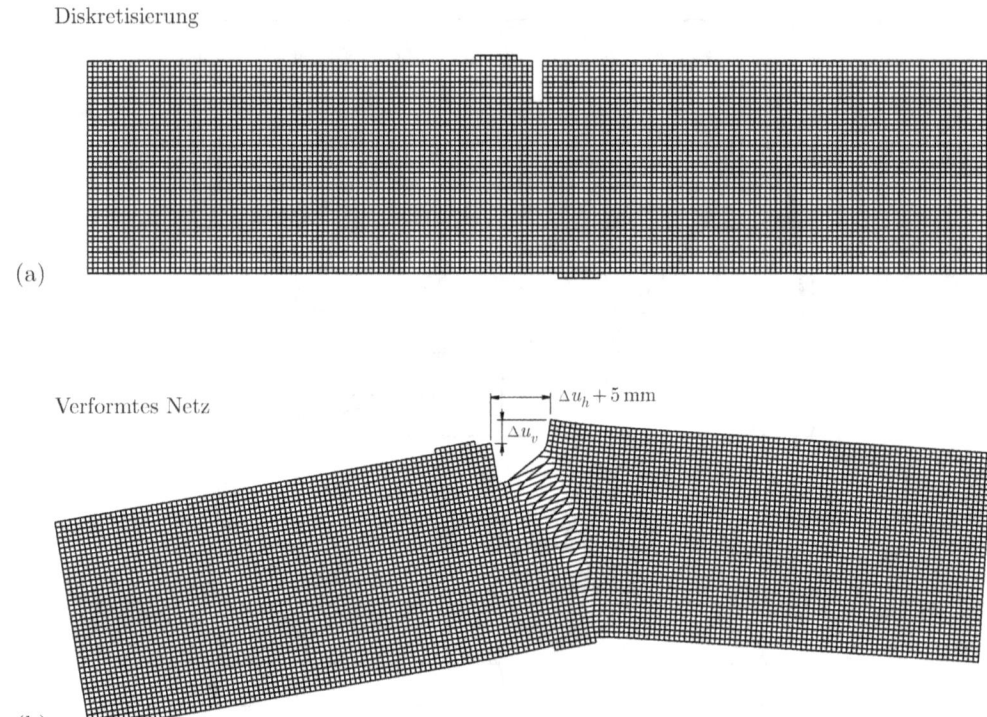

Abb.6.15: Vierpunktgestützter Balken mit Kerbe: (a) Diskretisierung, (b) verformte Struktur

Schubversagen [Schlangen, 1993]. Die Rißentwicklung wird mit Hilfe der numerisch ermittelten Materialschädigung infolge Zugbeanspruchung angegeben und ist in Abb.6.16(a) dargestellt. Ein Vergleich mit den Versuchsergebnissen von [Schlangen, 1993] in Abb.6.16(b) zeigt, daß die Materialschädigung die experimentell bestimmten Rißverläufe gut wiedergibt. Zusätzlich kann die Rißentwicklung an der verformten Struktur sehr deutlich lt. Abb.6.15(b) abgelesen werden.

Abschließend sei erwähnt, daß, obwohl im Beton auftretende Risse einem anisotropen Schädigungsprozeß entsprechen, das verwendete isotrope Werkstoffmodell für Zugversagen auf Basis der Plastizitätstheorie sehr gute Ergebnisse in Bezug auf das Tragverhalten und die Rißbildung liefert. Dies kann für das gegebene Beispiel insofern bestätigt werden, als [Feenstra, 1993] im Zuge numerischer Untersuchungen an dem vierpunktgestützten Balken mit Kerbe festgestellt hat, daß bei Verwendung der Bruchhypothese von Rankine kein wesentlicher Unterschied zwischen isotroper oder kinematischer Entfestigung besteht. Das ist dann richtig, wenn in einem Materialpunkt nur ein Riß auftritt, was bei den hier besprochenen Beispielen der Fall ist.

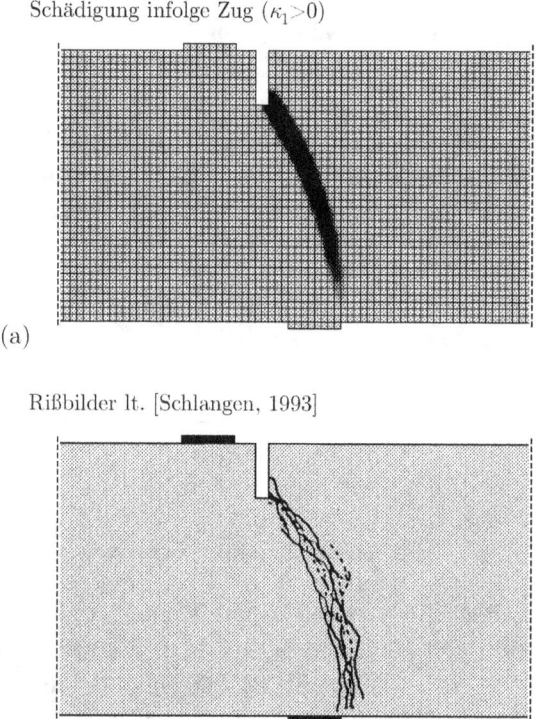

Abb.6.16: Vierpunktgestützter Balken mit Kerbe: (a) berechnete Schädigung infolge Zug und (b) experimentell ermittelte Rißverläufe lt. [Schlangen, 1993]

6.6 Einaxiale Zugversuche an Dehnkörpern

Experimentelle Untersuchungen zum Materialverhalten von bewehrtem Beton unter einaxialer Zugbeanspruchung wurden von [Hartl, 1977] durchgeführt. Die Versuche dienten zur Bestimmung der Kraft-Verschiebungsbeziehungen von einaxial beanspruchten eingebetteten Bewehrungsstählen. Für die Untersuchungen wurden Dehnkörper mit einer Länge von 1000 mm verwendet, wobei die Betonprüfkörper die Abmessungen 750/80/80 mm hatten. Die Meßlänge betrug 500 mm. Die Geometrie der Dehnkörper ist in Abb.6.17 dargestellt. Als Bewehrungsstahl wurde ein Stahl der Gruppe IV gemäß [ÖN B 4200/Teil 7, 1987] verwendet. Der Stabdurchmesser der einzelnen Versuchsreihen wurde mit 8, 12, 18 und 24 mm festgelegt.

Das Versuchsprogramm umfaßte mehrere Versuchsreihen, die jeweils sechs Versuche pro Stabdurchmesser beinhalteten. In dieser Arbeit wird im folgenden die Versuchsreihe 1 zur Verifizierung des Entfestigungsgesetzes für bewehrten Beton verwendet. Die einaxialen Werkstoffparameter des Betons liegen in Form der einaxialen mittleren Würfeldruckfestigkeit und des Mittelwertes der Spaltzugfestigkeit vor. Vor dem Einbetonieren wurden die einzelnen Bewehrungsstäbe bis zur rechnungsmäßigen Streckgrenze von 420 N/mm^2 lt. [ÖN B 4200/Teil 9, 1970] belastet und die zugehörigen Elastizitätsmoduli bestimmt. Die für die numerischen Berechnungen erforderlichen Materialparameter wurden an Hand der Versuchsreihe 1 lt. [Hartl, 1977] gewählt und werden in Tab.6.2 für die einzelnen Stabdurchmesser angeführt. Weiters werden die vorhandenen Bewehrungsprozentsätze und die Elastizitätsmoduli der Bewehrungsstähle angegeben. Diese entsprechen den Mittelwerten der sechs Versuche je Stabdurchmesser.

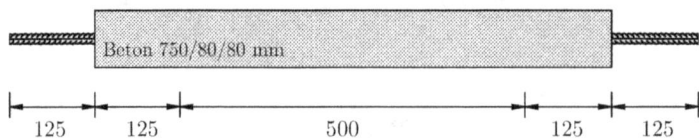

Abb.6.17: Dehnkörper: Geometrie

Für die numerischen Untersuchungen wurden die Dehnkörper im Rahmen der verschmierten Modellierung der Bewehrung mit einem einzigen finiten Element diskretisiert. Die numerische Berechnung erfolgte weggesteuert. Die maximale Längenänderung wurde in Anlehnung an die Versuchsergebnisse von [Hartl, 1977] mit 1.0 mm festgelegt. In den experimentellen Untersuchungen wurden die Dehnkörper bis kurz vor Erreichen der Fließdehnung der Bewehrung belastet.

Stabdurchmesser		ϕ 8	ϕ 12	ϕ 18	ϕ 24
Bewehrungsprozentsatz	%	0.76	1.78	4.20	7.64
Zentrische Zugfestigkeit	N/mm^2	2.73	3.05	3.04	2.80
Elastizitätsmodul Beton	N/mm^2	30770	27951	31541	36035
Elastizitätsmodul Stahl	N/mm^2	195750	195698	203610	204745

Tab.6.2: Dehnkörper: Materialkennwerte für Beton und Bewehrung

Die Auswertung der Versuchsergebnisse erfolgte in Form von Last-Verschiebungsdiagrammen. Hierbei wurde die numerisch ermittelte Zugkraft als Funktion der Längenänderung aufgetragen. In Abb.6.18 sind die Last-Verschiebungsdiagramme, die mit Hilfe des bilinearen Entfestigungsgesetzes für den bewehrten Beton ermittelt wurden, im Vergleich mit den Versuchsergebnissen für die vier verschiedenen Stabdurchmesser dargestellt. Die numerisch und experimentell bestimmten Kurven zeigen eine gute Übereinstimmung. Es werden die Phase der Rißbildung und das Verhalten bei konstantem Rißbild gut wiedergegeben. Die Last-Verschiebungsdiagramme, die unter Anwendung des exponentiellen Entfestigungsgesetzes für den bewehrten Beton bestimmt

6. Verifizierung des Materialmodells

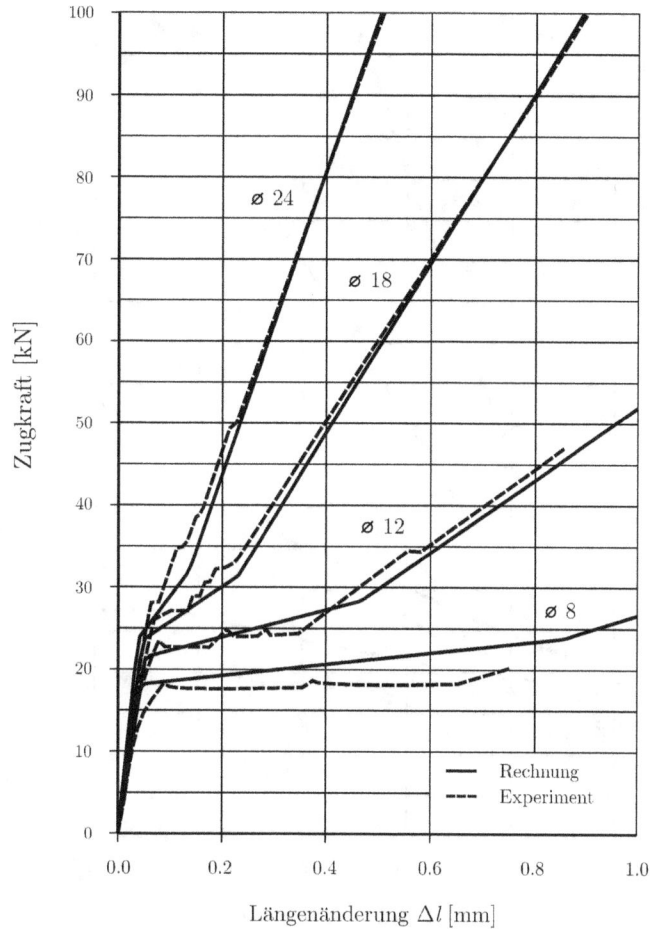

Abb.6.18: Dehnkörper: Vergleich der Kraft-Verschiebungsbeziehungen infolge der Verwendung des bilinearen Entfestigungsgesetzes für den bewehrten Beton mit den experimentellen Ergebnissen lt. [Hartl, 1977]

wurden, werden in Abb.6.19 wiederum den Versuchsergebnissen von [Hartl, 1977] gegenübergestellt. Auch hier kann eine gute Übereinstimmung der Diagramme für die einzelnen Stabdurchmesser verzeichnet werden. Dies trifft vor allem bei den Dehnkörpern mit den Stabdurchmessern ϕ 18 und ϕ 24 zu. Der kontinuierliche Übergang zwischen der Phase der Rißbildung und dem Verhalten bei konstantem, abgeschlossenem Rißbild gibt die im Versuch bestimmten Verläufe der Last-Verschiebungskurven gut wieder. Für die Dehnkörper mit den Stabdurchmessern ϕ 8 und ϕ 12 können die Last-Verschiebungskurven mit dem bilinearen Entfestigungsgesetz besser approximiert werden.

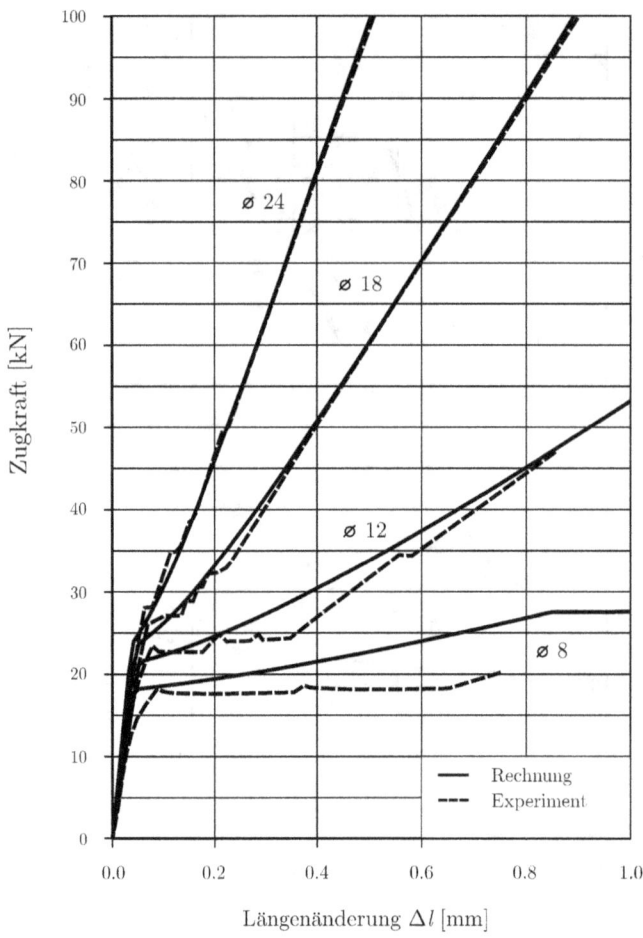

Abb.6.19: Dehnkörper: Vergleich der Kraft-Verschiebungsbeziehungen infolge der Verwendung des exponentiellen Entfestigungsgesetzes für den bewehrten Beton mit den experimentellen Ergebnissen lt. [Hartl, 1977]

6.7 Biaxiale Versuche für bewehrten Beton

Experimentelle Untersuchungen an Stahlbetonscheiben unter verschiedenen Membranspannungszuständen wurden von [Vecchio und Collins, 1982] und [Bhide und Collins, 1987] an der Universität von Toronto durchgeführt. Mit Hilfe einer speziellen Versuchsanlage wurde in zahlreichen Versuchen das Last-Verschiebungsverhalten von unterschiedlich bewehrten Stahlbetonscheiben untersucht. Die Versuchskörper wiesen die Abmessungen 890/890/70 mm auf und wurden entweder orthogonal oder nur in einer Richtung bewehrt. Die Bewehrungslagen wurden parallel zu den jeweiligen Seitenrändern eingebaut und werden im folgenden der x_1- und x_2- Richtung zugeordnet. Die Geometrie der Prüfkörper und die Bewehrungsführung sind in Abb.6.20 dargestellt. Die Lastaufbringung erfolgte mit Hilfe von je fünf Schubzähnen pro Seitenlänge. Dadurch war es möglich, jedes beliebige Verhältnis von Normalkraft zu Schubkraft zu simulieren. In den Versuchen wurden die aufgebrachten Lasten, die Relativverschiebungen zwischen 16 Meßstellen und die Normalverzerrungen in den jeweiligen Bewehrungsrichtungen gemessen.

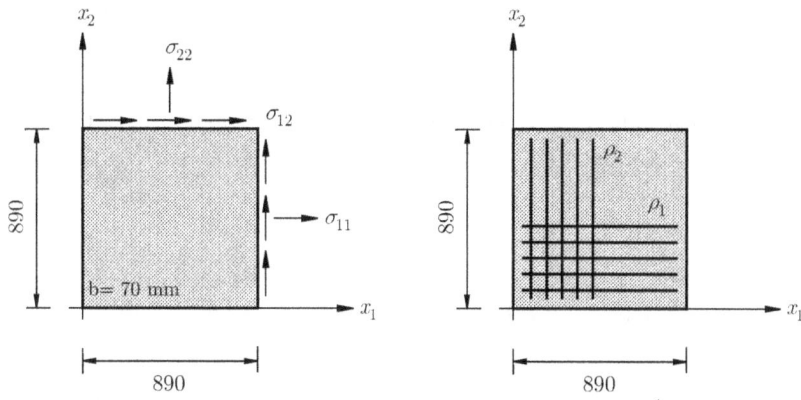

Abb.6.20: Biaxiale Versuche für bewehrten Beton: Geometrie

Im folgenden werden einzelne Ergebnisse der experimentellen Untersuchungen von [Vecchio und Collins, 1982] und [Bhide und Collins, 1987] verwendet, um das Entfestigungsgesetz für den bewehrten Beton unter biaxialen Beanspruchungen und den gewählten Ansatz zur Ermittlung der maximal aufnehmbaren Druckspannung zu überprüfen. Da für die entsprechenden Versuche jeweils ein homogener Spannungszustand vorliegt, werden die Stahlbetonscheiben mit jeweils einem einzigen finiten Element diskretisiert. Die vorhandenen Stahleinlagen werden im Rahmen der verschmierten Modellierung der Bewehrung durch eine dünne Stahlschicht berücksichtigt, wobei das Materialverhalten der einzelnen Lagen in der jeweils vorgegebenen Richtung durch ein einaxiales elasto-plastisches Materialmodell beschrieben wird. Die numerischen Untersuchungen wurden kraftgesteuert unter Verwendung des Bogenlängenverfahrens durchgeführt.

Vorab werden zwei Versuche der experimentellen Untersuchungen von [Bhide und Collins, 1987] zur Verifizierung des Entfestigungsgesetzes für bewehrten Beton nachgerechnet. Hierbei handelt es sich um einaxiale Zugversuche an Stahlbetonscheiben, die nur in einer Richtung bewehrt sind. Die Versuchsscheibe PB13 weist einen Bewehrungsprozentsatz von $\rho_1 = 0.01085$ in x_1- Richtung auf. Als Bewehrung wurden gerippte Stahlstäbe mit einem Durchmesser von 6.55 mm verwendet. Die Materialkennwerte werden in Tab.6.3 angegeben. Hierbei können die Druckfestigkeit des Betons und die Streckgrenze sowie der Elastizitätsmodul des Stahls direkt den Versuchsergebnissen von [Bhide und Collins, 1987] entnommen werden, die restlichen Werkstoffkennwerte werden lt.

[CEB-FIP, 1991] bestimmt. Die zentrische Zugfestigkeit wurde in Anlehnung an [Pravida, 1999] unter der Bedingung, daß die numerisch ermittelte Rißlast jener des Versuchs entsprechen soll, gewählt.

Beton		
Zylinderdruckfestigkeit	N/mm²	23.40
Zentrische Zugfestigkeit	N/mm²	1.36
Elastizitätsmodul	N/mm²	28544
Bruchenergie für Zugversagen	N/mm	0.054
Bruchenergie für Druckversagen	N/mm	25.00
Querdehnzahl	-	0.15
Stahl		
Streckgrenze	N/mm²	414
Elastizitätsmodul	N/mm²	200000

Tab.6.3: PB13: Materialkennwerte für Beton und Bewehrung

Im Vergleich dazu weist die Versuchsscheibe PB25 mit $\rho_1 = 0.02195$ in x_1- Richtung einen doppelt so hohen Bewehrungsprozentsatz auf. Der Stabdurchmesser der verwendeten Stähle betrug 6.59 mm. Die Materialkennwerte werden in Tab.6.4 angeführt. Die zentrische Zugfestigkeit wurde wiederum in Anlehnung an [Pravida, 1999] festgelegt.

Beton		
Zylinderdruckfestigkeit	N/mm²	20.60
Zentrische Zugfestigkeit	N/mm²	2.36
Elastizitätsmodul	N/mm²	27357
Bruchenergie für Zugversagen	N/mm	0.060
Bruchenergie für Druckversagen	N/mm	25.00
Querdehnzahl	-	0.15
Stahl		
Streckgrenze	N/mm²	414
Elastizitätsmodul Stahl	N/mm²	200000

Tab.6.4: BP25: Materialkennwerte für Beton und Bewehrung

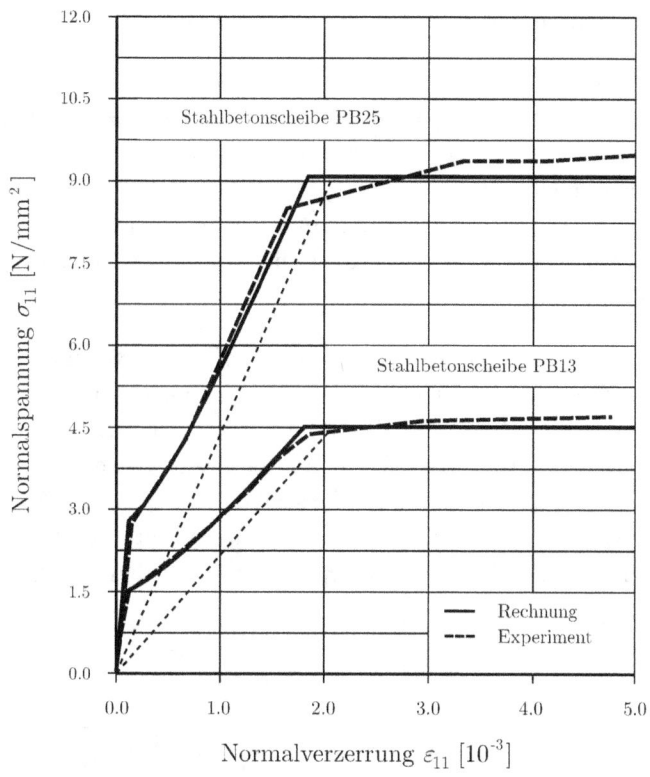

Abb.6.21: Einaxiale Versuche für bewehrten Beton: Vergleich der Spannungs-Dehnungsbeziehungen für die Stahlbetonscheiben PP13 und BP25 mit den experimentellen Ergebnissen lt. [Bhide und Collins, 1987]

Die Auswertung der Ergebnisse erfolgte in Form von Spannungs-Dehnungsdiagrammen. In Abb.6.21 sind die Spannungs-Dehnungsbeziehungen für die Stahlbetonscheiben BP13 und BP25 im Vergleich zu den experimentellen Ergebnissen lt. [Bhide und Collins, 1987] dargestellt. Mit Hilfe der dünnen strichlierten Kurven, die den Spannungs-Dehnungsbeziehungen der Stahlstäbe alleine entsprechen, kann das Mitwirken des Betons vor und nach der Rißbildung verdeutlicht werden. Für die numerischen Berechnungen wurde das exponentielle Entfestigungsgesetz für den bewehrten Beton verwendet.

Die numerisch ermittelten Spannungs-Dehnungsdiagramme stimmen mit den Versuchsergebnissen von [Bhide und Collins, 1987] gut überein. So kann sowohl die Phase der Rißbildung als auch das Verhalten bei abgeschlossenem Rißbild gut wiedergegeben werden.

An dieser Stelle sei erwähnt, daß für den Bewehrungsstahl ideal-plastisches Materialverhalten angenommen wurde. Das Versagen der Stahlbetonscheiben PB13 und PB25 zeigt sich sowohl in den Versuchen als auch in den numerischen Simulationen durch das Fließen der Bewehrung.

Im folgenden werden die Versuchsergebnisse von [Vecchio und Collins, 1982] zur Verifizierung des Entfestigungsgesetzes für bewehrten Beton unter biaxialen Beanspruchungen und des Ansatzes zur Reduktion der Druckfestigkeit im Zug-Druck Bereich verwendet. Hierbei handelt es sich um Stahlbetonscheiben, die in beiden Richtungen jeweils parallel zu den Seitenberandungen bewehrt sind und durch eine reine Schubbelastung beansprucht werden. Um einen reinen Schubspannungszustand simulieren zu können, ist es erforderlich, das finite Element statisch bestimmt zu lagern [Stempniewski und Eibl, 1996].

Der Versuchskörper PV4 weist in x_1- und x_2- Richtung denselben Bewehrungsprozentsatz von $\rho_1 = \rho_2 = 0.01056$ auf. Die Durchmesser der verwendeten Stahleinlagen betragen 3.45 mm. Da die Versuchsscheibe PV4 in x_1- und x_2- Richtung gleich bewehrt ist, kommt es zu keiner Drehung der Hauptdehnungsrichtungen. Die Materialparameter für Beton und Bewehrung werden in Tab.6.5 angegeben. Hierbei wurden sowohl die Betondruckfestigkeit als auch die Streckgrenze und der Elastizitätsmodul der Bewehrung den Versuchsaufzeichnungen von [Vecchio und Collins, 1982] entnommen. Die zusätzlich benötigten Werkstoffparameter wurden lt. [CEB-FIP, 1991] bestimmt.

Beton		
Zylinderdruckfestigkeit	N/mm^2	26.60
Zentrische Zugfestigkeit	N/mm^2	2.12
Elastizitätsmodul	N/mm^2	29790
Bruchenergie für Zugversagen	N/mm	0.060
Bruchenergie für Druckversagen	N/mm	25.00
Querdehnzahl	-	0.15
Stahl		
Streckgrenze	N/mm^2	242
Elastizitätsmodul	N/mm^2	200000

Tab.6.5: PV4: Materialkennwerte für Beton und Bewehrung

Die Ergebnisse der numerischen Berechnungen werden in Form von Schubspannungs-Gleitungsdiagrammen in Abb.6.22 präsentiert. Der Vergleich mit den experimentellen Ergebnissen lt. [Vecchio und Collins, 1982] zeigt eine gute Übereinstimmung der jeweiligen Schubspannungs-Gleitungskurven. Im Zuge der Versuchsdurchführung an der Stahlbetonscheibe

6. Verifizierung des Materialmodells 113

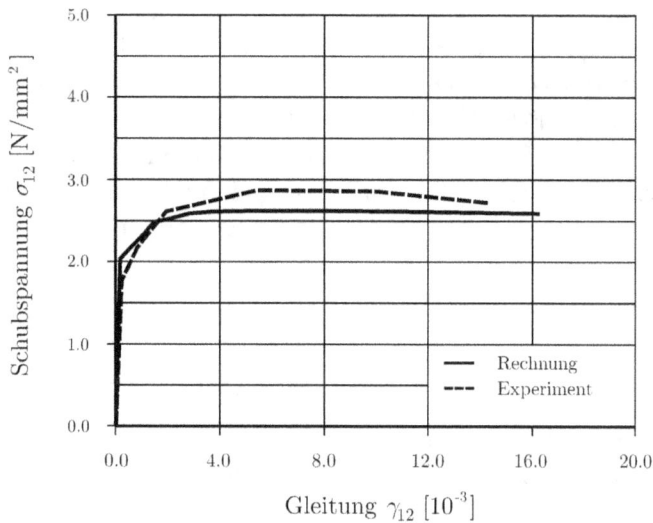

Abb.6.22: Biaxiale Versuche für bewehrten Beton: Vergleich der Schubspannungs-Gleitungsbeziehungen für die Stahlbetonscheibe PV4 mit den experimentellen Ergebnissen lt. [Vecchio und Collins, 1982]

PV4 konnte ein äußerst duktiles Verhalten festgestellt werden, das auf das Fließen der beiden Bewehrungslagen zurückzuführen ist. Die Risse traten regelmäßig über die Scheibe verteilt auf und schlossen einen Winkel von 45° zur Berandung ein. Dies zeigte sich auch in der numerischen Berechnung, bei der erwartungsgemäß keine Drehung der Hauptdehnungsrichtungen zu verzeichnen war. Die Traglast wurde mit dem Fließeintritt der Bewehrung erreicht.

Abschließend wird die Stahlbetonscheibe PV11 untersucht, die ebenfalls durch eine reine Schubbelastung beansprucht wird. Jedoch liegen hier mit $\rho_1 = 0.01785$ und $\rho_2 = 0.01036$ unterschiedliche Bewehrungsprozentsätze in den beiden Bewehrungsrichtungen vor. Die Durchmesser der Stahleinlagen betragen 6.35 mm in x_1- Richtung und 5.44 mm in x_2- Richtung. Die ungleichen Bewehrungsprozentsätze in x_1- und x_2- Richtung führen durch die Rißbildung im Beton zu einer Drehung der Hauptdehnungsrichtungen. Im Zuge der Versuchsdurchführung wurde festgestellt, daß die ersten Risse einen Winkel von 45° zur Berandung aufwiesen. Mit zunehmender Belastung kommt es durch zusätzliche Risse und durch den Fließeintritt der schwächeren Bewehrungslage zu einer Drehung der Hauptdehnungsrichtungen.

Vergleiche zwischen experimentell und numerisch ermitteltem Rißwinkel in Abhängigkeit von der aufgebrachten Schublast werden bei [Stempniewski und Eibl, 1996] angegeben. Für Stahlbetonscheiben, die jeweils eine starke und eine schwache Bewehrungslage aufweisen, ändert sich der Winkel nach der Bildung des ersten Risses sprunghaft. Mit dem Fließeintritt der schwächeren Bewehrungslage ist eine weitere Drehung der Hauptdehnungsrichtungen feststellbar. Die Materialparameter für die Stahlbetonscheibe PV11 wurden in Anlehnung an [Stempniewski und Eibl, 1996] und [Vecchio und Collins, 1982] gewählt. Die verwendeten Werkstoffkennwerte können der Tab.6.6 entnommen werden. Die zusätzlich benötigten Materialparameter wurden wiederum lt. [CEB-FIP, 1991] ermittelt. In Abb.6.23 werden die Ergebnisse der numerischen Berechnungen mit Hilfe der Schubspannungs-Gleitungsbeziehung angegeben. Der Vergleich mit den experimentellen Ergebnissen lt. [Vecchio und Collins, 1982] zeigt eine gute Übereinstimmung der jeweiligen Schubspannungs-Gleitungsdiagramme.

Beton		
Zylinderdruckfestigkeit	N/mm^2	15.60
Zentrische Zugfestigkeit	N/mm^2	1.60
Elastizitätsmodul	N/mm^2	16000
Bruchenergie für Zugversagen	N/mm	0.050
Bruchenergie für Druckversagen	N/mm	25.00
Querdehnzahl	-	0.15
Stahl		
Streckgrenze	N/mm^2	235
Elastizitätsmodul	N/mm^2	200000

Tab.6.6: PV11: Materialkennwerte für Beton und Bewehrung

An dieser Stelle muß erwähnt werden, daß bei großen Rißweiten die Dübelwirkung der Bewehrung einen wesentlichen Anteil zur Schubspannungsübertragung leistet. Hierbei wirken die vorhandenen Bewehrungsstäbe im gerissenen Beton wie Dübel, die den Relativverschiebungen der Rißufer entgegenwirken. Sowohl die Schubtragwirkung des gerissenen Betons als auch die Dübelwirkung der Bewehrung werden aber im verwendeten Modell nicht berücksichtigt. Trotzdem ist das Werkstoffmodell in der Lage, das im Versuch beobachtete Verhalten gut wiederzugeben. Die Traglast der Stahlbetonscheibe PV11 wird sowohl in den experimentellen als auch in den numerischen Untersuchungen durch das Fließen beider Bewehrungslagen erreicht.

Das Fließen der Bewehrung und die damit verbundene Zunahme der Hauptzugdehnungen, die sich in der Aufweitung der vorhandenen Risse äußert, führen zur gleichzeitigen Stauchung des Betons in Querrichtung. Für den bereits gerissenen Beton können die zwischen den Rissen verbleibenden Betonsäulen, die durch die vorhandene Bewehrung zusammengehalten werden, weiterhin Druckkräfte übertragen. In den Versuchen an den Stahlbetonscheiben konnte beobachtet

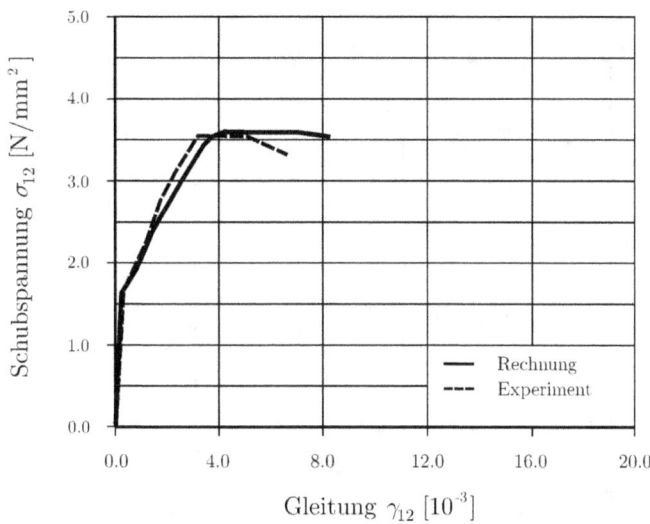

Abb.6.23: Biaxiale Versuche für bewehrten Beton: Vergleich der Schubspannungs-Gleitungsbeziehungen für die Stahlbetonscheibe PV11 mit den experimentellen Ergebnissen lt. [Vecchio und Collins, 1982]

werden, daß die Traglast einer Druckspannung entsprach, die kleiner als die zugehörige einaxiale Druckfestigkeit war. Die Größe dieser Restdruckfestigkeit wird im vorliegenden Werkstoffmodell mit Hilfe des Abminderungskoeffizienten β in Anlehnung an [Vecchio und Collins, 1986] beschrieben.

Die Hauptdruckspannungs-Hauptdruckdehnungsbeziehung für die Stahlbetonscheibe PV11 wird in Abb.6.24 angegeben. Hierbei wird die Hauptdruckspannung mit der einaxialen Betondruckfestigkeit f_{cm} und die Hauptdruckdehnung mit der Stauchung bei Erreichen der einaxialen Betondruckfestigkeit ε_{c1} normiert. Für die Versuchsscheibe PV11 wird ε_{c1} mit 0.0026 angegeben. Die dünne strichlierte Linie entspricht der einaxialen Spannungs-Dehnungsbeziehung infolge einaxialer Druckbelastung lt. [Vecchio und Collins, 1982].

Der Vergleich mit den experimentellen Untersuchungen lt. [Vecchio und Collins, 1982] zeigt, daß die experimentell und numerisch ermittelten Restdruckfestigkeiten gut übereinstimmen. Weiters entspricht die numerisch bestimmte Hauptdruckspannungs-Hauptdruckdehnungskurve in ihrem Verlauf jener aus dem Versuch. Die Verwendung des Abminderungskoeffizienten β und die daraus resultierende Modifikation der Spannungs-Dehnungsbeziehung liefern somit eine gute Beschreibung des Druckverhaltens von bewehrtem Beton unter seitlicher Zugbeanspruchung.

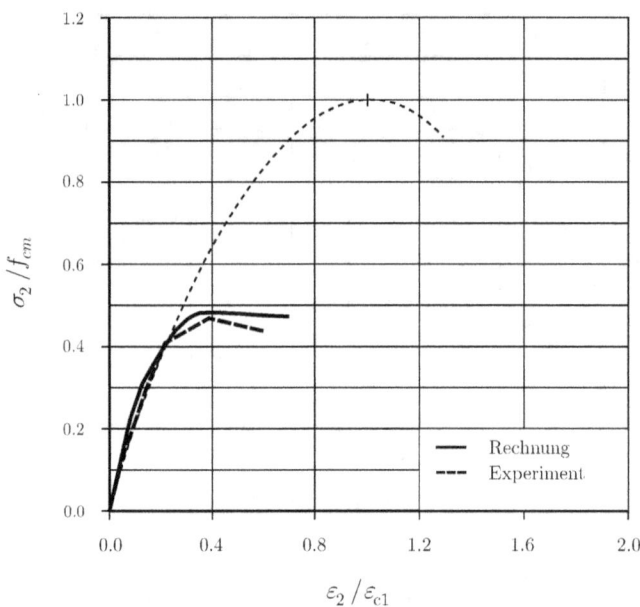

Abb.6.24: Biaxiale Versuche für bewehrten Beton: Vergleich der Hauptdruckspannungs-Hauptdruckdehnungsbeziehungen für die Stahlbetonscheibe PV11 mit den experimentellen Ergebnissen lt. [Vecchio und Collins, 1982]

6.8 Stahlbetonträger

In den frühen sechziger Jahren wurden von [Bresler und Scordelis, 1963] experimentelle Untersuchungen zur Bestimmung der Schubfestigkeit von Stahlbetonträgern durchgeführt. An Hand der Versuche sollten Aussagen über die Schubsteifigkeit von Balken mit gewöhnlichen bis niedrigen Schubbewehrungsprozentsätzen und gewöhnlichen bis hohen Schub-Spannweitenverhältnissen getroffen werden. Hierfür wurde eine Versuchsreihe von zwölf Trägern vorgesehen. An diesen wurden das allgemeine Tragverhalten, die Rißlasten und die Festigkeiten bestimmt.

Als Voraussetzung für die Versuche wurden folgende Kriterien festgelegt. Die Traglasten sollten infolge Schub und nicht infolge Biegung erreicht werden. Daher wurden für die Biegebewehrung Stahlstäbe mit einer sehr hohen Zugfestigkeit verwendet. Um ein Verbundversagen infolge einer zu geringen Verankerung im Auflagerbereich zu verhindern, wurde die untere Bewehrung durch Ankerplatten an den jeweiligen Stirnseiten der Träger gesichert. Die Träger wurden statisch bestimmt gelagert und durch eine Einzelkraft in Feldmitte belastet. Es wurden verschieden breite Träger mit unterschiedlichen Spannweiten geprüft. Neun dieser zwölf Träger versagten durch Schubbruch, die drei restlichen durch Biegebruch. Aufbauend auf diesen Versuchen schlugen

[Bresler und Scordelis, 1963] eine vereinfachte Gleichung vor, die die Schubfestigkeit von Trägern üblicher Abmessungen hinreichend bestimmt.

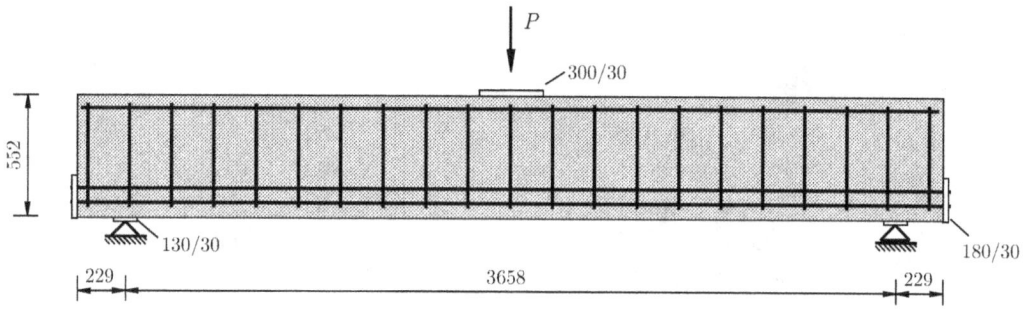

Abb.6.25: Stahlbetonträger: Geometrie

Im folgenden werden die experimentellen Untersuchungen von zwei Stahlbetonträgern mit einer Spannweite von 3658 mm zur Verifizierung des vorliegenden Werkstoffmodells verwendet. Die Träger haben eine Länge von 4116 mm, eine Breite von 305 mm und eine Höhe von 552 mm. Die Lasteinleitung und die Lagerung der Träger erfolgte über Stahlplatten mit den Abmessungen 300/30 mm bzw. 130/30 mm. Die Geometrie der Träger und die Lagerung bzw. die Belastung sind in Abb.6.25 dargestellt.

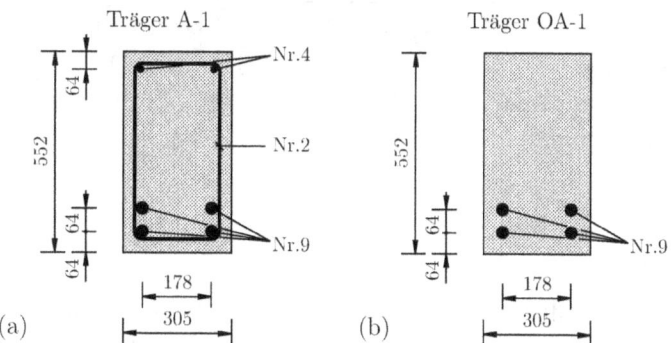

Abb.6.26: Stahlbetonträger: (a) Querschnitt Träger A-1, (b) Querschnitt Träger OA-1

Der erste Träger weist Stahleinlagen sowohl an der Unter- als auch an der Oberseite auf. Die Bewehrung an der Trägerunterseite besteht aus 4 Bewehrungsstäben (Nr.9) mit einem Stahlquerschnitt von jeweils 660 mm², die Bewehrung an der Trägeroberseite aus 2 Bewehrungsstäben

(Nr.4) mit einem Stahlquerschnitt von jeweils 126 mm². Die verwendeten Bügel (Nr.2) hatten einen Stahlquerschnitt von 32 mm² und wurden in einem Abstand von 210 mm angeordnet. Der Träger wird in Anlehnung an [Bresler und Scordelis, 1963] als Träger A-1 bezeichnet. Der Querschnitt des Stahlbetonträgers und die Anordnung der Bewehrung sind in Abb.6.26(a) dargestellt.

Beton		
Zylinderdruckfestigkeit	N/mm²	23.30
Zentrische Zugfestigkeit	N/mm²	1.95
Elastizitätsmodul	N/mm²	27500
Bruchenergie für Zugversagen	N/mm	0.060
Bruchenergie für Druckversagen	N/mm	10.00
Querdehnzahl		0.18

Tab.6.7: Materialkennwerte für Beton

Der zweite Stahlbetonträger stimmt in den Betonabmessungen und der Bewehrung an der Trägerunterseite mit dem Träger A-1 überein. Jedoch weist der Träger keine Bewehrung an der Trägeroberseite und keine Verbügelung auf. Dieser wird im folgenden als Träger OA-1 bezeichnet. Der Querschnitt des Stahlbetonträgers und die Anordnung der Bewehrung sind in Abb.6.26(b) angegeben. Die Materialparameter für den Beton und die Bewehrung können der Tab.6.7 und der Tab.6.8 entnommen werden.

Bewehrung		Nr.9	Nr.4	Nr.2
Streckgrenze	N/mm²	550.0	345.0	325.0
Zugfestigkeit	N/mm²	933.0	542.0	430.0
Elastizitätsmodul	N/mm²	207000	201000	190000
Bruchdehnung	%	12	20	17

Tab.6.8: Materialkennwerte für die Bewehrung

Die Diskretisierung des Stahlbetonträgers erfolgte mit Hilfe von vierknotigen Elementen mit vier Integrationspunkten je Element. Das Finite Elemente Netz umfaßte 344 Elemente und 410 Knoten. Die Anzahl der Freiheitsgrade betrug 820. Die numerische Simulation wurde weggesteuert durchgeführt. Hierbei wurde die vertikale Verschiebung in der Mitte der Lasteinleitungsplatte vorgegeben. Die Modellierung der Bewehrung erfolgte mit Hilfe von Rebarelementen. Die Längsbewehrung wurde in ihrer Lage genau festgelegt, die Verbügelung über die gesamte Trägerlänge auf alle Elemente aufgeteilt. Die Verankerungsplatten für die Längsbewehrung wurden nicht berücksichtigt. Um der Lasteinleitung und der Lagerung im Versuch zu entsprechen, wurden

Diskretisierung der Stahlbetonträger

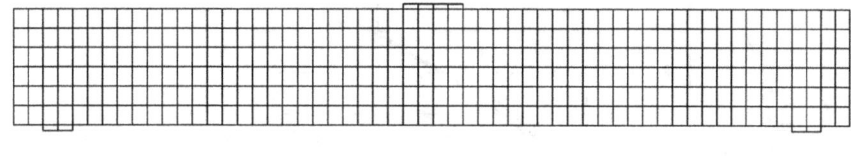

(a)

Position der Rebarelemente für den Träger A-1

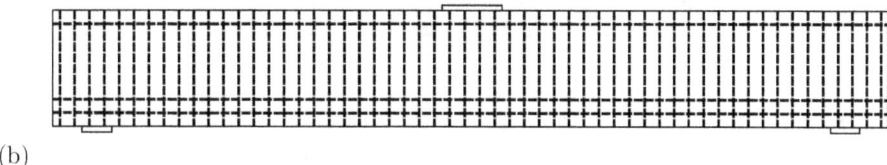

(b)

Position der Rebarelemente für den Träger OA-1

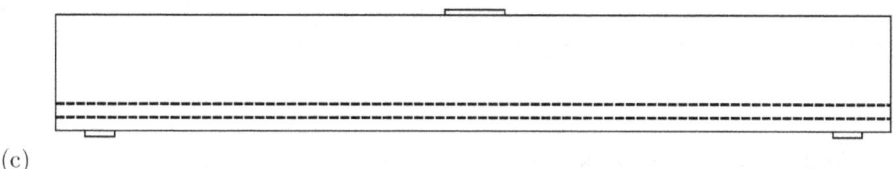

(c)

Abb.6.27: Stahlbetonträger: (a) Diskretisierung der Stahlbetonträger, (b)-(c) Position der Rebarelemente für den Träger A-1 und den Träger OA-1

die betreffenden Stahlplatten zusätzlich modelliert. Die Diskretisierung der Stahlbetonträger ist in Abb.6.27(a) dargestellt. Zusätzlich wird die Lage der Rebarelemente für den Träger A-1 in Abb.6.27(b) und für den Träger OA-1 in Abb.6.27(c) angegeben.

Die Auswertung der Ergebnisse erfolgte in Form von Last-Verschiebungsdiagrammen. Hierbei wurde die experimentell und numerisch bestimmte Last als Funktion der vertikalen Verschiebung in Feldmitte aufgetragen. Weiters wurden die internen Variablen κ_1 und κ_2 verwendet, um die Rißbildung und den Schädigungsprozeß der Träger darzustellen.

Zu Beginn der Versuche traten infolge der aufgebrachten Last typische Biegezugrisse auf. Bei weiterer Steigerung der vertikalen Verschiebung im Lasteinleitungspunkt bildeten sich zusätzlich Schubrisse. Diese traten im mittleren Drittel der Trägerhöhe auf und konnten an mehreren Stellen entlang des Trägers beobachtet werden. Die Schubrisse breiteten sich mit zunehmender

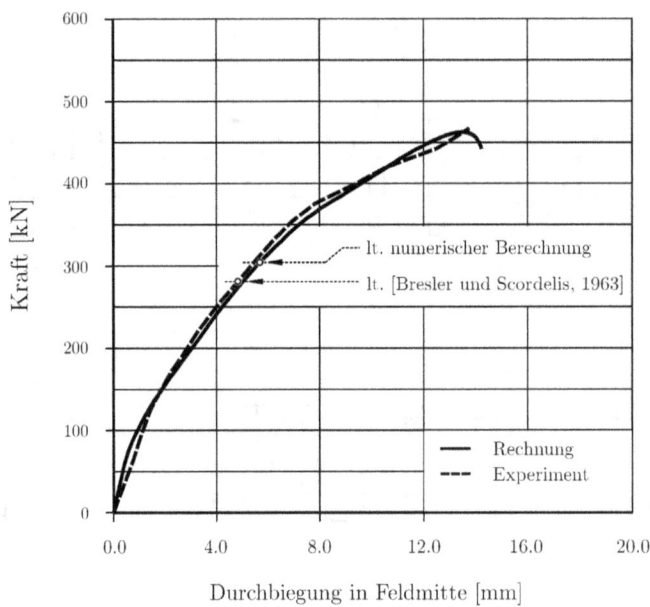

Abb.6.28: Stahlbetonträger: Last-Verschiebungsdiagramm für den Träger A-1 im Vergleich zu den Versuchsergebnissen von [Bresler und Scordelis, 1963]

Belastung sowohl nach oben als auch nach unten hin aus.

In den experimentellen Untersuchungen am Träger A-1 konnte eine Traglast von 467 kN erzielt werden. Die maximale Durchbiegung in Feldmitte betrug 14.24 mm. Das Versagen trat bei einer wesentlich höheren Belastung als bei der Bildung der Schubrisse auf. Diese entstanden bei etwa 60% der Traglast. Durch die Rißbildung im Druckbereich nahe der Lasteinleitungsplatte trat Schub-Druckversagen ein.

Das numerisch ermittelte Last-Verschiebungsdiagramm ist in Abb.6.28 dargestellt. Der Vergleich mit den Versuchsergebnissen lt. [Bresler und Scordelis, 1963] zeigt eine gute Übereinstimmung der beiden Kurven. Zu Beginn der numerischen Berechnung treten Biegezugrisse an der Unterseite des Trägers auf. Die zugehörige berechnete Materialschädigung ist in Abb.6.29(a) in Form der internen Variable κ_1 infolge Zugbeanspruchung dargestellt. Mit den Biegezugrissen kommt es zu einem Steifigkeitsabfall im Last-Verschiebungsdiagramm. Die interne Variable κ_2 infolge Druckbeanspruchung weist lt. Abb.6.29(b) darauf hin, daß zu diesem Zeitpunkt plastische Deformationen im Bereich der Lasteinleitung zu verzeichnen sind. Bei weiterer Laststeigerung kommt es zur Bildung von ersten Schubrissen, die einen weiteren Steifigkeitsabfall bewirken. Diese treten im Zuge der numerischen Simulation bei etwa 65% der Versuchstraglast auf. Das bis zur Bildung der ersten Schubrisse experimentell und numerisch bestimmte Lastniveau ist in

Träger A-1 (u = 4.8 mm)
Schädigung infolge Zug ($\kappa_1 > 0$)

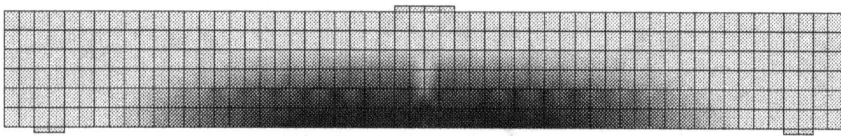

(a)

Träger A-1 (u = 4.8 mm)
Schädigung infolge Druck ($\kappa_2 > 0$)

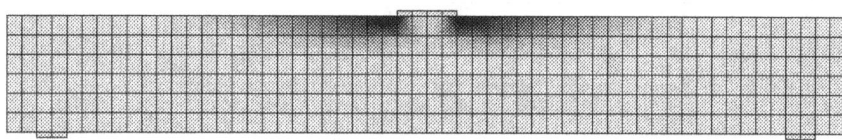

(b)

Träger A-1 (u = 14.2 mm)
Schädigung infolge Zug ($\kappa_1 > 0$)

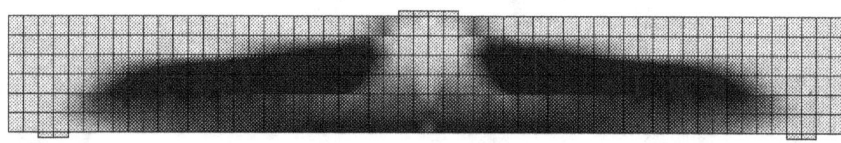

(c)

Träger A-1 (u = 14.2 mm)
Schädigung infolge Druck ($\kappa_2 > 0$)

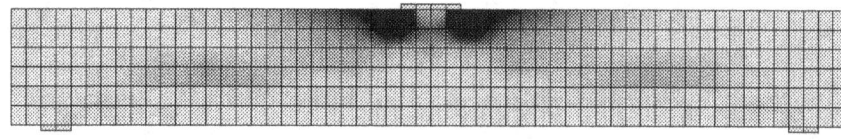

(d)

Abb.6.29: Stahlbetonträger: Berechnete Schädigung infolge Zug- und Druckbeanspruchung (a)-(b) bei einer Verschiebung von $u = 4.8$ mm und (c)-(d) von $u = 14.2$ mm für den Träger A-1

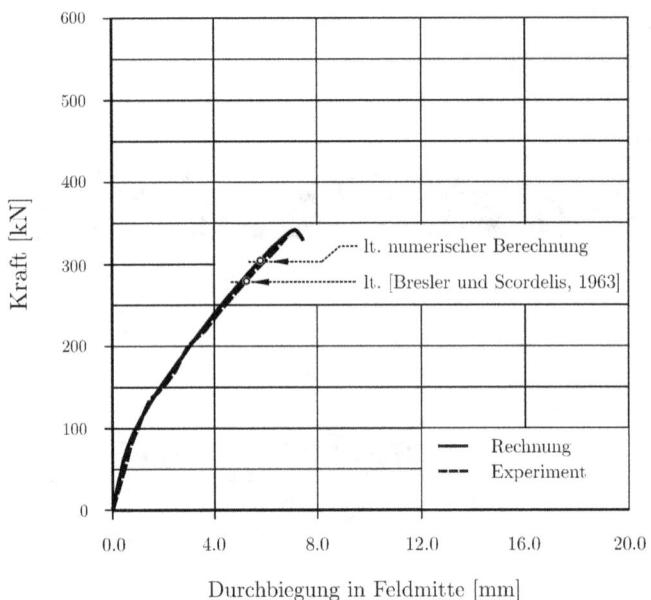

Abb.6.30: Stahlbetonträger: Last-Verschiebungsdiagramm für den Träger OA-1 im Vergleich zu den Versuchsergebnissen von [Bresler und Scordelis, 1963]

Abb.6.28 durch Kreise dargestellt. Die Bildung der Schubrisse kann der Abb.6.29(c) entnommen werden. Sie führen erwartungsgemäß zu einer erheblichen Schädigung des Trägers. Zusätzlich zeigt die berechnete Schädigung in Abb.6.29(d) im Bereich der Lasteinleitung Druckversagen an. Dies konnte auch im Versuch beobachtet werden.

Für den Träger OA-1 konnte in den experimentellen Untersuchungen Schubversagen festgestellt werden. Die Traglast wurde bei 334 kN erreicht, die maximale Durchbiegung in Feldmitte betrug 6.61 mm. Der Träger versagte kurz nachdem sich der maßgebliche Schubriß gebildet hatte. Das Versagen des Stahlbetonbalkens konnte auf die Rißbildung im Druckbereich, nahe der Lasteinleitungsplatte und auf Risse entlang der unteren Bewehrungslage am Trägerende zurückgeführt werden. Die kritische Rißbildung erfolgte bei etwa 80% der Traglast.

Die numerisch ermittelte Last-Verschiebungskurve ist in Abb.6.30 im Vergleich zu den Versuchsergebnissen lt. [Bresler und Scordelis, 1963] dargestellt. Es kann hierbei eine gute Übereinstimmung der beiden Kurven festgestellt werden. Nach Bildung der Biegezugrisse an der Trägerunterseite kommt es wiederum zu einem Steifigkeitsabfall im Last-Verschiebungsdiagramm. Die zugehörige berechnete Materialschädigung infolge Zug- und Druckbeanspruchung ist in Abb.6.31(a) und Abb.6.31(b) dargestellt. Bei weiterer Laststeigerung treten wiederum Schubrisse auf, die in Form der berechneten Schädigung der Abb.6.31(c) entnommen werden können.

Träger OA-1 (u = 4.8 mm)
Schädigung infolge Zug ($\kappa_1 > 0$)

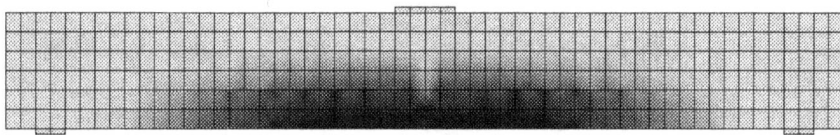

(a)

Träger OA-1 (u = 4.8 mm)
Schädigung infolge Druck ($\kappa_2 > 0$)

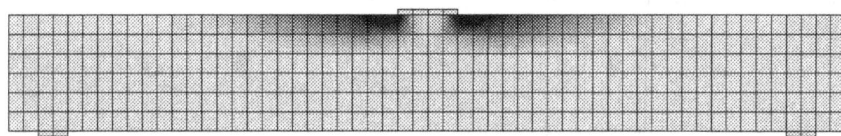

(b)

Träger OA-1 (u = 7.2 mm)
Schädigung infolge Zug ($\kappa_1 > 0$)

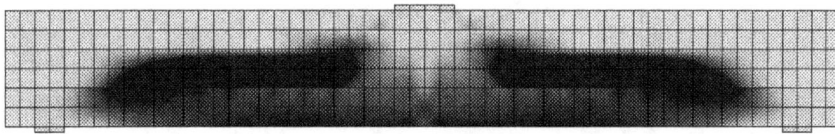

(c)

Träger OA-1 (u = 7.2 mm)
Schädigung infolge Druck ($\kappa_2 > 0$)

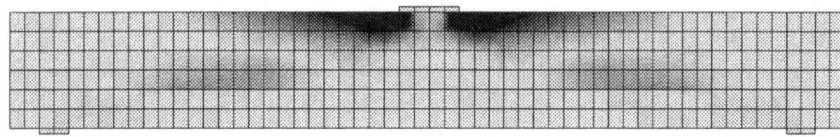

(d)

Abb.6.31: Stahlbetonträger: Berechnete Schädigung infolge Zug- und Druckbeanspruchung (a)-(b) bei einer Verschiebung von $u = 4.8$ mm und (c)-(d) von $u = 7.2$ mm für den Träger OA-1

Die Bildung der ersten Schubrisse trat bei etwa 90% der Versuchstraglast auf (Abb.6.30). Das Versagen des Stahlbetonbalkens wird auf die Rißbildung im Druckbereich und die Schubrisse zurückgeführt. Die berechnete Schädigung im Bereich der Lasteinleitung wird in Abb.6.31(d) angegeben.

Abschließend kann festgestellt werden, daß die Ergebnisse der numerischen Berechnungen des Trägers A-1 und des Trägers OA-1 mit den Versuchsergebnissen von [Bresler und Scordelis, 1963] gut übereinstimmen. Die numerisch ermittelte Schädigung in Form der internen Variablen κ_1 und κ_2 gibt die in den Versuchen beobachteten Effekte wieder.

An dieser Stelle muß erwähnt werden, daß im Gegensatz zu Biegezugversagen bei Schubversagen die mathematische Beschreibung des Druckverhaltens eine entscheidende Rolle spielt. Im Zuge der numerischen Berechnungen zeigte sich, daß dabei neben dem Tension Stiffening Effekt die Abhängigkeit der maximal aufnehmbaren Druckspannung von der quer dazu vorhandenen Zugspannung zu berücksichtigen ist.

Kapitel 7

Traglastuntersuchungen

7.1 Allgemeines

Zusätzlich zu den aus der Literatur bekannten Beispielen wurde das elasto-plastische Werkstoffmodell mit Hilfe experimenteller und numerischer Traglastuntersuchungen verifiziert. Hierfür wurden Versuche an unbewehrten und bewehrten Betonwinkeln im Labor des Instituts für Baustatik, Festigkeitslehre und Tragwerkslehre der Universität Innsbruck durchgeführt. Im Gegensatz zu Versuchen aus der Literatur ergibt sich infolge eigener experimenteller Untersuchungen der Vorteil, den Versuchsaufbau, die Versuchsdurchführung und die Form der Versuchsauswertung zu kennen und somit die Ergebnisse besser beurteilen bzw. werten zu können. Zusätzlich kann die experimentelle Bestimmung der einaxialen Materialparameter auf das verwendete Werkstoffmodell angepaßt werden.

7.2 Experimentelle Untersuchungen

7.2.1 Aufgabenstellung

Im Rahmen der experimentellen Untersuchungen wurden Versuche an unbewehrten und bewehrten Betonwinkeln durchgeführt. Die Geometrie der Prüfkörper wurde in Anlehnung an das in [Huemer, 1998], [Lackner und Mang, 1998] enthaltene Beispiel festgelegt und ist in Abb.7.1 dargestellt. Die beiden Schenkel der Betonwinkel haben jeweils eine Länge von 500 mm und eine Höhe von 250 mm. Um eine annähernd konstante Spannungsverteilung über die Querschnittsbreite zu erhalten, wurde die Dicke der Betonwinkel mit 100 mm festgelegt.

Der horizontale Rand des vertikalen Schenkels ist unverschieblich gelagert und wird im folgenden als Winkelfuß bezeichnet. Die aus der Lagerung resultierende Einspannwirkung wurde mit Hilfe einer einbetonierten Stahlplatte, an die seitlich kurze Bewehrungsstähle mit einem Durchmesser von 12 mm angeschweißt wurden, erzielt. Die konstruktive Ausbildung des Winkelfußes ist in Abb.7.3 als Detail B und Schnitt G dargestellt.

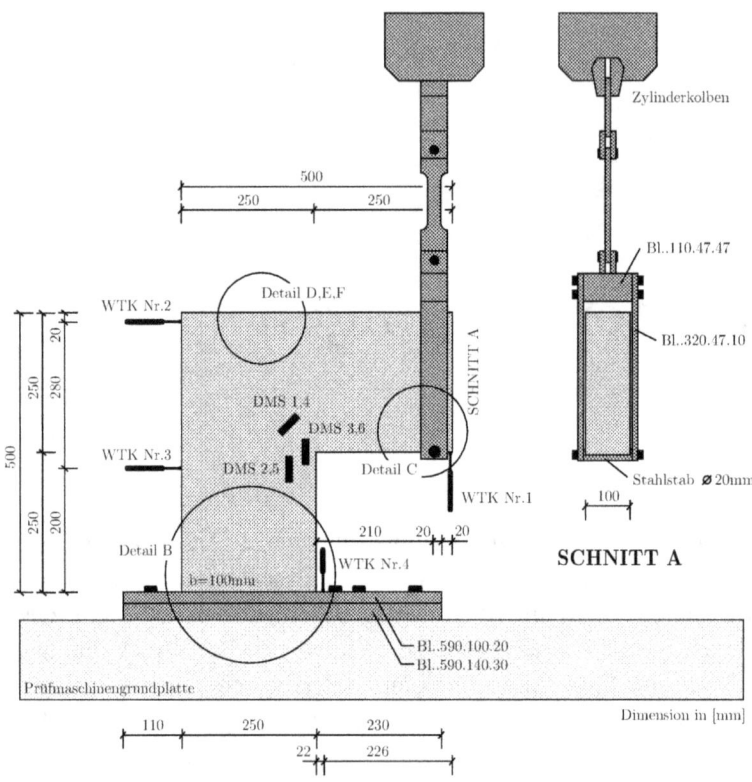

Abb.7.1: Versuchsaufbau und Geometrie der unbewehrten und bewehrten Betonwinkel

Am vertikalen Rand des horizontalen Schenkels wurde eine vertikale Verschiebung aufgebracht. Die Lasteinleitung erfolgte über einen Stahlstab mit einem Durchmesser von 20 mm, der in einer halbkreisförmigen Vertiefung gelagert wurde. Durch die paßgenaue Fertigung der Lasteinleitung wurden Querzugspannungen vermieden. Die Lasteinleitung ist in Abb.7.1 aus der Gesamtübersicht bzw. dem Schnitt A ersichtlich.

Für die experimentellen Untersuchungen an den bewehrten Betonwinkeln wurde der Lasteinleitungsbereich auf Grund der zu erwartenden höheren Traglast verstärkt. Dies erfolgte mit Hilfe einer mittig im Betonquerschnitt angeordneten Stahlplatte, an die seitlich Bewehrungsstähle mit einem Durchmesser von 8 mm angeschweißt wurden. Somit konnten die infolge der höheren Traglast auftretenden lokalen Flächenpressungen und Querzugspannungen abgedeckt werden. Die Geometrie der Lasteinleitung ist in Abb.7.3 in Detail C und Schnitt I dargestellt.

Das Versuchsprogramm setzte sich aus vier verschiedenen Versuchsreihen zusammen. Hierbei wurden jeweils drei idente Betonwinkel untersucht, um die Aussagekraft der experimentellen Untersuchungen gewährleisten zu können. Das Versuchsprogramm unterteilte sich in ex-

7. Traglastuntersuchungen

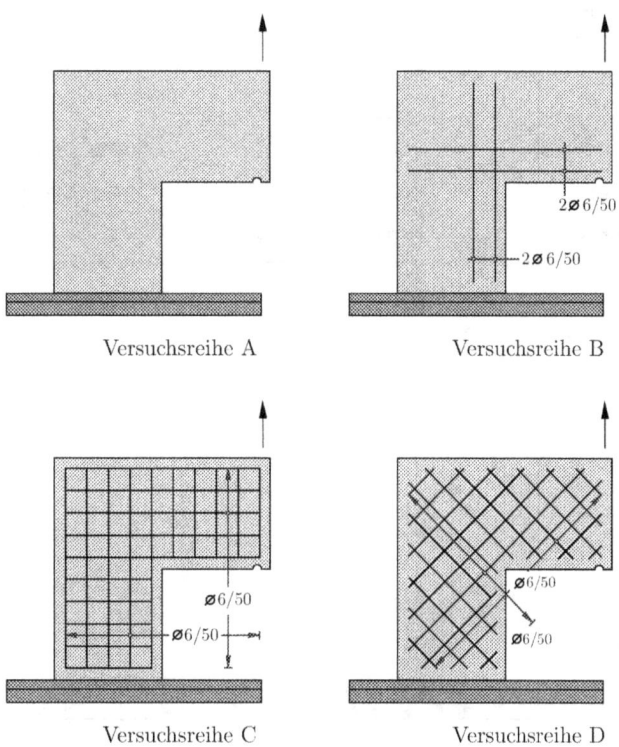

Abb.7.2: Versuchsprogramm

perimentelle Untersuchungen an unbewehrten Betonwinkeln (Versuchsreihe A) und bewehrten Betonwinkeln, wobei sich die bewehrten Betonwinkel lediglich durch die Anordnung der Bewehrung unterschieden (Abb.7.2). Die Versuchsreihe B bezeichnet die Versuche an Betonwinkeln mit zwei horizontalen und zwei vertikalen Bewehrungsstäben, die Versuchsreihen C und D die Betonwinkeln mit einem Bewehrungsnetz, das einen Winkel von 0° bzw. 45° mit der seitlichen Berandung einschließt. Die Abmessungen des Betonquerschnittes sind für alle Versuchsreihen ident.

Die verwendeten Bewehrungsstäbe waren naturharte, warmgewalzte Rippenstähle mit einem Nenndurchmesser von 6 mm. Die Bewehrungsstähle sind durch eine hohe Duktilität gekennzeichnet und können lt. [CEB-FIP, 1991] der Duktilitätsklasse B zugeordnet werden. Die Bewehrung wurde mit einem Abstand von 25 mm zur seitlichen Berandung mittig im Betonquerschnitt angeordnet (Abb.7.4). Die Bewehrungsnetze wurden aus Einzelstäben mit einem Nenndurchmesser von 6 mm angefertigt, wobei der jeweilige Stababstand mit 50 mm festgelegt wurde. Die einzelnen Bewehrungsstäbe wurden in den jeweiligen Knotenpunkten verschweißt.

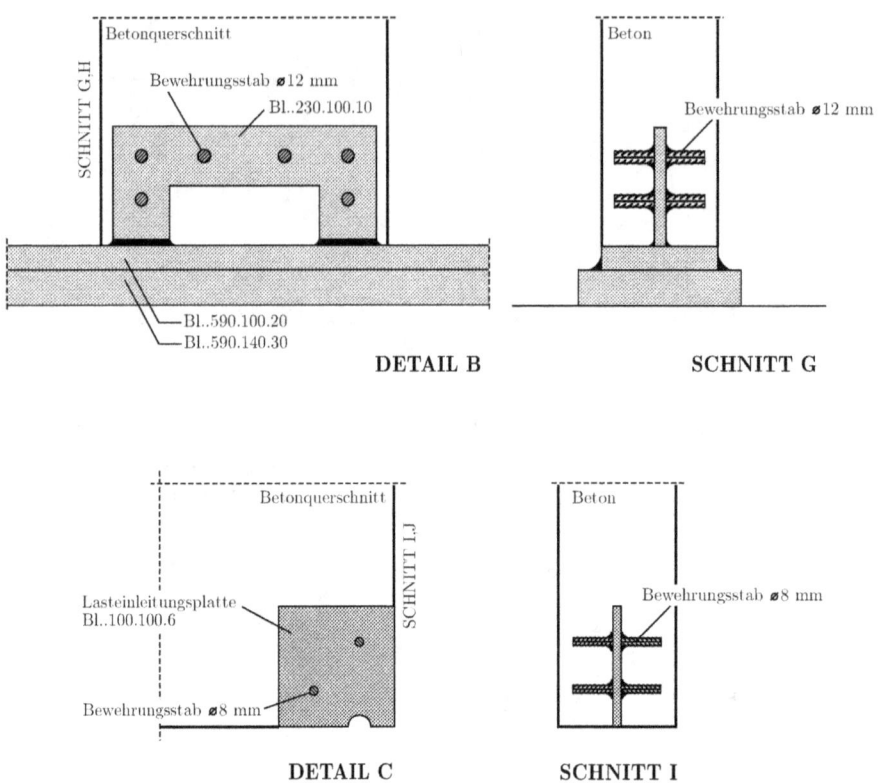

Abb. 7.3: Einspannungsdetail und Lasteinleitungsdetail

Die Verankerung der Stahleinlagen erfolgte durch die Verbundwirkung zwischen Bewehrung und Beton und durch zusätzliche Platten- und Querstabverankerungen. Für die Versuchsreihe B wurden die vertikalen Bewehrungsstäbe mit ringförmigen Kehlnähten an der Einspannplatte angeschweißt. Zur Gewährleistung der vollen Kraftübertragung wurde weiters ein Überlappungsstoß ohne Lasche, der mit einer doppelseitiger Flankennaht verschweißt wurde, angebracht. Diese Verankerung wurde auch für die Bewehrungsstäbe der Versuchsreihen C und D gewählt und ist in Abb. 7.4 im Schnitt H dargestellt. Im Lasteinleitungsbereich wurden die horizontalen Bewehrungsstäbe seitlich an der Lasteinleitungsplatte angeschweißt, die vertikalen Bewehrungsstäbe für die Versuchsreihen C und D wiederum durch einen Überlappungsstoß ohne Lasche befestigt. Dies ist in Abb. 7.4 im Schnitt J ersichtlich.

Die Verankerung der restlichen Enden der Bewehrungsstäbe erfolgte entweder durch eine Plattenverankerung oder durch Querstabverankerungen. Für die Versuchsreihe B wurden sowohl die zwei vertikalen als auch die zwei horizontalen Bewehrungsenden durch eine Plattenverankerung an der oberen bzw. rückwärtigen Berandung gesichert.

7. Traglastuntersuchungen

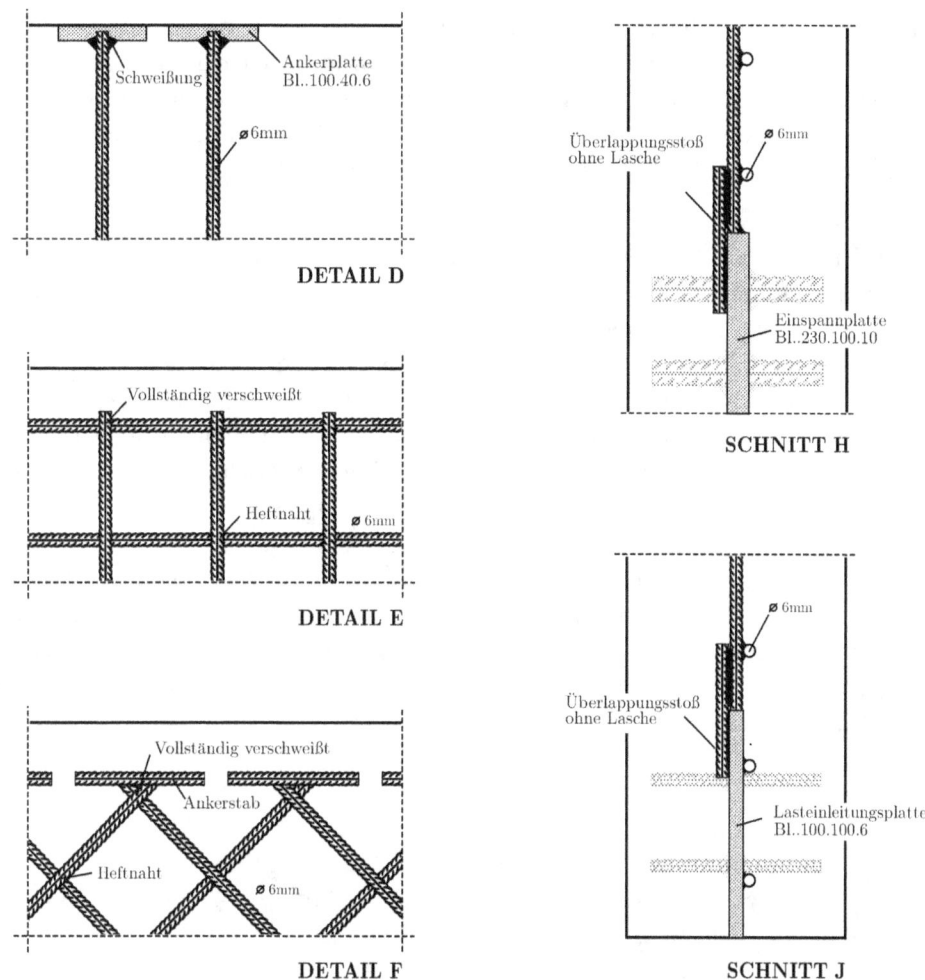

Abb.7.4: Verankerung der Bewehrung mit Ankerplatten für die Versuchsreihe B bzw. durch Querstäbe für die Versuchsreihe C und D, Befestigung der Bewehrung an den einzelnen Stahlkonstruktionen

Hierbei wurden die Stabenden in einem Versenk der Ankerplatte angeschweißt. Die Ankerplatte hatte eine Länge von 40 mm, eine Breite von 100 mm und eine Dicke von 6 mm und ist in Abb.7.4 im Detail D abgebildet. Für die Versuchsreihen C und D wurde eine Querstabverankerung vorgesehen. Die Querstabverankerung ist eine elastische Form der Verankerung und wird auf Grund von auftretenden Deformationen aktiviert. Für die Versuchsreihe C dienten die Randbewehrungsstäbe der Querstabverankerung, wobei die einzelnen Knoten vollständig verschweißt wurden. Für die Versuchsreihe D war es erforderlich, zusätzlich Querstäbe mit einer Länge von 40 mm parallel zur Berandung der Winkel anzuordnen.

Diese wurden mit den einzelnen schräg verlaufenden Bewehrungsstäben vollständig verschweißt. Die Verankerungswirkung der Querstabverankerung wurde in jenen Bereichen, in welchen die einzelnen Bewehrungsstäbe bis zur Zugfestigkeit bzw. zum Bruch beansprucht wurden, durch Querdruck und der daraus resultierenden Klemmbackenwirkungen zusätzlich vergrößert. Die Querstabverankerung für die Versuchsreihen C und D ist in Abb.7.4 im Detail E und F dargestellt.

Im Rahmen der experimentellen Untersuchungen wurde für alle Betonwinkel dieselbe Betonzusammensetzung verwendet. Teil des Betongemisches waren kalksteinhältige Zuschläge mit einem Größtkorn von 8 mm. An Hand der Sieblinie AC4 gemäß [ÖN B 3304, 1981], wobei die mengenmäßige Verteilung der Korngrößen im günstigen Bereich derselben gewählt wurde, wurde die Zusammensetzung der Zuschläge bestimmt. Als Zement wurde ein Portland Zement PZ 275 verwendet. Der Wasserzementwert wurde mit 0.53 festgelegt. Dies entspricht einem Zementbedarf von 340 kg und einem Wasserbedarf von 180 l pro Kubikmeter Mischgut. Die Konsistenz des Betongemischs kann lt. [ÖN B 4200/Teil 10, 1983] als ein steif-plastischer Beton (K2) kategorisiert werden. Der Mehlkorngehalt, der sich aus der Summe des Anteils der Zuschläge unter 0.25 mm und des Zements ermittelt, errechnet sich zu 660 kg/m^3 und entspricht somit den Anforderungen lt. [ÖN B 4200/Teil 10, 1983]. Dies bedeutet eine gute Verdichtbarkeit des Betongemisches und führt zu einer geschlossenen Oberfläche. Als Betonzusatz wurde lediglich ein Betonverflüssiger der Marke Sikament FF verwendet. Die mengenmäßige Zusammensetzung des Betongemischs ist in Tab.7.1 angeführt.

Sand (Korngröße 0-2 mm)	kg/m^3	1316.0
Sand (Korngröße 2-4 mm)	kg/m^3	470.0
Sand (Korngröße 4-8 mm)	kg/m^3	94.0
Portland Zement	kg/m^3	340.0
Wasser	kg/m^3	180.0
Sikament	kg/m^3	3.4

Tab.7.1: Zusammensetzung des Betongemischs

Sowohl die unbewehrten als auch die bewehrten Betonwinkel wurden in liegender Position betoniert. Da die Dicke in Betonierrichtung lediglich 100 mm betrug und die Bewehrung in horizontaler Richtung lag, kann der gesamte Betonquerschnitt dem Verbundbereich I lt. [ÖN B 4700, 1995] zugeordnet werden. Dies bedeutet eine gute Verdichtbarkeit des Betongemischs bzw. eine gute Verbundwirkung zwischen Bewehrung und Beton. Als Abstandhalter für die Bewehrung fungierten eigens dafür vorgesehene Querstäbe, die normal zur Bewehrungsebene aufgeschweißt wurden. Die Einspannplatte und die Lasteinleitungsplatte wurden seitlich mit der Schalung verschraubt. Dadurch konnte eine horizontale Verschiebung der Bewehrung im Zuge des Betoniervorgangs vermieden werden. Die Verdichtung des Betongemischs erfolgte mit Hilfe eines Rütteltisches. Die gesamten Betonierarbeiten wurden im Labor des Instituts für Baustoffe und Bauphysik der Universität Innsbruck durchgeführt.

7.2.2 Versuchsaufbau

Zu Beginn der experimentellen Untersuchungen wurden die Betonwinkel auf der Grundplatte der Prüfmaschine aufgestellt und mit Hilfe von dünnen Unterlegblechen vertikal justiert. Die Stahlplatte des Winkelfußes wurde anschließend mit der Prüfmaschinengrundplatte verschraubt. In der Folge wurde die Lasteinleitungskonstruktion eingebaut und mit dem Kolben der Prüfmaschine kraftschlüssig verbunden. Auch diese wurde auf ihre vertikale Position hin überprüft und gegebenenfalls nachjustiert. Anschließend wurden im vorderen Bereich des Lasteinleitungspunktes bzw. auf der rückwärtigen Seite der Betonwinkel drei induktive Wegaufnehmer (Hottinger-Baldwin, Typ WTK ±10 mm) angebracht. Der induktive Wegaufnehmer Nr.1 maß die vertikale Verschiebung des Lasteinleitungspunktes, die induktiven Wegaufnehmer Nr.2 und Nr.3 die horizontalen Verschiebungen der rückwärtigen Berandung am oberen Rand bzw. in der Mitte. Um die Einspannwirkung des Winkelfußes zu überprüfen, wurde im vorderen Bereich desselben zusätzlich der induktive Wegaufnehmer Nr.4 vorgesehen. Die Anordnung und die Abstände für die induktiven Wegaufnehmer sind in Abb.7.1 ersichtlich.

Weiters wurden an der Vorderseite und an der Rückseite der Betonwinkel je drei Dehnungsmeßstreifen (Hottinger-Baldwin, Typ 20/120 LY41) angebracht. Infolgedessen, daß je zwei Meßstellen im ungerissenen Bereich des Betonwinkels und eine Meßstelle in nächster Umgebung des zu erwartenden Risses lagen, war es möglich, den Dehnungsverlauf im ungerissenen und gerissenen Beton zu erfassen. Zusätzlich konnte mit dem Vergleich der an der Vorder- und Rückseite gemessenen Dehnungen die gleichmäßige Beanspruchung über die Dicke überprüft werden. Die Positionen der einzelnen Dehnungsmeßstreifen sind in Abb.7.9 angeführt. Zur Ermittlung der vertikalen Zugkraft wurde in der Lasteinleitungskonstruktion eine Kraftmeßdose eingebaut. Sowohl die induktiven Wegaufnehmer als auch die Kraftmeßdose wurden im Zuge jeder Versuchsreihe neu geeicht bzw. kontrolliert.

7.2.3 Versuchsdurchführung

Die Versuche wurden mit einer servohydraulischen Universalprüfanlage (Prüfrahmen der Serie 8802 der Firma Instron) durchgeführt. Die Prüfmaschine erlaubt einen maximalen Kolbenhub von ±125 mm und ermöglicht eine Maximallast für Zug- und Druckbeanspruchung von 100 kN. Sie kann statisch und dynamisch, kraft-, weg- und dehnungsgesteuert gefahren werden. Die experimentellen Untersuchungen an den Betonwinkeln wurden weggesteuert durchgeführt.

Für die Versuche an den unbewehrten Betonwinkeln wurde die konstante Vorschubgeschwindigkeit des Zylinderkolbens in Anlehnung an [Gopalaratnam und Shah, 1985], [Hordijk, 1992], [Reinhardt et al., 1986] mit 0.02 mm/min festgelegt. Für die bewehrten Betonwinkel wurde zu Beginn dieselbe Vorschubgeschwindigkeit mit 0.02 mm/min gewählt. Bei einer vertikalen Ver-

Abb.7.5: Versuchsaufbau

schiebung des Lasteinleitungspunktes von 2.0 mm wurde die Vorschubgeschwindigkeit auf 0.30 mm/min erhöht. Zu diesem Zeitpunkt war die Rißbildung insofern abgeschlossen, daß sich keine weiteren Risse mehr bildeten, sondern sich die vorhandenen lediglich aufweiteten. Bei einer vertikalen Verschiebung des Lasteinleitungspunktes von 10 mm war es notwendig, die induktiven Wegaufnehmer auf Grund ihrer begrenzten Länge neu zu justieren.

Anschließend wurde der Versuch mit einer Vorschubgeschwindigkeit von 0.60 mm/min fortgesetzt. Während der Versuche wurden sämtliche Meßdaten der Zugkraft, der Verschiebungen und der Dehnungen aufgezeichnet und gespeichert. Hierfür standen ein Meßverstärker der Firma Hottinger-Baldwin (DMCplus) und ein Personal Computer zur Datenerfassung (Software DIA/DAGO) zur Verfügung. Die Abtastfrequenz wurde mit 5 Werten pro Sekunde festgelegt. Zur besseren Veranschaulichung der Versuchsanordnung ist in Abb.7.5 ein bereits in die Prüfmaschine eingebauter Betonwinkel dargestellt.

7.2.4 Auswertung der Versuchsergebnisse

Die Auswertung der Versuchsergebnisse erfolgte in Form von Last-Verschiebungsdiagrammen und Last-Dehnungsdiagrammen. Hierbei wurde die mittels Kraftmeßdose bestimmte Zugkraft als Funktion der jeweiligen Verschiebung bzw. Dehnung aufgetragen. Weil die einzelnen Last-Verschiebungsdiagramme der jeweiligen Versuchsreihe sehr gut übereinstimmten, war es möglich, für die zunächst geglätteten Kurven den jeweiligen Mittelwert zu bilden bzw. eine mittlere Kurve für jede Versuchsreihe festzulegen. Für die Last-Dehnungsdiagramme wurde jeweils der erste Versuch jeder Versuchsreihe für die weitere Auswertung herangezogen. Hierbei wurden ebenfalls die Kurven geglättet und für die jeweils gegenüberliegenden Dehnungsmeßstreifen die mittlere Last-Dehnungskurve bestimmt, wobei die Ergebnisse für die jeweils gegenüberliegenden Dehnungsmeßstreifen sehr gut übereinstimmten. In Abschnitt 7.5 sind die Last-Verschiebungsdiagramme für die vertikale Verschiebung des Lasteinleitungspunktes (Wegaufnehmer Nr.1) und für die horizontale Verschiebung der rückwärtigen Berandung (Wegaufnehmer Nr.2) und die Last-Dehnungsdiagramme für die einzelnen Meßbereiche abgebildet.

Ein weiterer Teil der Versuchsauswertung umfaßt die Darstellung der jeweiligen Rißbilder. Nach Beendigung der Versuche wurden die einzelnen Risse an der Vorder- und an der Rückseite der Betonwinkel aufgezeichnet und in digitalisierter Form weiterverarbeitet. Der Vergleich der einzelnen Rißbilder zeigt, daß die Risse an der Vorderseite mit jenen an der Rückseite der Betonwinkel in ihrem Verlauf sehr gut übereinstimmen. Die Rißbilder für die einzelnen Versuche sind in Abschnitt 7.5 dargestellt. Einen wesentlichen Bestandteil der experimentellen Untersuchungen stellte die Bestimmung der einaxialen Werkstoffparameter dar, deren Ermittlung in Abschnitt 7.3 beschrieben wird. Die Werte der einaxialen Werkstoffkennwerte werden in Abschnitt 7.5 für jede Versuchsreihe getrennt angegeben.

7.3 Bestimmung der Werkstoffparameter

Die Bestimmung der einaxialen Materialparameter bildet einen wesentlichen Bestandteil der experimentellen Untersuchungen. Hierbei wurden die einaxialen Werkstoffkennwerte als die Mittelwerte aus jeweils drei Versuchen, für jede Versuchsreihe getrennt, bestimmt. Die Ergebnisse für die einaxialen Materialparameter werden in Abschnitt 7.5 angeführt. Im folgenden werden die experimentellen Untersuchungen zur Ermittlung der Werkstoffkennwerte beschrieben, wobei im speziellen der Beurteilung der einzelnen Ergebnisse große Bedeutung zukommt.

Für den Beton wurden die einaxiale Zylinderdruckfestigkeit, die einaxiale zentrische Zugfestigkeit, der Elastizitätsmodul und die Querdehnzahl ermittelt. Weiters wurden für den Bewehrungsstahl die Streckgrenze, die Zugfestigkeit, der Elastizitätsmodul und die Bruchdehnung untersucht.

Die einaxiale Zylinderdruckfestigkeit des Betons wurde mit Hilfe von Druckversuchen an Betonzylindern mit einem Durchmesser von 150 mm und einer Höhe von 300 mm lt. [CEB-FIP, 1991] bzw. [ÖN B 3303, 1981] bestimmt. Für die Ermittlung der einaxialen zentrischen Zugfestigkeit, des Elastizitätsmoduls und der Querdehnzahl wurden quadratische Prismen mit einer Seitenhöhe von 40 mm und einer Länge von 160 mm verwendet. Um die Aussagekraft der experimentellen Untersuchungen zu gewährleisten, wurden die Versuchsergebnisse für die einzelnen Werkstoffkennwerte mit den in [CEB-FIP, 1991] angegebenen Ansätzen verglichen. Diese werden im folgenden erläutert.

Basierend auf der charakteristischen Größe der einaxialen Druckfestigkeit f_{ck} und der mittleren Zylinderdruckfestigkeit f_{cm} kann die einaxiale zentrische Zugfestigkeit und der Elastizitätsmodul lt. [CEB-FIP, 1991] mit

$$f_{ctm} = f_{ctko,m} \left[f_{ck}/f_{cko} \right]^{2/3} \quad \text{und} \quad E_c = \alpha_E \, E_{co} \left[f_{cm}/f_{cmo} \right]^{1/3} \tag{7.1}$$

ermittelt werden. Hierbei werden für die einaxiale zentrische Zugfestigkeit die in der Norm definierten Größen $f_{ctko,m} = 1.40 \, \text{N/mm}^2$ und $f_{cko} = 10 \, \text{N/mm}^2$ und für den Elastizitätsmodul $E_{co} = 21.500 \, \text{N/mm}^2$ und $f_{cmo} = 10 \, \text{N/mm}^2$ benötigt. Bei Verwendung von kalkhaltigen Zuschlägen wird $\alpha_E = 0.90$ vorgeschlagen. Die mittlere Zylinderdruckfestigkeit kann mit Hilfe der charakteristischen Größe der einaxialen Druckfestigkeit mit

$$f_{cm} = f_{ck} + \Delta f \quad \text{für} \quad \Delta f = 8 \, \text{N/mm}^2 \tag{7.2}$$

ermittelt werden.

Die Ergebnisse für zentrische Zugversuche hängen sehr von der jeweiligen Versuchsanordnung ab. Weiters stellt die experimentell ermittelte zentrische Zugfestigkeit eine sehr stark streuende Größe dar. Um daher die Ergebnisse der Versuche verifizieren zu können, wurden zusätzlich Spaltzugversuche und Biegezugversuche durchgeführt. Die Spaltzugfestigkeit $f_{ct,sp}$ und die Biegezugfestigkeit $f_{ct,fl}$ wurden an Hand von Versuchen an Betonzylindern mit einem Durchmesser von 150 mm und einer Höhe von 300 mm bzw. an Prismen mit einer Seitenhöhe von 40 mm und einer Länge von 160 mm bestimmt. Um hier wiederum einen Bezug zur zentrischen Zugfestigkeit herstellen zu können, wurden folgende Ansätze lt. [CEB-FIP, 1991] verwendet. Die zentrische Zugfestigkeit f_{ctm} kann durch

$$f_{ctm} = 0.90 \, f_{ct,sp} \quad \text{und} \quad f_{ctm} = f_{ct,fl} \, \frac{\alpha_{fl} \, (h_b/h_o)^{0.7}}{1 + \alpha_{fl} \, (h_b/h_o)^{0.7}} \qquad (7.3)$$

abgeschätzt werden. Hierbei entspricht h_b der Höhe des verwendeten Prismas und h_o einer Vergleichshöhe von 100 mm. Der Faktor α_{fl} wurde gemäß [CEB-FIP, 1991] mit 1.50 angenommen.

In Abb. 7.6 sind die Versuchsergebnisse für die experimentell bestimmte zentrische Zugfestigkeit und die lt. [CEB-FIP, 1991] berechneten Vergleichswerte aus Biegezugfestigkeit, Zylinderdruckfestigkeit und Spaltzugfestigkeit dargestellt. Weiters wurden die Zylinderdruckfestigkeiten und die Elastizitätsmoduli bzw. die Vergleichswerte lt. [CEB-FIP, 1991] angeführt. Abschließend wurden die Elastizitätsmoduli als Funktion der jeweiligen Zugfestigkeit aufgetragen und mit der zugehörigen Funktion lt. [CEB-FIP, 1991] verglichen.

Die Ergebnisse der experimentellen Untersuchungen zeigen eine gute Übereinstimmung der jeweiligen einaxialen Materialparameter mit den Vergleichswerten bzw. den Ansätzen laut Norm. Im Zuge der experimentellen Untersuchungen wurden alle Prüfkörper vermessen bzw. abgewogen. Daraus resultiert ein mittleres Raumgewicht von 22.40 kN/m³. Die Querdehnzahl wurde im Rahmen der Zugversuche an den Betonprismen bestimmt und als Mittelwert für alle Versuchsreihen mit 0.18 festgelegt.

Im Rahmen der experimentellen Untersuchungen wurden auch Versuche zur Bestimmung der spezifischen Bruchenergie für Zugversagen durchgeführt. Vorschläge zur experimentellen Ermittlung der spezifischen Bruchenergie finden sich bei [Gopalaratnam und Shah, 1985], [Hordijk, 1992], [Reinhardt et al., 1986]. Für die Versuche wurden quadratische Prismen mit einer Seitenhöhe von 40 mm und einer Länge von 160 mm verwendet.

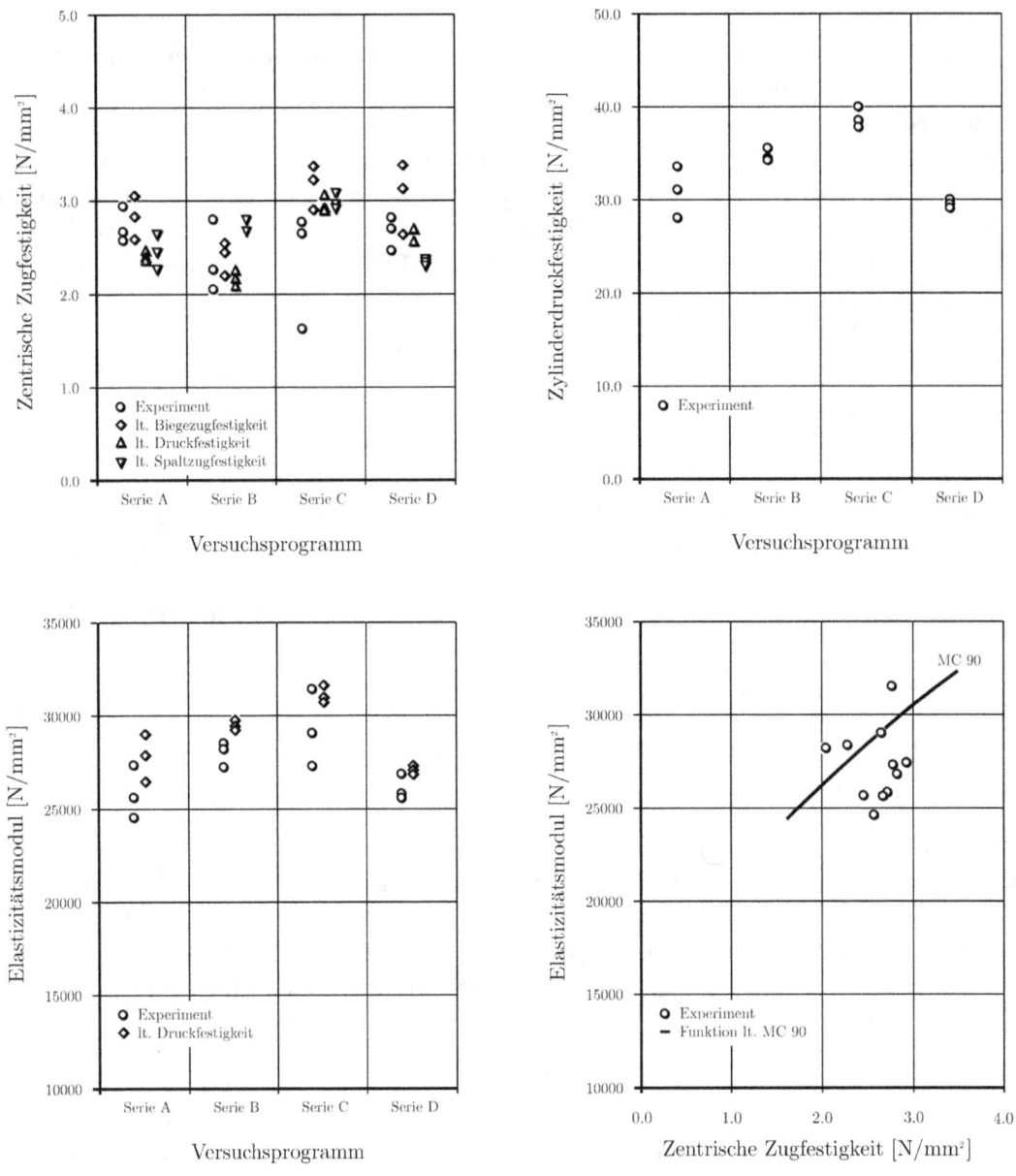

Abb.7.6: Ergebnisse der experimentellen Untersuchungen für die zentrische Zugfestigkeit, die Zylinderdruckfestigkeit und den Elastizitätsmodul

7. Traglastuntersuchungen

Zur Lokalisierung der Risse wurden an den Prüfkörpern seitlich zwei Kerben mit einer Tiefe von 5 mm angebracht. Die Versuche wurden dehnungsgesteuert durchgeführt, wobei die Rißöffnung als die maßgebliche Steuerungsvariable fungierte. Da die Rißbildung im allgemeinen trotz der zentrischen Beanspruchung unsymmetrisch auftritt, kommt es zu einer Rotation im Rißquerschnitt. Daher wurde die Rißöffnung mit zwei gegenüberliegenden Extensiometern gemessen. Dadurch konnte eine eventuelle Querschnittsverdrehung erfaßt werden und der Versuch dementsprechend gesteuert werden. Wird nur ein Extensiometer verwendet, so kann die Rißbildung zu instabilem Verhalten des Probekörpers führen.

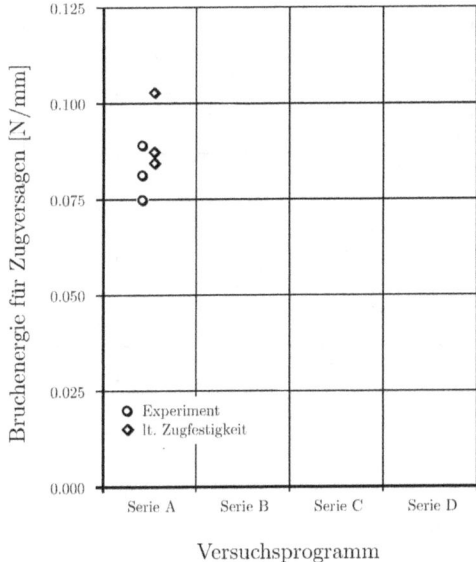 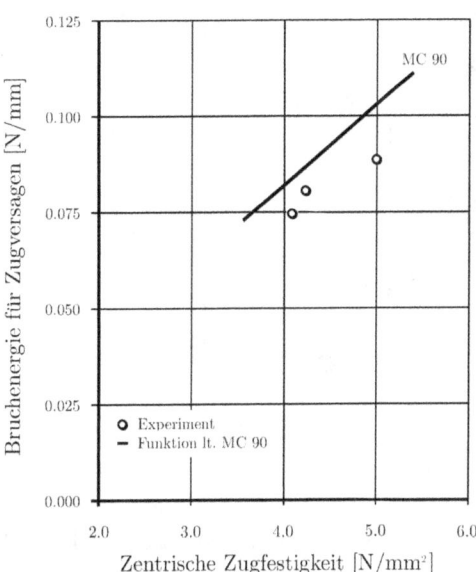

Abb.7.7: Ergebnisse der experimentellen Untersuchungen für die spezifische Bruchenergie für Zugversagen

Um die Ergebnisse der experimentellen Untersuchungen verifizieren zu können, wurde zusätzlich die spezifische Bruchenergie für Zugversagen aus den mittleren Druckfestigkeiten der einzelnen Versuche bestimmt. Die spezifische Bruchenergie kann lt. [CEB-FIP, 1991] mit

$$G_f = G_{fo} \left[f_{cm}/f_{cmo} \right]^{0.7} \tag{7.4}$$

ermittelt werden, wobei der Grundwert der spezifischen Bruchenergie G_{fo} von der maximalen Korngröße abhängt. Hierbei wird G_{fo} für ein Größtkorn $d_{max} = 8\,\text{mm}$ mit 0.025 N/mm angenommen. In Abb. 7.7 werden die experimentellen Ergebnisse bzw. die lt. [CEB-FIP, 1991] berechneten Vergleichswerte angegeben. Zusätzlich wurde die spezifische Bruchenergie als Funktion der jeweiligen Zugfestigkeit aufgetragen, um sie mit der zugehörigen Funktion lt. [CEB-FIP, 1991] vergleichen zu können.

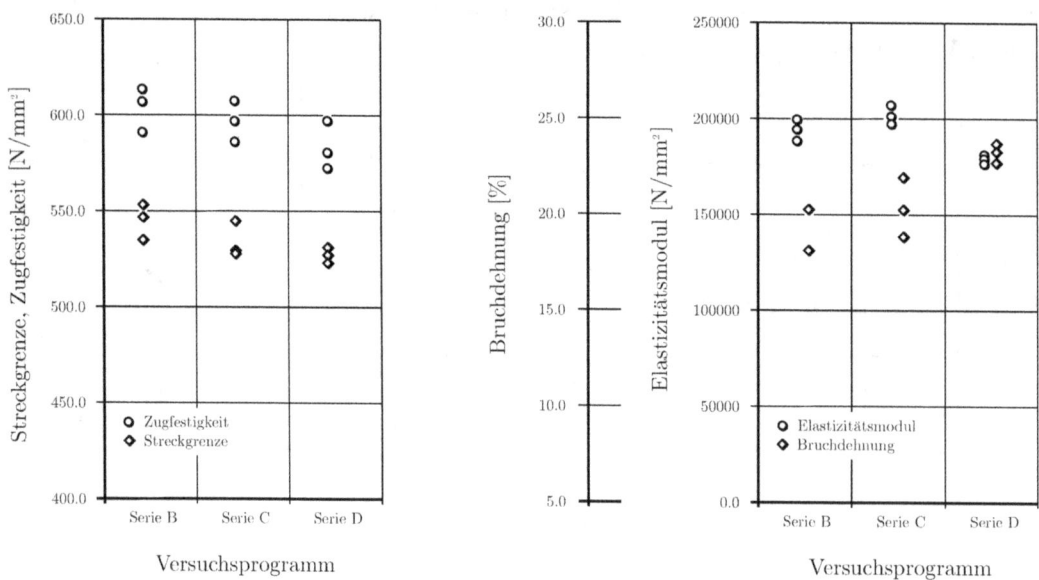

Abb.7.8: Ergebnisse der experimentellen Untersuchungen für die Streckgrenze, die Zugfestigkeit, den Elastizitätsmodul und die Bruchdehnung

Für die Ermittlung der einaxialen Werkstoffkennwerte des Bewehrungsstahls wurden Zugversuche an Stäben mit einer Länge von 300 mm durchgeführt. Die Bewehrungsstäbe sind naturharte, warmgewalzte Rippenstähle mit einem Nenndurchmesser von 6 mm und sind durch eine hohe Duktilität gekennzeichnet. Die Ergebnisse für die Streckgrenze, die Zugfestigkeit, den Elastizitätsmodul und die Bruchdehnung sind in Abb. 7.8 dargestellt.

7.4 Numerische Untersuchungen

7.4.1 Modellierung

Für die numerische Simulation des Tragverhaltens der Betonwinkel auf der Grundlage der Methode der Finiten Elemente wurden drei verschiedene Netze generiert. Hierbei wurde das zweite und dritte Netz durch eine konsistente Netzverfeinerung des ersten und des zweiten Netzes erhalten. Für die unbewehrten Betonwinkel bestand das Finite Elemente Netz aus 300 Elementen,

7. Traglastuntersuchungen

das zweite und dritte aus 1200 bzw. 4800 Elementen. Hierbei wurden vierknotige Elemente mit vier Integrationspunkten je Element verwendet. Zu Vergleichszwecken wurden die numerischen Berechnungen auch an dreiknotigen Elementen mit einem Integrationspunkt je Element durchgeführt, wobei die Betonwinkel mit 600, 2400 bzw. 9600 Elementen diskretisiert wurden.

Für die bewehrten Betonwinkel wurden zur Erstellung des Finiten Elemente Netzes 75, 300 und 1200 Elemente vorgesehen, wobei hier wiederum vierknotige Elemente mit vier Integrationspunkten je Element verwendet wurden. Eine Zusammenstellung über die Anzahl der Elemente, der Knoten und der Freiheitsgrade des jeweiligen Finiten Elemente Netzes ist in Tab.7.2 angeführt. Infolge der konsistenten Netzverfeinerung konnte die Objektivität des Materialgesetzes bezüglich der gewählten Diskretisierung überprüft werden.

Die für die numerischen Berechnungen zusätzlichen notwendigen Materialkennwerte wurden entsprechend der jeweiligen Versuchsreihe gewählt. Hierfür war lediglich die Bestimmung der spezifischen Bruchenergie für Zugversagen lt. [CEB-FIP, 1991] und der spezifischen Bruchenergie für Druckversagen lt. [Feenstra, 1993], [Rots, 1988], [Vonk, 1992] notwendig. Die jeweiligen Werte werden in Abschnitt 7.5 angegeben.

Versuchsreihe A[1]	Netz 1	Netz 2	Netz 3
Anzahl der Elemente	300	1200	4800
Anzahl der Knoten	341	1281	4961
Anzahl der Freiheitsgrade	682	2562	9922

Versuchsreihe A[2]	Netz 1	Netz 2	Netz 3
Anzahl der Elemente	600	2400	9600
Anzahl der Knoten	341	1281	4961
Anzahl der Freiheitsgrade	682	2562	9922

Versuchsreihen B, C, D	Netz 1	Netz 2	Netz 3
Anzahl der Elemente	75	300	1200
Anzahl der Knoten	96	341	1281
Anzahl der Freiheitsgrade	192	682	2562

[1] Vierknotige Elemente
[2] Dreiknotige Elemente

Tab.7.2: Anzahl der Elemente, Knoten und Freiheitsgrade

Im Rahmen der verschmierten Modellierung der Bewehrung wurden die einzelnen Bewehrungsstäbe für die Versuchsreihe B bzw. das Bewehrungsnetz unter 0° für die Versuchsreihe B und unter 45° für die Versuchsreihe D zu dünnen Stahllagen verschmiert. Für die Versuchsreihe B betraf dies jene Elemente, durch die die zwei horizontalen und zwei vertikalen Bewehrungsstäbe verliefen. Für die Versuchsreihen C und D wurden alle Elemente mit einer dünnen Stahllage versehen. Die Dicke der Bewehrungslage ergab sich aus dem verwendeten Stahlquerschnitt und Stababstand. Das Materialverhalten der einzelnen Schichten wurde in der jeweils vorgegebenen Orientierung durch ein einaxiales elasto-plastisches Materialmodell mit Verfestigung beschrieben. Hierfür wurden die Streckgrenze, die Bruchfestigkeit, der Elastizitätsmodul und die Bruchdehnung der jeweiligen Versuchsreihe benötigt. Die Steigung der zur Beschreibung des verfestigenden Materialverhaltens verwendeten Funktion wird mit Hilfe der Zugfestigkeit und der Bruchdehnung berechnet. Die Einspannplatte und die Lasteinleitungsplatte wurden durch Elemente mit einer höheren Steifigkeit simuliert. Diese wurde aus der ideellen Querschnittsfläche und aus dem ideellen Flächenträgheitsmoment des in diesen Bereichen vorhandenen Verbundquerschnitts errechnet.

Die Simulation der Belastung erfolgte auf Basis proportionaler Steigerung der vertikalen Verschiebung des Lasteinleitungspunktes bis zu einem jeweils vorgegebenen Endwert.

7.4.2 Auswertung der numerischen Ergebnisse

Die Auswertung der Ergebnisse erfolgte in Form von Last-Verschiebungsdiagrammen und Last-Dehnungsdiagrammen. Um die experimentell ermittelten Rißverläufe verifizieren zu können, wurde die Rißentwicklung bzw. die Materialschädigung verwendet.

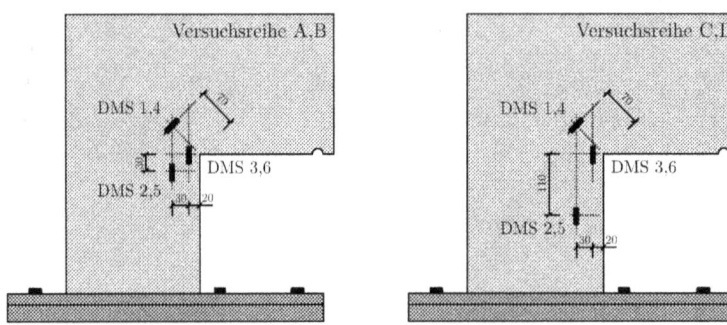

Abb.7.9: Anordnung der Dehnungsmeßstreifen

Für die Erstellung der Last-Verschiebungskurven wurde die numerisch ermittelte Zugkraft als Funktion der vertikalen Verschiebung des Lasteinleitungspunktes (Wegaufnehmer Nr.1) und der horizontalen Verschiebung der rückwärtigen Berandung (Wegaufnehmer Nr.2) aufgetragen. In den Last-Dehnungsdiagrammen wurde die jeweilige Dehnung als Funktion der Zugkraft angegeben. Die Bereiche zur Auswertung der Dehnungen wurden an Hand des Finiten Elemente Netzes Nr.1 festgelegt. Für die Netze Nr.2 und Nr.3 wurden die zuvor festgelegten Bereiche in ihrer Größe unverändert belassen. Die Dehnung entspricht somit einer mittleren Dehnung über die jeweils betroffenen Elemente.

Diese Vorgehensweise macht es möglich, die Objektivität des verwendeten Werkstoffgesetzes zu überprüfen. Zwar würde die Anpassung des Auswertungsbereiches an das jeweilige Finite Elemente Netz eventuell die Genauigkeit der Ergebnisse erhöhen, jedoch auch infolge möglicher Lokalisierungen der bereits gerissenen Zonen zu Last-Dehnungsdiagrammen führen, die einen Vergleich der einzelnen Netze bezüglich der Objektivität des Materialmodells nicht zulassen würden. Die Lage der einzelnen Dehnungsmeßstreifen, die auf Grund der zu erwartenden Rißbilder unterschiedlich gewählt wurde, ist in Abb.7.9 dargestellt. Die Last-Verschiebungsdiagramme und die Last-Dehnungsdiagramme werden in Abschnitt 7.5 im direkten Vergleich mit den experimentellen Ergebnissen angegeben.

Die Rißentwicklung wurde in Form der Rißbilder für das Finite Elemente Netz Nr.1 und der Materialschädigung dargestellt. Die Rißbilder wurden an Hand der Richtung der ersten Hauptnormalspannung ermittelt, wobei der zugehörige Riß normal dazu abgebildet wurde. Diese sind in Abschnitt 7.5 im Vergleich zum Rißbild des jeweiligen Probekörpers Nr.1 abgebildet.

Das Rißverhalten kann aber auch mit Hilfe der auftretenden Materialschädigung beschrieben werden. Mit Hilfe der internen Variable κ_1, die auch als Schädigungsindikator bezeichnet werden kann, ist es möglich, bereits geschädigte bzw. gerissene Bereiche des Finiten Elemente Netzes darzustellen. Das Materialverhalten jener Elemente, die in den jeweiligen Abbildungen in Abschnitt 7.5 in unterschiedlichen Graustufen eingefärbt sind, ist durch eine teilweise bzw. völlige Entfestigung gekennzeichnet. Diese Variable charakterisiert somit die Rißentwicklung bzw. den Rißverlauf. Die Materialschädigung wurde für alle verwendeten Finiten Elemente Netze angegeben, wobei die zunehmende Netzverfeinerung eine detailliertere Beschreibung des Rißverhaltens ermöglicht. Tritt in Teilbereichen der Struktur die Materialschädigung in sehr konzentrierter Form auf, so können die betreffenden Elemente als einzelner Riß interpretiert werden. In der Umgebung des Winkelfußes kommt es auf Grund der höheren Steifigkeit zu keiner Rißbildung bzw. keiner Materialschädigung. Daraus resultiert der dort teilweise plötzliche Übergang zwischen gerissenem und ungerissenem Beton.

7.5 Vergleich der experimentellen und numerischen Ergebnisse

Im folgenden werden die Ergebnisse der experimentellen und numerischen Untersuchungen für jede Versuchsreihe getrennt beschrieben und erläutert. Die Vergleiche der Ergebnisse beinhalten die Last-Verschiebungsdiagramme, die Last-Dehnungsdiagramme, die Rißentwicklung und die Materialschädigung.

7.5.1 Versuchsreihe A

Für die unbewehrten Betonwinkel bedeutet das Auftreten des ersten Risses gleichzeitig das Erreichen der Traglast, wobei sich die Rißbildung durch eine Reduktion der Laststeigerung angekündigt hatte. Zu diesem Zeitpunkt bildeten sich in der inneren Ecke des Betonwinkels mehrere Mikrorisse, die sich zu einem Makroriß zusammenschlossen. Mit dem Erreichen der Traglast nahm die Zugkraft bei konstanter Vorschubgeschwindigkeit des Zylinderkolbens leicht ab, der Makroriß blieb aber weiterhin auf den Eckbereich beschränkt. Die eigentliche Rißfortpflanzung erfolgte kurz später. Weitere gleichförmige Steigerung der vertikalen Verschiebung des Lasteinleitungspunktes führte zu einer stetigen Abnahme der Last. Die Versuche und die numerische Simulation wurden bei einer Verschiebung des Lasteinleitungspunktes von 1.0 mm beendet. Die numerisch ermittelten Last-Verschiebungsdiagramme zeigen die Objektivität der Ergebnisse für die drei unterschiedlichen Diskretisierungen. Die Rißbilder an der Vorder- und Rückseite der unbewehrten Betonwinkel und die Last-Verschiebungsdiagramme sind in Abb.7.10 und Abb.7.12 dargestellt. Die einaxialen Werkstoffkennwerte der Versuchsreihe A sind in Tab.7.3 aufgelistet.

Die Auswertung der Last-Dehnungsdiagramme zeigt, daß die Dehnungsmeßstreifen Nr.1/4 bzw. Nr.2/5 sowohl für den Belastungs- als auch für den Entlastungsprozeß nahezu linear-elastisches Verhalten aufweisen. Im Gegensatz dazu kennzeichnen die Dehnungsmeßstreifen Nr.3/6, die im Bereich des zu erwartenden Risses angebracht wurden, ein stark nichtlineares Verhalten. Nach dem Erreichen der Rißdehnung nehmen hierbei die Dehnungen sehr schnell zu. Dieses Verhalten kann auch durch die numerischen Berechnungen an den drei konsistent verfeinerten Netzen beobachtet werden (Abb.7.13). Die berechnete Materialschädigung führt sowohl für die Diskretisierungen mit vierknotigen Elementen (Abb.7.11(a)-(c)) als auch mit dreiknotigen Elementen (Abb.7.11(d)-(f)) zu einer guten Approximation des gemessenen Rißverlaufs. Hierbei kann festgestellt werden, daß mit zunehmender Netzverfeinerung der experimentell beobachtete Rißverlauf erwartungsgemäß besser abgebildet werden kann (siehe insbesondere Netz Nr.3 mit dem schräg verlaufenden Rißbeginn). Für das Netz Nr.1 und Nr.2 verläuft der Riß auch anfangs in horizontaler Richtung, er folgt somit den vorhandenen Elementskanten. Dieser Effekt kann auch für die Diskretisierung der Netze Nr.1 und Nr.2 mit dreiknotigen Elementen beobachtet werden. Verbesserungen hinsichtlich der numerischen Simulation der Rißentwicklung könnten durch nichtlokale Formulierungen [Jirásek und Zimmermann, 1997] oder durch adaptive Methoden [Huemer, 1998], [Lackner, 1999] erzielt werden.

Beton			
f_{ctm}	= 2.70 N/mm^2	G_f	= 0.065 N/mm
f_{cm}	= 31.00 N/mm^2	G_c	= 10.80 N/mm
E_c	= 25850 N/mm^2		

Tab.7.3: Versuchsreihe A: Materialkennwerte für Beton

7. Traglastuntersuchungen

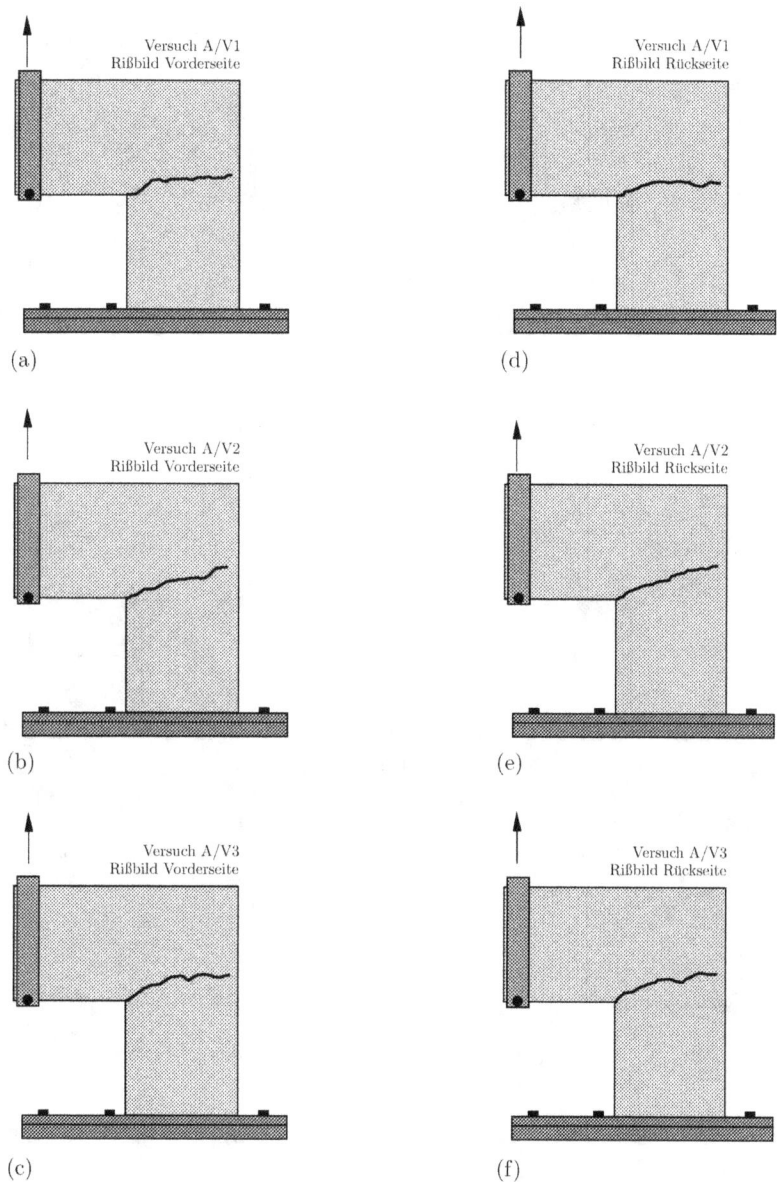

Abb.7.10: Versuchsreihe A: (a)-(f) Rißverläufe an der Vorder- und Rückseite der Betonwinkel

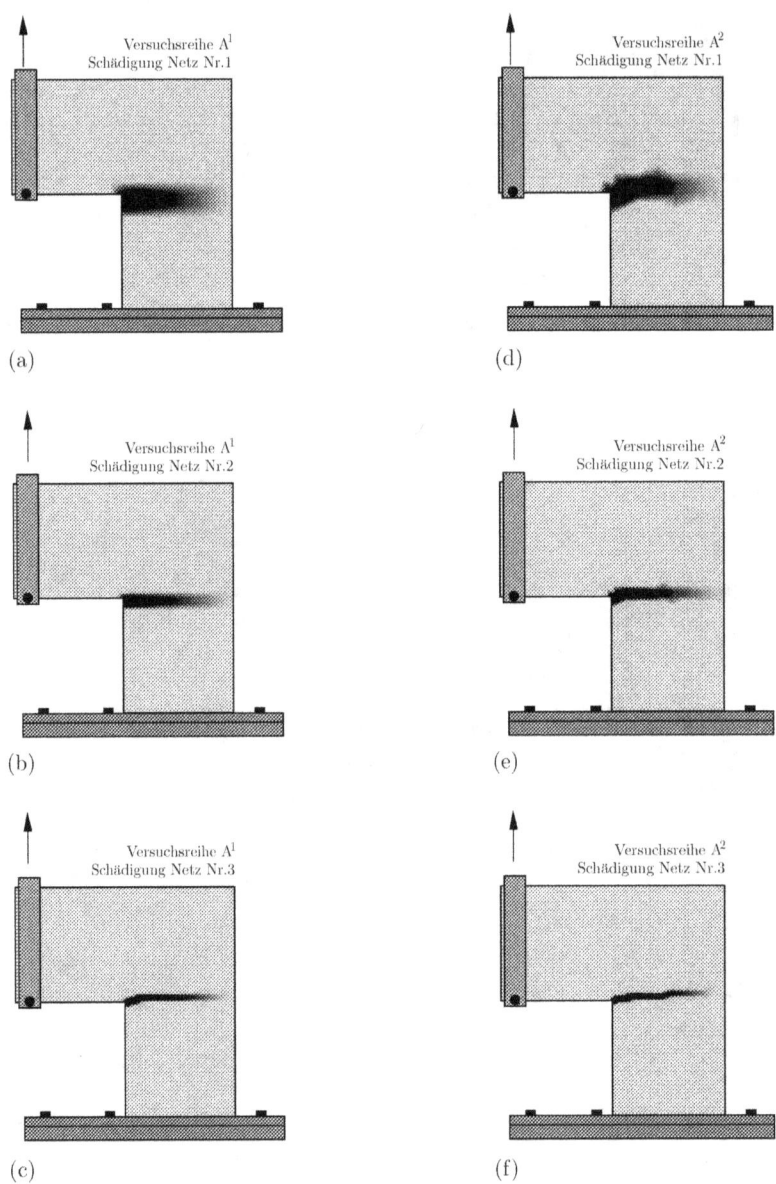

Abb.7.11: Versuchsreihe A: Berechnete Schädigung für drei konsistent verfeinerte Netze, bestehend aus (a)-(c) vierknotigen und (d)-(f) dreiknotigen Finiten Elementen

7. Traglastuntersuchungen

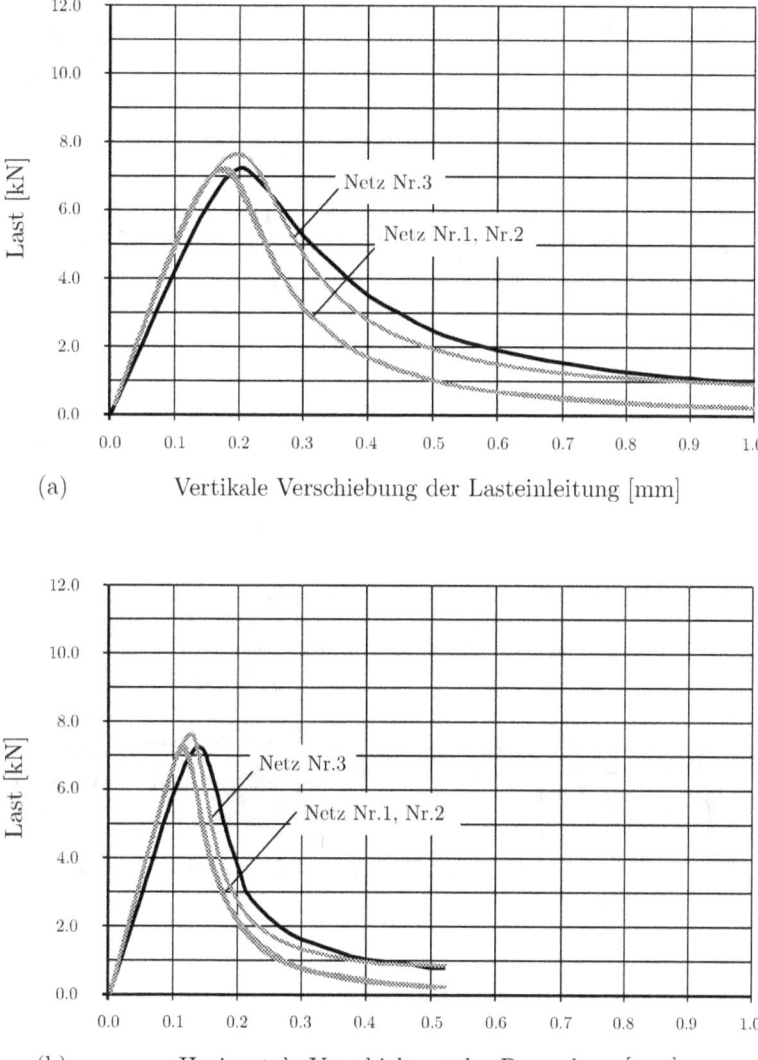

Abb. 7.12: Versuchsreihe A: Last-Verschiebungsdiagramme für (a) die vertikale Verschiebung des Lasteinleitungspunktes und (b) für die horizontale Verschiebung der rückwärtigen Berandung an der oberen Ecke

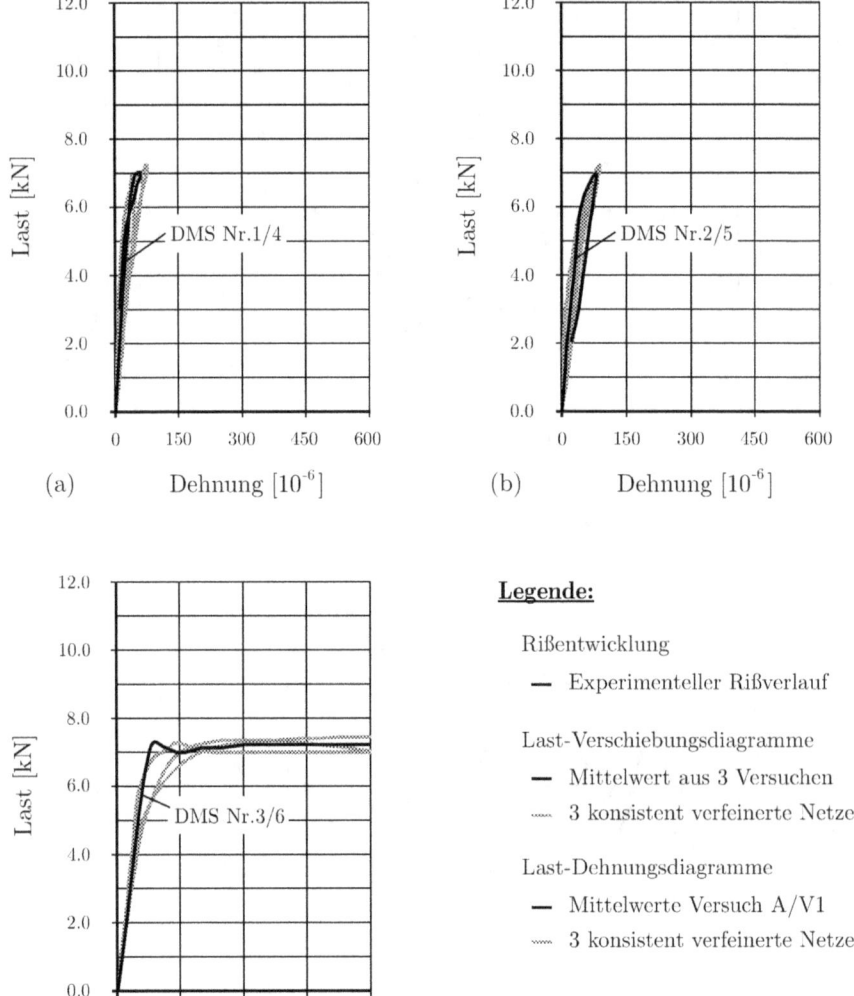

Abb.7.13: Versuchsreihe A: (a)-(c) Vergleich der Last-Dehnungsdiagramme mit den experimentellen Ergebnissen für den Versuch A/V1

7.5.2 Versuchsreihe B

Im Gegensatz zur Versuchsreihe A übernahmen die einzelnen Bewehrungsstäbe die bei der Bildung des ersten Risses frei werdenden Zugkräfte im Beton. In der Folge bildeten sich weitere Risse, bis schließlich die Traglast mit dem Fließen der Bewehrung erreicht war. Die Bildung der einzelnen Risse ist sowohl in den experimentellen als auch in den numerischen Untersuchungen durch eine kurzzeitige Abnahme der Zugkraft in den Last-Verschiebungsdiagrammen zu erkennen (Abb.7.16). Nach Erreichen der Traglast bildeten sich keine weiteren Risse, es weiteten sich die vorhandenen lediglich auf. Grund dafür war, daß praktisch die gesamte Zugkraft durch die Bewehrung aufgenommen wurde. Die Zugfestigkeit des Betons wurde zwischen den Rissen nicht mehr überschritten. Die Versuche wurden bei einer vertikalen Verschiebung des Lasteinleitungspunktes von 5.0 mm gestoppt. Die Rißbilder sind in Abb.7.14 ersichtlich. Die einaxialen Materialparameter für die Versuchsreihe B können der Tab.7.4 entnommen werden.

Für die Versuchsreihe B zeigen die Dehnungsmeßstreifen Nr.1/4 bzw. Nr.2/5 ebenso nahezu linear-elastisches Be- und Entlastungsverhalten wie für die Versuchsreihe A (Abb.7.17). Nach Auftritt des von der einspringenden Ecke ausgehenden ersten Risses sinken die gemessenen Betondehnungen der Dehnungsmeßstreifen Nr.1/4 bzw. Nr.2/5 wiederum gegen Null, die Last kann aber auf Grund der vorhandenen Bewehrung (Abb.7.15(a)) weiter gesteigert werden. In den numerischen Berechnungen nehmen die Dehnungen bei Erreichen der Rißdehnung schlagartig zu. Dies kann darauf zurückgeführt werden, daß im Rahmen des Konzepts der verschmierten Risse der gesamte Bereich um die Dehnungsmeßstreifen Nr.1/4 bzw. Nr.2/5 geschädigt wird, im Versuch aber der Riß in nächster Umgebung der vorhandenen Dehnungsmeßstreifen verläuft. Der Dehnungsverlauf für die Dehnungsmeßstreifen Nr.3/6 ist nahezu ident zur Versuchsreihe A.

Der numerisch ermittelte Rißverlauf (Abb.7.15(b),(c)) gibt die Rißbilder aus den Versuchen gut wieder. Mit der berechneten Materialschädigung wird für das Netz Nr.1 die Rißentwicklung im Eckbereich (Abb.7.15(d)) gut beschrieben. Die Netze Nr.2 und Nr.3 zeigen sodann deutlich, daß trotz der vorhandenen Bewehrung eine Lokalisierung im Bereich des Erstrisses vorliegt (Abb.7.15(e),(f)). Dies konnte auch in den Versuchen beobachtet werden.

Beton		Stahl	
f_{ctm} =	2.36 N/mm²	f_y =	544.8 N/mm²
f_{cm} =	34.85 N/mm²	f_t =	603.7 N/mm²
E_c =	27980 N/mm²	E_c =	193247 N/mm²
G_f =	0.069 N/mm	δ =	19.19 %
G_c =	12.20 N/mm		

Tab.7.4: Versuchsreihe B: Materialkennwerte für Beton und Bewehrung

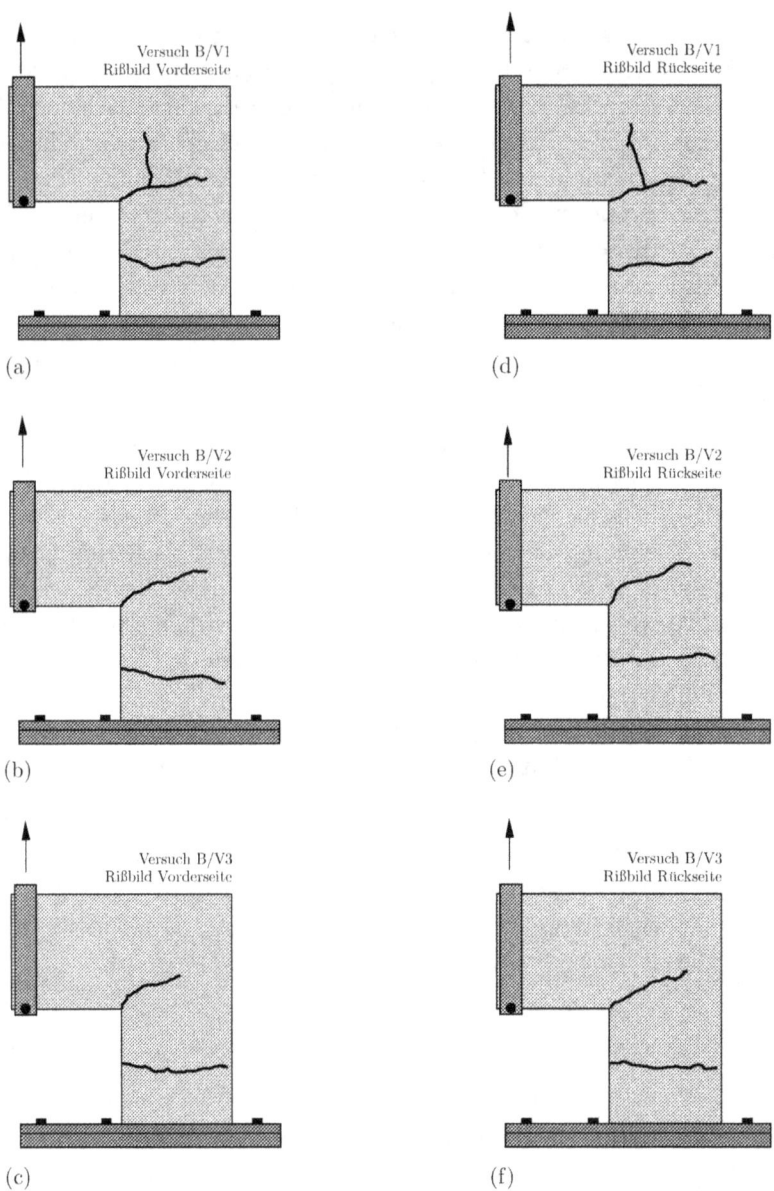

Abb.7.14: Versuchsreihe B: (a)-(f) Rißverläufe an der Vorder- und Rückseite der Betonwinkel

7. Traglastuntersuchungen

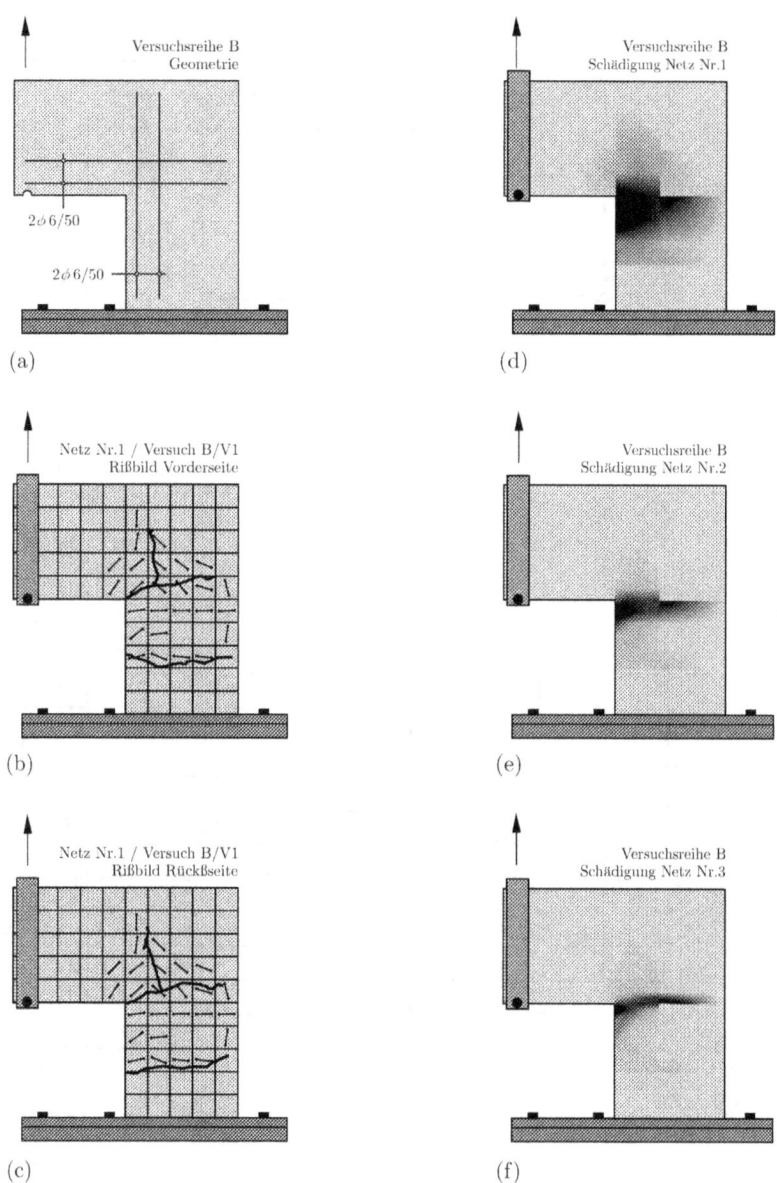

Abb.7.15: Versuchsreihe B: (a) Geometrie, (b)-(c) experimentell und numerisch ermittelte Rißverläufe, (d)-(f) berechnete Schädigung für drei konsistent verfeinerte Netze

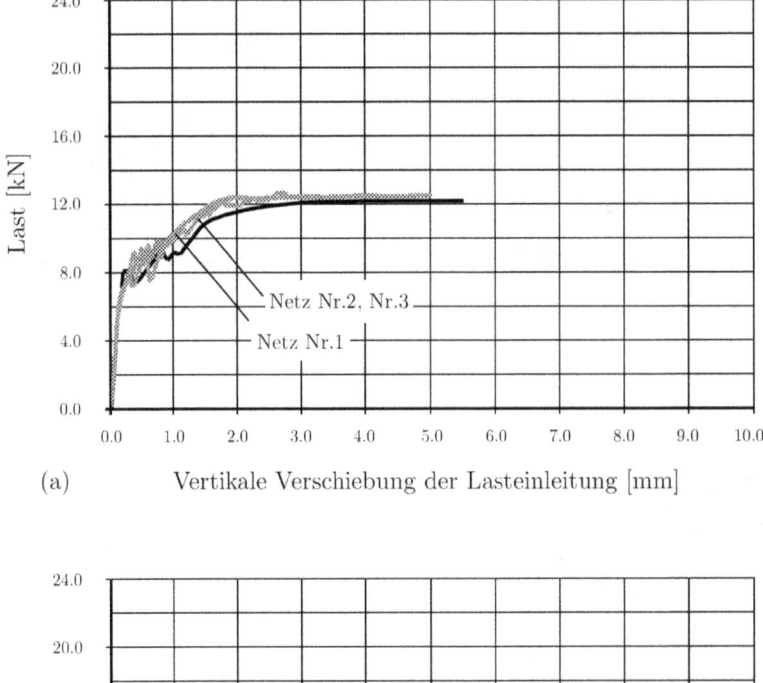

(a) Vertikale Verschiebung der Lasteinleitung [mm]

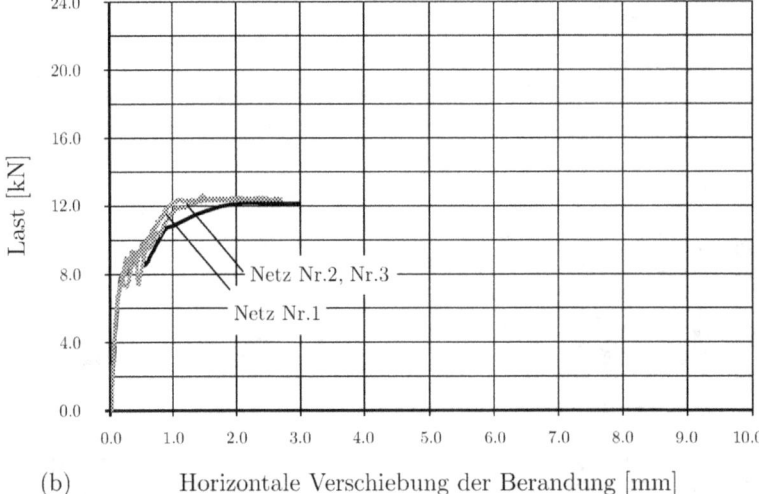

(b) Horizontale Verschiebung der Berandung [mm]

Abb.7.16: Versuchsreihe B: Last-Verschiebungsdiagramme für (a) die vertikale Verschiebung des Lasteinleitungspunktes und (b) für die horizontale Verschiebung der rückwärtigen Berandung an der oberen Ecke

7. Traglastuntersuchungen

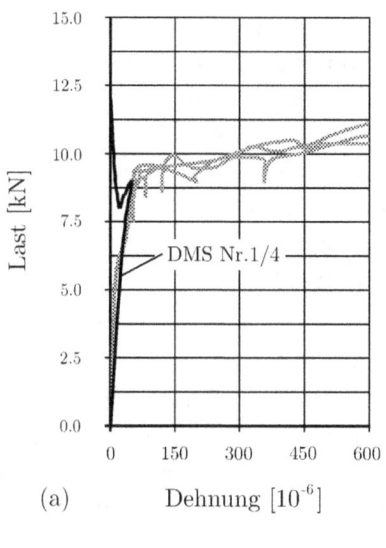

(a)

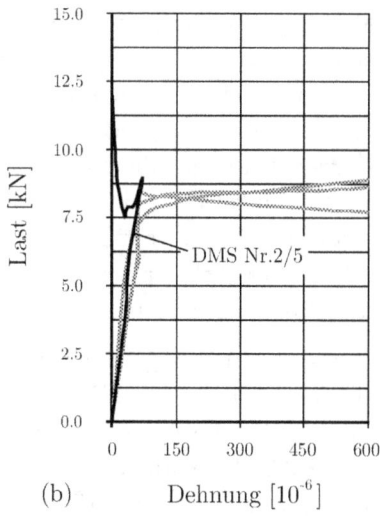

(b)

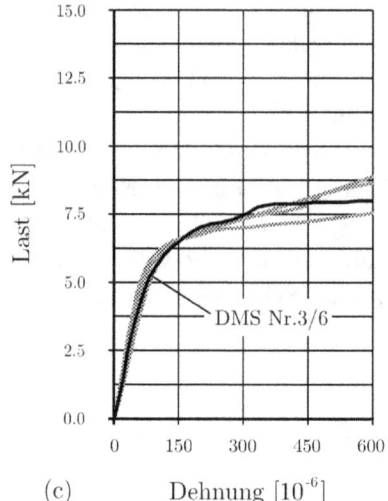

(c)

Legende:

Rißentwicklung

— Experimenteller Rißverlauf
— Rißbildung infolge numerischer Berechnung

Last-Verschiebungsdiagramme

— Mittelwert aus 3 Versuchen
⋯ 3 konsistent verfeinerte Netze

Last-Dehnungsdiagramme

— Mittelwerte Versuch B/V1
⋯ 3 konsistent verfeinerte Netze

Abb.7.17: Versuchsreihe B: (a)-(c) Vergleich der Last-Dehnungsdiagramme mit den experimentellen Ergebnissen für den Versuch B/V1

7.5.3 Versuchsreihe C

Das Bewehrungsnetz mit den Stahlstäben parallel zu den Seitenkanten der Betonwinkel führt zu einer deutlich höheren Traglast als für die Versuchsreihe B. Die Bildung der einzelnen Risse ist jeweils mit einer geringen Abnahme der Zugkraft verbunden. Die Traglast wird mit dem Fließen der Bewehrung erreicht. In den Versuchen wurde die vertikale Verschiebung des Lasteinleitungspunktes bis auf einen Wert von 30 mm gesteigert. Zu diesem Zeitpunkt versagte der Betonwinkel durch den Bruch der Bewehrung, der äußerste vertikale Bewehrungsstab brach auf Höhe der inneren Winkelecke. Die Rißverläufe an der Vorder- und Rückseite und die Last-Verschiebungsdiagramme für die vertikale Verschiebung des Lasteinleitungspunktes und die horizontale Verschiebung der rückwärtigen Berandung sind in Abb.7.18 und Abb.7.20 abgebildet. Die einaxialen Werkstoffkennwerte für die Versuchsreihe C sind in Tab.7.5 angeführt.

Die ermittelten Last-Dehnungsdiagramme entsprechen ungefähr den Ergebnissen der Versuchsreihe B. Der einzige wesentliche Unterschied liegt im Verhalten der Dehnungsmeßstreifen Nr.2/5, die keine Entlastung mehr aufweisen. Bemerkenswert hierbei ist die sprunghafte Zunahme der Dehnungen bei der Rißbildung. Im Gegensatz dazu ist die Dehnungszunahme der Dehnungsmeßstreifen Nr.3/6 kontinuierlich. Dieses Verhalten kann auch im Zuge der numerischen Berechnungen bestätigt werden (Abb.7.21).

Infolge des Bewehrungsnetzes (Abb.7.19(a)) ist sowohl die numerisch als auch die experimentell ermittelte Rißbildung gleichmäßig über den gesamten vertikalen Schenkel des Betonwinkels verteilt (Abb.7.19(b),(c)). Denselben Effekt kann man auch für die berechnete Materialschädigung beobachten. Lediglich im Bereich der Einspannung treten auf Grund der Einspannplatte keine Risse auf. Das Materialverhalten zeigt ferner, daß mit zunehmender Netzfeinheit Bereiche mit hohen Schädigungskonzentrationen auftreten (Abb.7.19(d)-(f)). Für das Netz Nr. 3 ist sogar erkennbar, daß sich drei horizontale Risse über die untere Schenkelhöhe verteilt ausbilden. Dies konnte auch in den experimentellen Untersuchungen für die Versuche C/V2 und C/V3 beobachtet werden. Zusätzlich ist eine deutliche Lokalisierung im Eckbereich erkennbar, wo auch der Betonwinkel durch den Bruch der Bewehrung versagte.

Beton		Stahl	
f_{ctm} =	2.70 N/mm^2	f_y =	533.2 N/mm^2
f_{cm} =	38.90 N/mm^2	f_t =	597.2 N/mm^2
E_c =	29300 N/mm^2	E_c =	201580 N/mm^2
G_f =	0.074 N/mm	δ =	20.30 %
G_c =	13.60 N/mm		

Tab.7.5: Versuchsreihe C: Materialkennwerte für Beton und Bewehrung

7. Traglastuntersuchungen   153

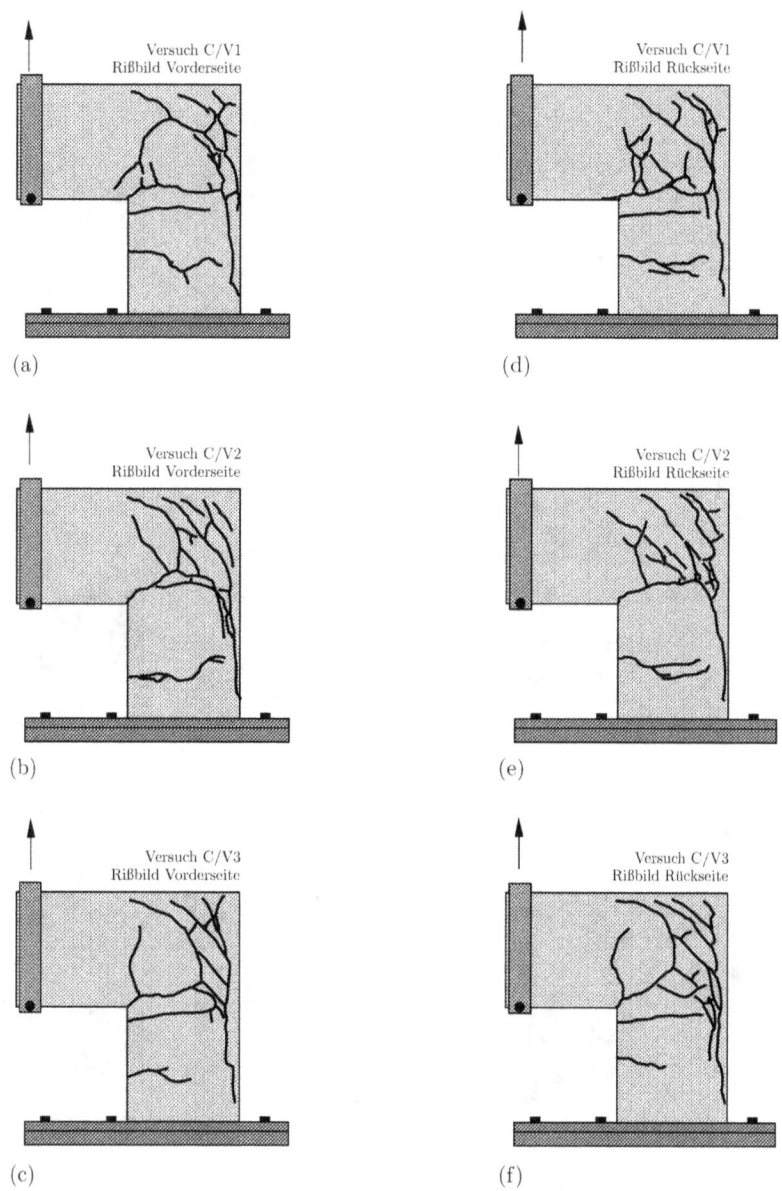

Abb.7.18: Versuchsreihe C: (a)-(f) Rißverläufe an der Vorder- und Rückseite der Betonwinkel

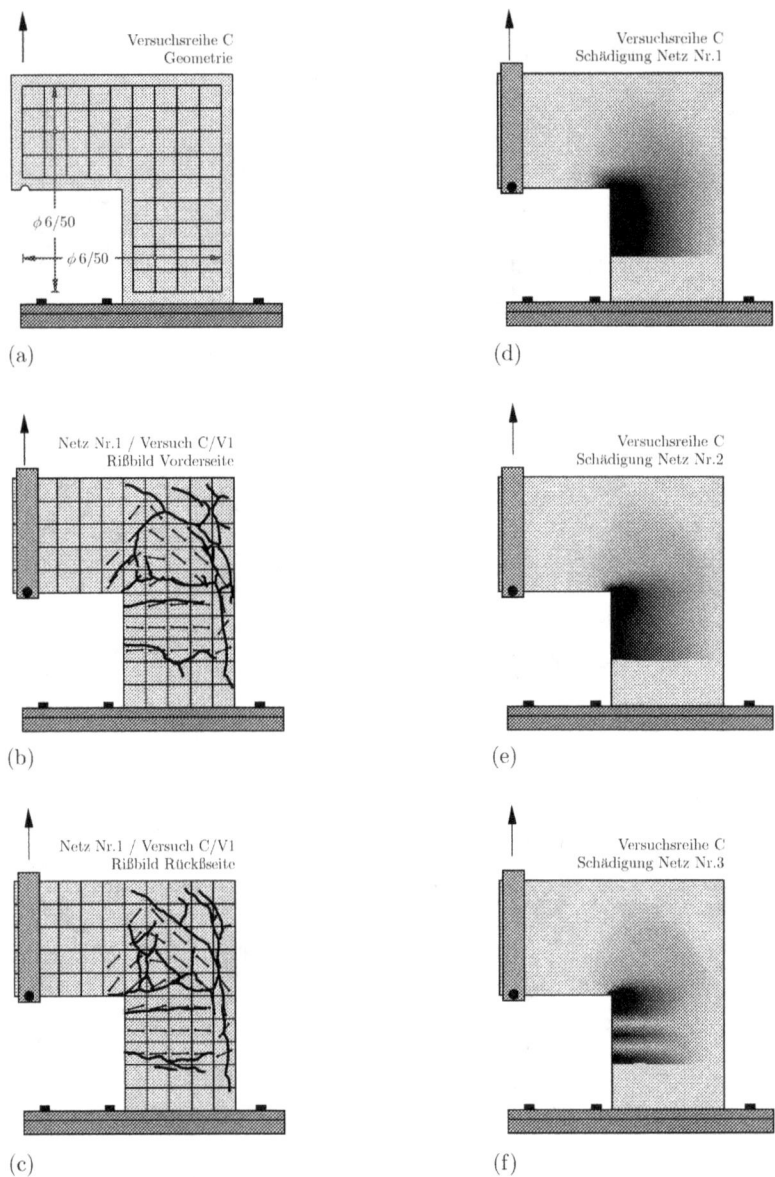

Abb.7.19: Versuchsreihe C: (a) Geometrie, (b)-(c) experimentell und numerisch ermittelte Rißverläufe, (d)-(f) berechnete Schädigung für drei konsistent verfeinerte Netze

7. Traglastuntersuchungen

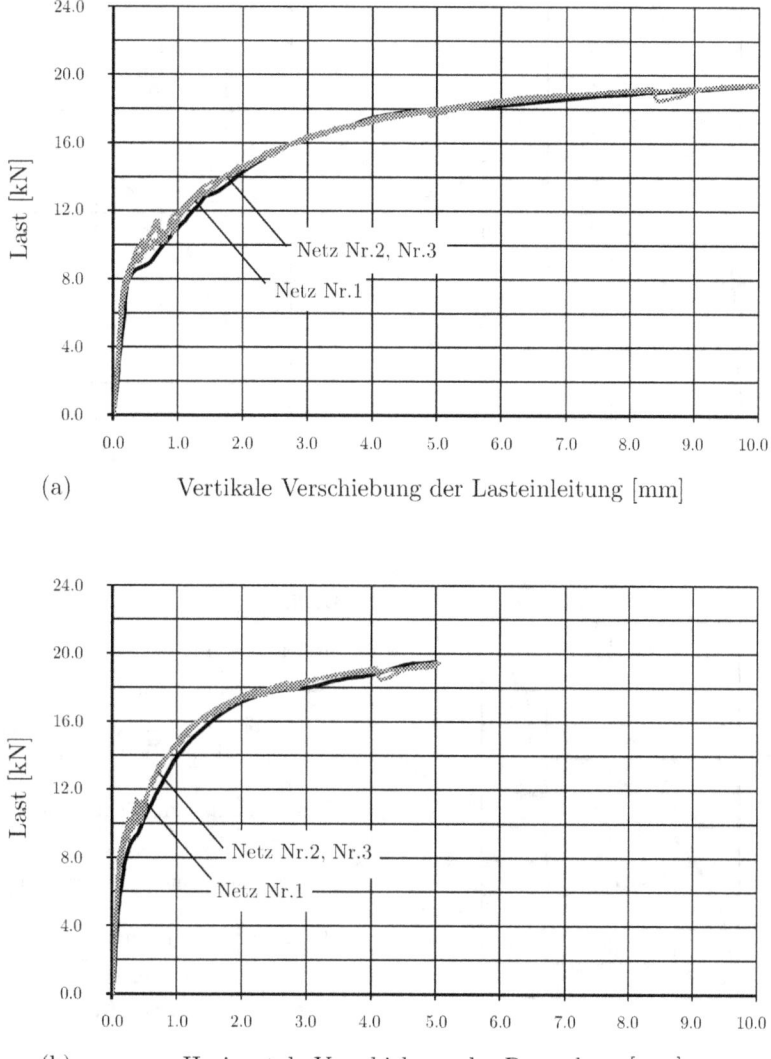

Abb.7.20: Versuchsreihe C: Last-Verschiebungsdiagramme für (a) die vertikale Verschiebung des Lasteinleitungspunktes und (b) für die horizontale Verschiebung der rückwärtigen Berandung an der oberen Ecke

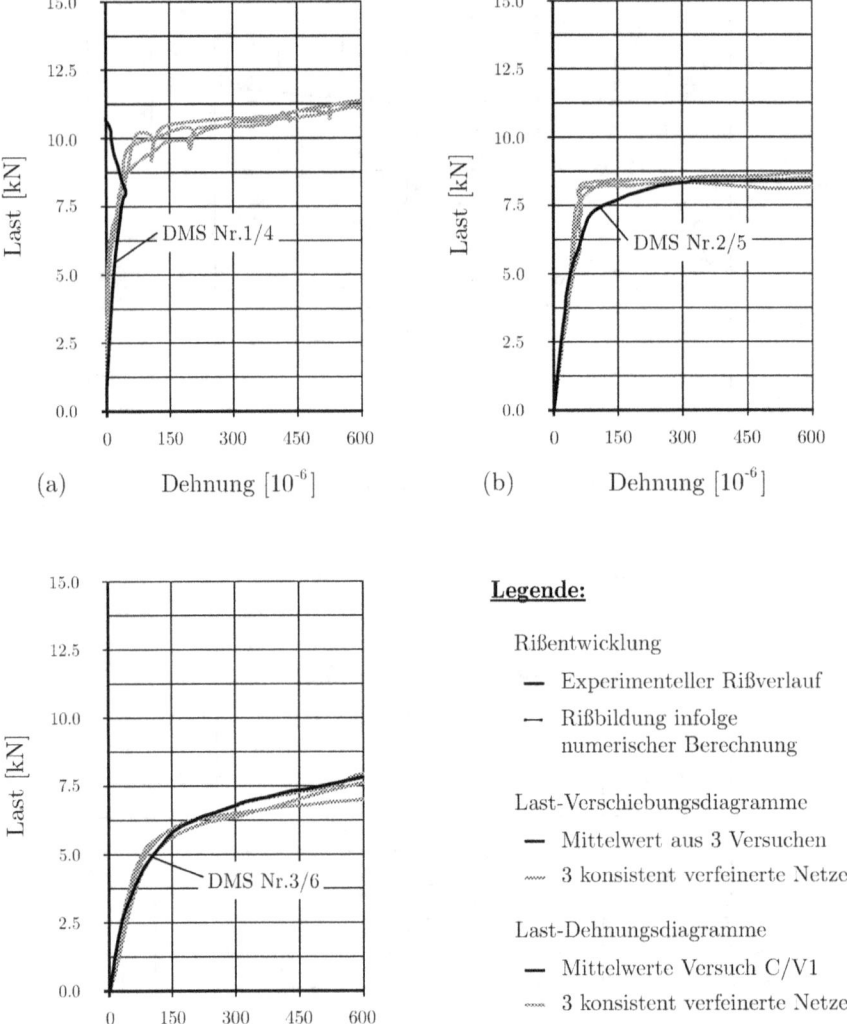

Abb.7.21: Versuchsreihe C: (a)-(c) Vergleich der Last-Dehnungsdiagramme mit den experimentellen Ergebnissen für den Versuch C/V1

7.5.4 Versuchsreihe D

Bei Anordnung der Bewehrung unter einem Winkel von 45° zu den Seitenkanten der Betonwinkel ist das Strukturverhalten deutlich weicher als für die bewehrten Betonwinkel der Serien B und C. Grund hierfür ist, daß die schräg verlaufende Bewehrung die bereits vorhandene Zugkraft nicht sofort übernehmen kann. Die numerisch ermittelten Last-Verschiebungsdiagramme zeigen, daß mit zunehmender Netzfeinheit die bei Rißbildung auftretenden Lastabfälle geringer werden. Die Traglast wird mit dem Eintreten des Fließens der Bewehrung erreicht, der Bruch der Bewehrung im Eckbereich ist der endgültige Versagensgrund. Hierbei ist die Traglast für die Versuchsreihe D geringer als für die Versuchsreihe C und größer als für die Versuchsreihe B. Die Rißverläufe an der Vorder- und Rückseite und die Last-Verschiebungskurven für die induktiven Wegaufnehmer Nr.1 und Nr.2 sind in Abb.7.22 und in Abb.7.24 ersichtlich. Die einaxialen Materialparameter für die Versuchsreihe D sind in Tab.7.6 enthalten.

Für die Versuchsreihe D treffen dieselben Charakteristika bezüglich der Last-Dehnungskurven wie für die Versuchsreihen B und C zu (Abb.7.25). Auch hier nehmen die Dehnungen der Dehnungsmeßstreifen Nr.3/6 bei Rißbildung kontinuierlich zu, die Dehnungen der Dehnungsmeßstreifen Nr.2/5 jedoch sprunghaft. Als Grund hierfür erscheinen eventuelle Spannungsumlagerungen bei Bildung des ersten Risses, die bei weiterer Rißbildung nicht mehr möglich sind. Diese würden somit eine leichte Verzögerung des Dehnungszuwachses für den Dehnungsmeßstreifen im Eckbereich der Winkel bewirken.

Das Bewehrungsnetz unter einem Winkel von 45° (Abb.7.23(a)) führt sowohl für die numerisch als auch für die experimentell ermittelte Rißbildung zu einer gleichmäßigen Rißverteilung in der unteren Hälfte des vertikalen Schenkels der Betonwinkel (Abb.7.23(b),(c)). Die berechnete Materialschädigung zeigt besonders deutlich, daß sich die Rißentwicklung auf den unteren Teil des vertikalen Schenkels des Betonwinkels begrenzt (Abb.7.23(d)-(f)). Der horizontale Schenkel bleibt nahezu unbeschädigt bzw. ungerissen. Für das Netz Nr.3 wird im Eckbereich eine hohe Schädigungskonzentration erhalten, die die Beobachtungen in den Versuchen insofern bestätigt, daß zwar der gesamte untere Teil des Betonwinkels mit Rissen durchzogen ist, das endgültige Versagen aber durch den Bruch der Bewehrung im Eckbereich eintritt.

Beton		Stahl	
f_{ctm} =	2.65 N/mm^2	f_y =	526.3 N/mm^2
f_{cm} =	29.45 N/mm^2	f_t =	584.1 N/mm^2
E_c =	26075 N/mm^2	E_c =	179073 N/mm^2
G_f =	0.063 N/mm	δ =	23.23 %
G_c =	10.30 N/mm		

Tab.7.6: Versuchsreihe D: Materialkennwerte für Beton und Bewehrung

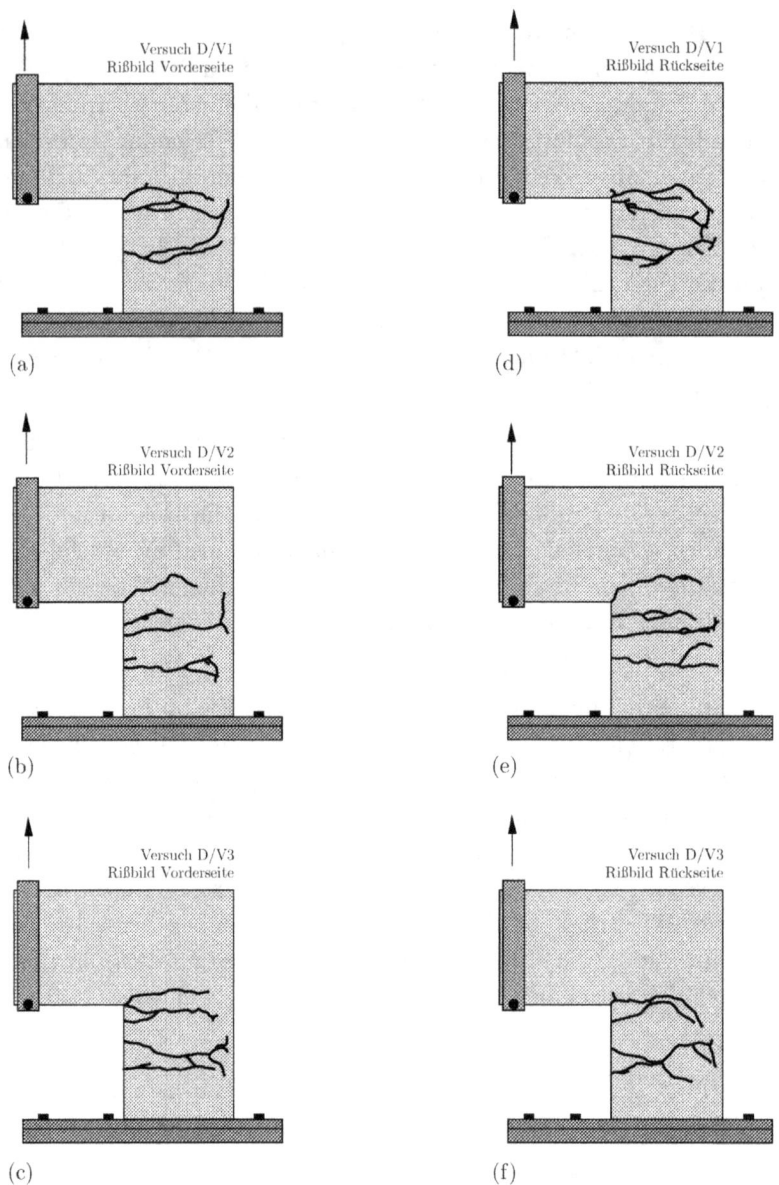

Abb.7.22: Versuchsreihe D: (a)-(f) Rißverläufe an der Vorder- und Rückseite der Betonwinkel

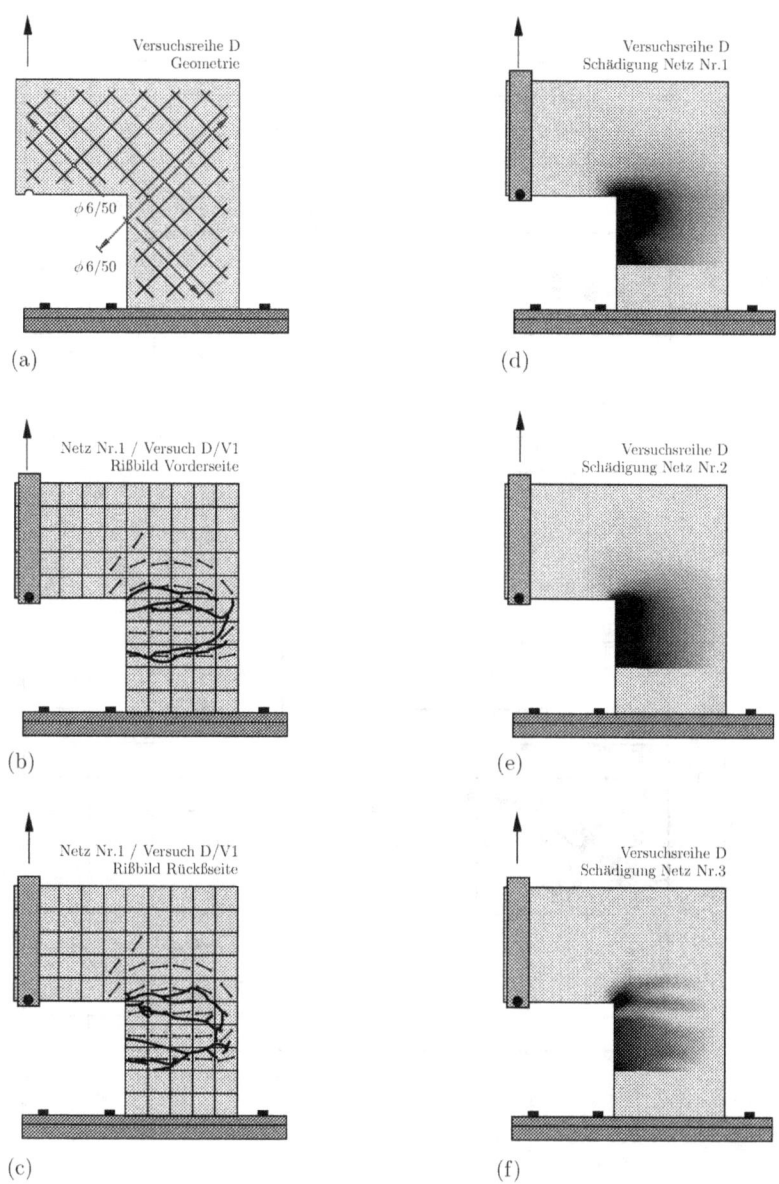

Abb.7.23: Versuchsreihe D: (a) Geometrie, (b)-(c) experimentell und numerisch ermittelte Rißverläufe, (d)-(f) berechnete Schädigung für drei konsistent verfeinerte Netze

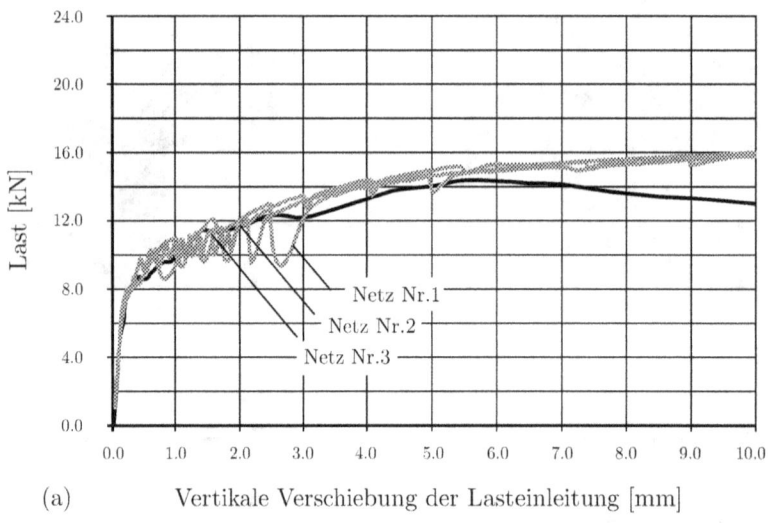

(a) Vertikale Verschiebung der Lasteinleitung [mm]

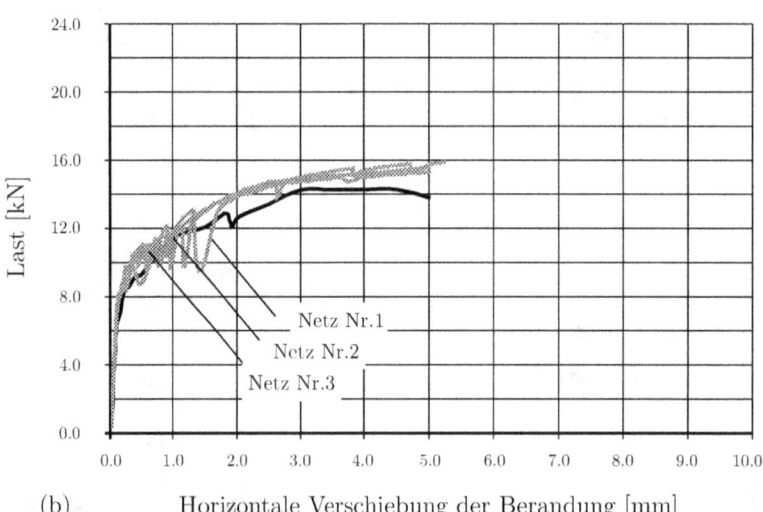

(b) Horizontale Verschiebung der Berandung [mm]

Abb. 7.24: Versuchsreihe D: Last-Verschiebungsdiagramme für (a) die vertikale Verschiebung des Lasteinleitungspunktes und (b) für die horizontale Verschiebung der rückwärtigen Berandung an der oberen Ecke

7. Traglastuntersuchungen

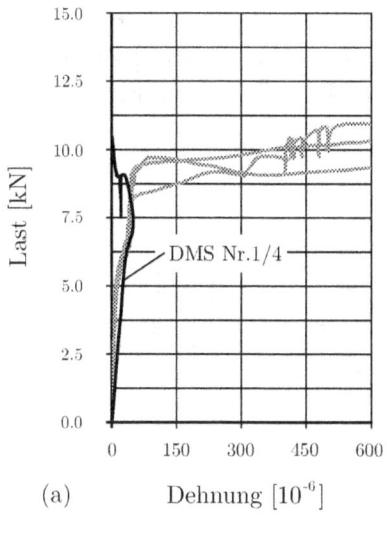

(a)

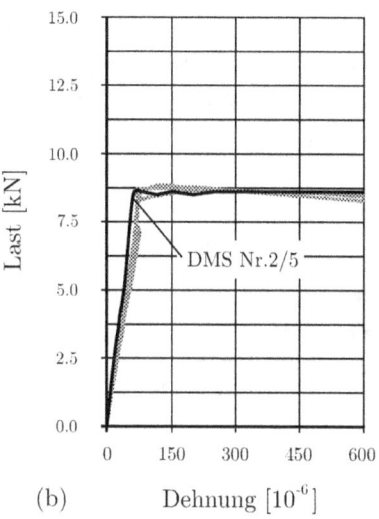

(b)

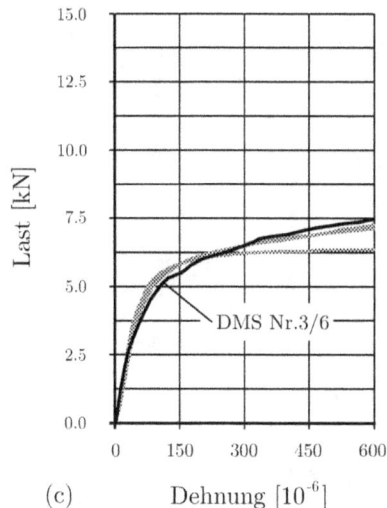

(c)

Legende:

Rißentwicklung

— Experimenteller Rißverlauf

— Rißbildung infolge numerischer Berechnung

Last-Verschiebungsdiagramme

— Mittelwert aus 3 Versuchen

⋯ 3 konsistent verfeinerte Netze

Last-Dehnungsdiagramme

— Mittelwerte Versuch D/V1

⋯ 3 konsistent verfeinerte Netze

Abb.7.25: Versuchsreihe D: (a)-(c) Vergleich der Last-Dehnungsdiagramme mit den experimentellen Ergebnissen für den Versuch D/V1

7.5.5 Zusammenfassung der Ergebnisse

Ein abschließender Vergleich zwischen den experimentell und numerisch ermittelten Traglasten wird in Tab.7.7 angeführt. Hierbei werden die Maximalwerte der Zugkraft aus den einzelnen Versuchen den numerisch bestimmten Traglasten für die einzelnen Finite Elemente Diskretisierungen gegenübergestellt. Zusätzlich werden die Mittelwerte für die Traglasten der einzelnen Versuchsreihen angegeben.

Versuchsreihe A					
Versuch A/V1	kN	7.31	Netz 1	kN	7.16
Versuch A/V2	kN	7.59	Netz 2	kN	7.24
Versuch A/V3	kN	6.82	Netz 3	kN	7.64
	kN	7.24			

Versuchsreihe B					
Versuch B/V1	kN	12.51	Netz 1	kN	12.65
Versuch B/V2	kN	11.95	Netz 2	kN	12.45
Versuch B/V3	kN	12.02	Netz 3	kN	12.50
	kN	12.17			

Versuchsreihe C					
Versuch C/V1	kN	19.10	Netz 1	kN	19.28
Versuch C/V2	kN	20.02	Netz 2	kN	19.45
Versuch C/V3	kN	18.95	Netz 3	kN	19.42
	kN	19.35			

Versuchsreihe D					
Versuch D/V1	kN	15.52	Netz 1	kN	14.63
Versuch D/V2	kN	13.10	Netz 2	kN	14.78
Versuch D/V3	kN	14.51	Netz 3	kN	14.68
	kN	14.38			

Tab.7.7: Vergleich der experimentell und numerisch ermittelten Traglasten

7. Traglastuntersuchungen

Die Auswertung der experimentell und numerisch bestimmten Last-Verschiebungskurven erfolgte für die Versuchsreihen B und C bei einer vertikalen Verschiebung des Lasteinleitungspunkts von 5.0 mm bzw. 10.0 mm. Für die Versuchsreihe D wurde die Traglast bei einer vertikalen Verschiebung des Lasteinleitungspunktes von 5.5 mm bestimmt. Die Ergebnisse in Tab.7.7 verdeutlichen im besonderen den Einfluß der Bewehrungsführung auf die Größe der Traglast.

Während für die Versuchsreihen B, C und D die auf der Grundlage der drei Netze ermittelten Traglasten gut übereinstimmen, trifft dies bei der Versuchsreihe A nur für die beiden gröberen Netze zu. Die mit dem dritten Netz erhaltene höhere Traglast folgt aus dem mit dem feinsten Netz genauer erfaßbaren Rißrichtung im Eckbereich. Dies äußert sich auch in einer besseren Übereinstimmung der gemessenen und berechneten Last-Verschiebungsdiagramme.

Zusammenfassend kann festgestellt werden, daß die experimentell und numerisch ermittelten Last-Verschiebungskurven, Last-Dehnungsdiagramme bzw. die daraus resultierenden Traglasten sehr gut übereinstimmen. Weiters entsprechen die numerisch ermittelten Rißverläufe jenen Rißverläufen, die in den Versuchen bestimmt wurden. Die Beschreibung des Rißverhaltens mit Hilfe der Materialschädigung gibt die in den jeweiligen Experimenten beobachteten Effekte gut wieder.

Die numerischen Berechnungen mit den konsistent verfeinerten Finite Elemente Netzen zeigen, daß das verwendete Materialmodell sowohl für unbewehrten als auch für bewehrten Beton objektive Ergebnisse liefert. Zudem ist das Werkstoffmodell in der Lage, die für die einzelnen Versuchsreihen unterschiedlichen Tragverhalten, Traglasten und Rißbilder zu beschreiben.

Kapitel 8

Strukturberechnungen

8.1 Allgemeines

An Hand von zwei Strukturberechnungen wird die Leistungsfähigkeit des elasto-plastischen Werkstoffmodells für Beton und Stahlbeton demonstriert. Als erstes Beispiel wird eine Traglastuntersuchung an einer Zylinderschale mit Randträgern durchgeführt. Das zweite Beispiel beschäftigt sich mit dem Trag- und Rißverhalten einer Tunnelauskleidung aus hexagonalen Tübbingen (Auskleidungsfertigteilen aus Stahlbeton), unter bestimmten Randbedingungen. Die untersuchte Tunnelauskleidung ist im Zuge eines Bauvorhabens in Slowenien zum Einsatz gekommen. Insbesondere das zweite Beispiel entspricht einer praxisorientierten Anwendung des vorliegenden Werkstoffmodells für Strukturberechnungen.

8.2 Zylinderschale mit Randträgern

Den Ausgangspunkt für die Traglastuntersuchung an einer Zylinderschale mit Randträgern bildet eine Round-Robin-Studie aus dem Jahr 1990, die von den Kommissionen 334 und 444 des „American Concrete Institute" in Zusammenarbeit mit der Gruppe STD der „American Society of Civil Engineers" durchführt wurde. Zweck dieser Round-Robin-Studie war die Überprüfung der Aussagekraft von numerischen und analytischen Modellen in Bezug auf das Strukturverhalten von dünnen, bewehrten Betonschalen [ASCE-ACI 334, ACI 444, ACSE-STD., 1991].

Hierfür wurden experimentelle Untersuchungen an drei bewehrten Betonschalen durchgeführt. Das Versuchsprogramm setzte sich aus einer Zylinderschale mit Randträgern, einem Faltwerk ohne Randträger und einem Hyperboloid zusammen. Geometrie und Materialkennwerte für Beton und Bewehrungsstahl wurden in [ASCE-ACI 334, ACI 444, ACSE-STD., 1991] angegeben. Das Ergebnis der Round-Robin-Studie wurden in [Krauthammer und Swartz, 1999] veröffentlicht.

Im Rahmen von zwei Diplomarbeiten am Institut für Baustatik, Festigkeitslehre und Tragwerkslehre der Universität Innsbruck wurden zwei dieser drei Betonschalen numerisch untersucht. Dies waren zum einen die Zylinderschale mit Randträgern [Hoffer, 2000] und zum anderen das Faltwerk ohne Randträger [Wiesholzer, 1997]. Für die Traglastanalysen wurde das Finite Elemente Programmsystem ABAQUS verwendet. Die Beschreibung des nichtlinearen Werkstoffverhaltens von Beton und Bewehrung erfolgte mit den vom Programmsystem ABAQUS zur Verfügung gestellten Materialmodellen.

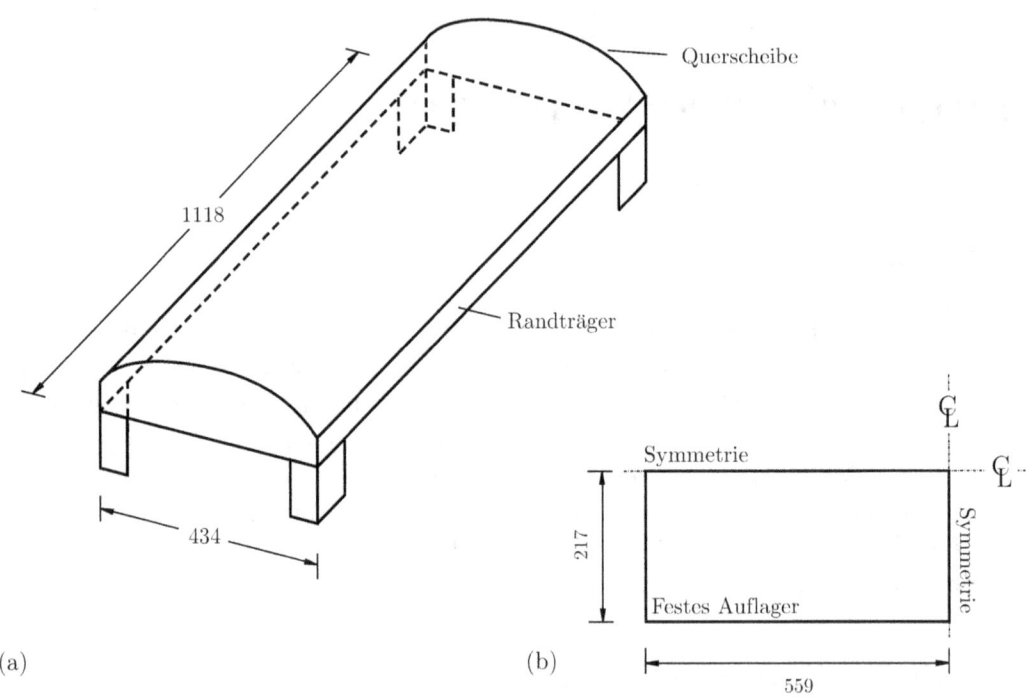

Abb.8.1: Zylinderschale mit Randträgern: (a) Geometrie, (b) Lagerung unter Berücksichtigung der Symmetriebedingungen

In dieser Arbeit wird im folgenden eine Traglastanalyse an der Zylinderschale mit Randträgern unter Verwendung des im Rahmen der vorliegenden Arbeit entwickelten Werkstoffmodells durchgeführt. Die Struktur besteht aus einer 1118.0 mm langen Zylinderschale, die an den Enden auf zwei Querscheiben gelagert ist. In Längsrichtung wird die Zylinderschale durch zwei Randträger mit einer Höhe von 37.0 mm und einer Dicke von 7.0 mm versteift. Die Stärke der Zylinderschale variiert zwischen 2.3 mm und 4.5 mm. Der Mittelwert der Schalendicke wird mit 3.0 mm angegeben. Der Krümmungsradius der Schale beträgt 333.0 mm, der zugehörige Öffnungswinkel 81°. Daraus ergibt sich die Breite der Zylinderschale mit 434.0 mm. Die Geometrie der Zylinderschale mit Randträgern ist in Abb.8.1(a) dargestellt. Unter Ausnützung der Symmetriebedingungen wird im folgenden nur mehr ein Viertel der Zylinderschale betrachtet. Die daraus resultierenden Auflagerbedingungen und Abmessungen können der Abb.8.1(b) entnommen werden.

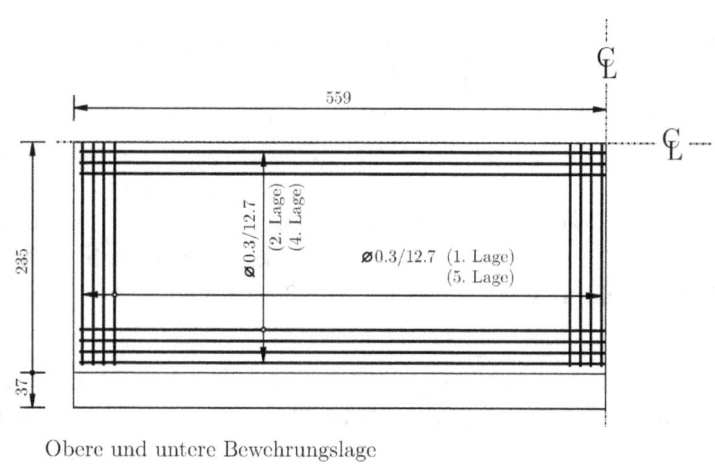
(a)

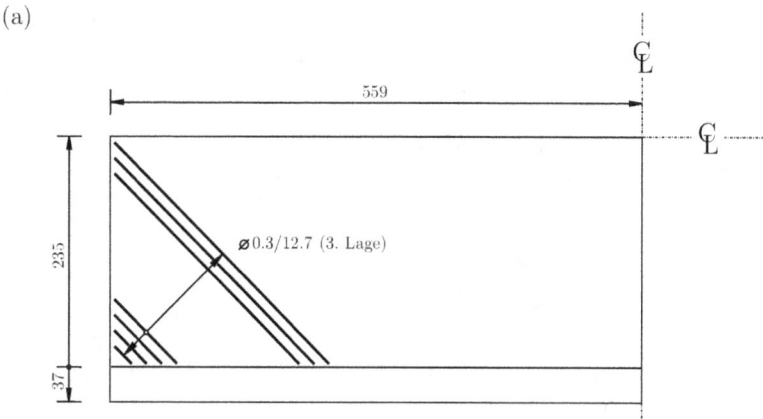
(b)

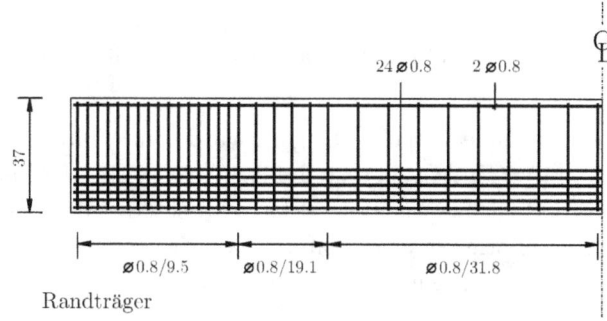
(c)

Abb.8.2: Zylinderschale mit Randträgern: (a) Längs- und Querbewehrung, (b) schräg verlaufende Bewehrung, (c) Randträger mit zugehöriger Bewehrung

Die Bewehrung der Schale besteht aus Stahldrähten mit einem Durchmesser von 0.3 mm, die in Abständen von 12.7 mm in 5 unterschiedlichen Lagen verlegt werden. Die Längs- und die Querbewehrung werden in Abb.8.2(a) dargestellt. Die Betondeckung beträgt 0.3 mm. Die Querbewehrung weist einen Abstand von ±1.0 mm von der Mittelfläche der Schale auf. Sie bildet somit die unterste und die oberste Bewehrungslage. Die Längsbewehrung mißt einen Abstand von ±0.7 mm zur Mittelfläche. Die Ecken der Schale werden zusätzlich durch eine diagonal verlaufende Bewehrungslage verstärkt. Sie liegt in der Schalenmittelfläche und ist in Abb.8.2(b) dargestellt. Die Bewehrungsübersichten in Abb.8.2(a) und Abb.8.2(b) entsprechen einer Abwickelung der Schale.

Die Randträger weisen in Längsrichtung im unteren Bereich 24 Stahldrähte mit einem Durchmesser von 0.8 mm auf, im oberen Bereich werden 2 Stahldrähte mit einem Durchmesser von 0.8 mm eingebaut. Die Querbewehrung besteht aus Bügeln mit einem Durchmesser von 0.8 mm. Die Abstände der Bügel betragen am Trägerende 9.5 mm und in der Trägermitte 31.8 mm. Die Bewehrungsführung der Randträger ist in Abb.8.2(c) dargestellt. Der Bewehrungsplan in Abb.8.2(c) enthält keine maßstäbliche Darstellung des Randträgers.

Für die Bewehrung der Schale und der Randträger wurden zwei verschiedene Stahlsorten mit unterschiedlichen Werkstoffkenngrößen verwendet. Die entsprechenden Materialparameter werden in der Tab.8.1 angeführt.

Bewehrung		Schale	Träger
Streckgrenze	N/mm^2	250.3	365.4
Zugfestigkeit	N/mm^2	378.5	399.9
Elastizitätsmodul	N/mm^2	206800	206800

Tab.8.1: Zylinderschale mit Randträgern: Materialkennwerte für die Bewehrung

Für die Herstellung der Zylinderschale mit Randträgern wurde ein Mikrobeton verwendet. Die Materialkennwerte wurden von [ASCE-ACI 334, ACI 444, ACSE-STD., 1991] übernommen und sind in Tab.8.2 angegeben. Hierbei entspricht der Elastizitätsmodul dem Sekantenmodul aus Biegeversuchen. Die zusätzlich benötigten Werkstoffparameter wurden lt. [CEB-FIP, 1991] festgelegt. Die zentrische Zugfestigkeit wurde lt. [Hoffer, 2000] aus den vorhandenen Versuchsergebnissen zu 3.70 N/mm^2 berechnet.

Die Belastung des Systems setzt sich aus der Eigenlast und der im Versuch aufgebrachten Nutzlast zusammen. Die Eigenlast wird durch das Entfernen der Schalung wirksam. Die Nutzlast wird in Form von Einzellasten mit Hilfe eines sogenannten „Whiffletree Loading Systems" auf die Schale aufgebracht. Die Einzellasten simulieren näherungsweise eine gleichförmig verteilte Flächenlast in der horizontalen Projektion der Schalenfläche und eine auf die Randträger wirkende Linienlast. 75% der gesamten Belastung wirkten auf die Schale, 25% auf die Randträger.

Ausgehend von der Eigenlast der Zylinderschale wurde die Struktur schrittweise bis zur Bruchlast belastet. Im Zuge der experimentellen Untersuchungen wurden die vertikalen Verschiebungen an verschiedenen Stellen der Schale gemessen.

Beton		
Druckfestigkeit	N/mm^2	32.75
Spaltzugfestigkeit	N/mm^2	4.25
Biegezugfestigkeit	N/mm^2	6.72
Elastizitätsmodul	N/mm^2	14200
Bruchenergie für Zugversagen	N/mm	0.075
Bruchenergie für Druckversagen	N/mm	15.00
Raumgewicht	kg/m^3	2242.6
Querdehnzahl		0.19

Tab.8.2: Zylinderschale mit Randträgern: Materialkennwerte für Beton

Auf Grund der doppelten Symmetrie des Systems und der Belastung wurde ein Viertel der Struktur diskretisiert. Netzstudien für drei verschiedene Finite Elemente Netze wurden in [Hoffer, 2000] durchgeführt. Für die Diskretisierung wurden S8R5-Elemente lt. [Hibbit et al., 1998] verwendet. Dies sind achtknotige, doppelt gekrümmte, dünne Schalenelemente mit reduzierter Integration. Die erste Diskretisierung der Tragstruktur besteht aus 68 Elementen, die zweite und dritte aus 206 bzw. 704 Elementen.

Die vorhandenen Stahleinlagen wurden im Rahmen der verschmierten Modellierung der Bewehrung durch dünne Stahlschichten berücksichtigt, wobei sich die Dicke der jeweiligen Stahllagen aus dem vorhandenen Stahlquerschnitt und dem gegebenen Stababstand ergab. Das Materialverhalten der einzelnen Lagen wird in der jeweils vorgegebenen Orientierung durch ein einaxiales elasto-plastisches Materialmodell beschrieben. Im Rahmen dieser Arbeit wurde für die numerischen Berechnungen das zweite Finite Elemente Netz aus [Hoffer, 2000] gewählt. Die Diskretisierung und die Anordnung der Bewehrung sind in Abb.8.3 dargestellt. Die numerische Simulation wurde kraftgesteuert unter Verwendung des Bogenlängenverfahrens durchgeführt.

Die Auswertung der Ergebnisse erfolgte in Form von Last-Verschiebungsdiagrammen. Hierbei wurde die experimentell und numerische ermittelte Last als Funktion der vertikalen Verschiebungen des Randträgers und des Scheitelpunktes der Zylinderschale in Feldmitte aufgetragen. Die Last entspricht der Summe der aufgebrachten Einzellasten. In Abb.8.4 ist das Last-Verschiebungsdiagramm für den Randträger in Feldmitte im Vergleich mit den Versuchsergebnissen lt. [Krauthammer und Swartz, 1999] dargestellt. In Abb.8.5 wird die Last-Verschiebungskurve für den Scheitelpunkt der Zylinderschale in Feldmitte den Versuchsergeb-

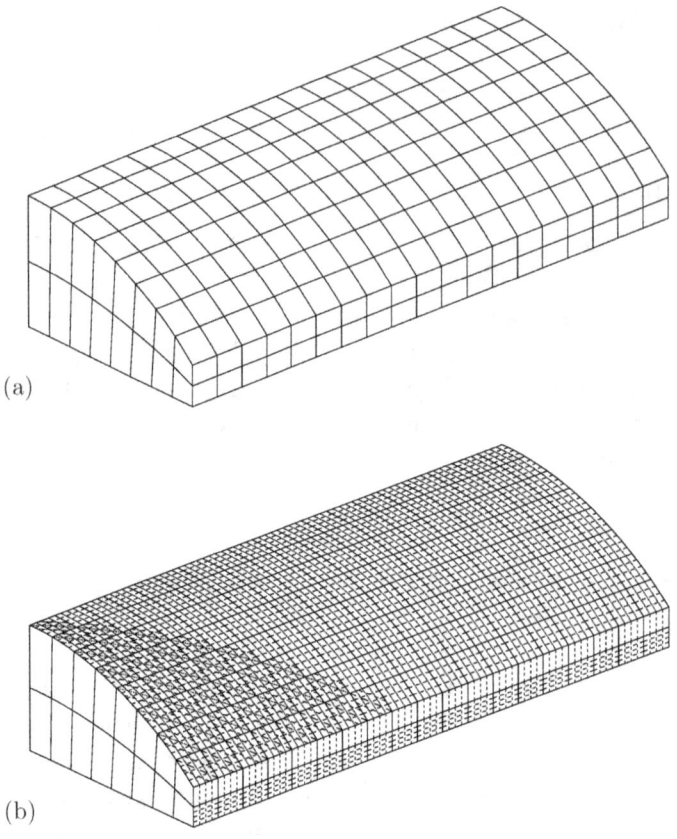

Abb.8.3: Zylinderschale mit Randträgern: (a) Diskretisierung, (b) Anordnung der Bewehrung

nissen gegenübergestellt. Die numerisch und experimentell bestimmten Kurven zeigen eine gute Übereinstimmung. Der größere Unterschied zwischen berechneten und gemessenen Scheitelverschiebungen wird durch die im Vergleich zu den Randträgerverschiebungen wesentlich kleineren Scheitelverschiebungen relativiert.

Bei einer Last von 0.98 kN traten infolge der aufgebrachten Belastung in Feldmitte die ersten Biegezugrisse im Randträger auf. Bei weiterer Steigerung der Belastung vergrößerte sich der gerissene Bereich bis zum Auflager hin. Die Rißverteilung wird an Hand der berechneten Materialschädigung in Form der internen Variablen κ_1 in Abb.8.6 und Abb.8.7 dargestellt. Abb.8.6(a),(b) zeigt die infolge der Zugbeanspruchung geschädigten Bereiche an der Außen- und Innenseite des Randträgers bei einer Belastung von 1.75 kN. Zusätzlich kann festgestellt werden, daß sich der Scheitel der Schale zu Beginn des Belastungsvorganges hebt. Dies zeigt die Last-Verschiebungskurve in Abb.8.5 deutlich.

8. Strukturberechnungen

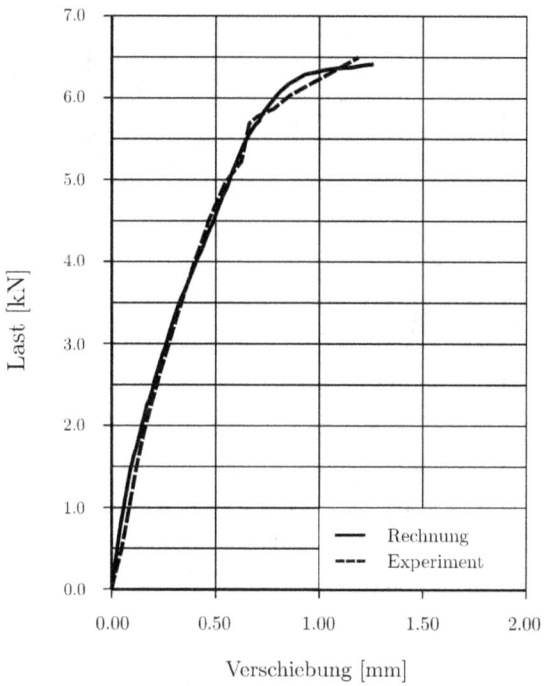

Abb.8.4: Zylinderschale mit Randträgern: Vergleich der numerisch ermittelten Kraft-Verschiebungskurve für den Randträger in Feldmitte mit den experimentellen Ergebnissen lt. [Krauthammer und Swartz, 1999]

Nach der Erstrißbildung in Randträgermitte treten bei einer Belastung von 1.98 kN im Scheitel der Zylinderschale Risse in Längsrichtung auf. Die Rißbildung an der Außenseite der Zylinderschale ist in Abb.8.6(c) an Hand der berechneten Materialschädigung für eine Last von 2.15 kN dargestellt. An der Innenseite der Schale treten erwartungsgemäß keine Risse im Scheitelbereich auf (Abb.8.6(d)). Zusätzlich können bei der gegebenen Belastung bereits Risse im Eckbereich der Schale an der Außenseite beobachtet werden. Die Ergebnisse zeigen, daß im speziellen das Eckelement der Schale über dem Auflager einer großen Schubbeanspruchung ausgesetzt ist. An dieser Stelle sei erwähnt, daß für das Finite Element über dem vertikalen Auflager linear-elastisches Materialverhalten angenommen wurde. Damit wurden die Auswirkungen der Modellierung des Auflagers als punktförmiges Lager kompensiert.

Die zuvor erwähnten Risse im Auflagerbereich vergrößern sich mit zunehmender Belastung. Sie verlaufen unter 45° zur Tonnenlängsachse und beeinflussen das Tragverhalten der Zylinderschale mit Randträgern entscheidend mit. In Abb.8.7(a),(b) ist die Rißbildung im Eckbereich an der Innen- und Außenseite der Schale für eine Last von 3.50 kN deutlich zu erken-

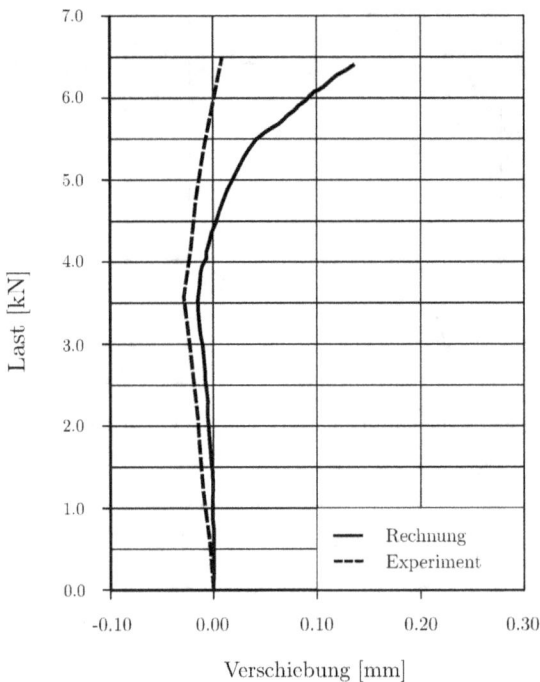

Abb.8.5: Zylinderschale mit Randträgern: Vergleich der numerisch ermittelten Kraft-Verschiebungskurve für den Scheitelpunkt der Schale in Feldmitte mit den experimentellen Ergebnissen lt. [Krauthammer und Swartz, 1999]

nen. Außerdem beginnt sich der Scheitel der Schale wieder zu senken. Dies kann an Hand der Last-Verschiebungskurve in Abb.8.5 abgelesen werden. Die zugehörige numerisch ermittelte Last stimmt mit jener aus dem Versuch gut überein. Bei weiterer Laststeigerung pflanzen sich die Risse vom Auflager bis zu den Längsrissen im Scheitel der Tonne fort. In Abb.8.7(c),(d) wird dies wiederum durch die berechnete Materialschädigung für eine Last von 6.25 kN bestätigt.

An Hand der Membrantheorie und der Biegetheorie des Tonnendachs lt. [Girkmann, 1978] entspricht die gegebene Zylinderschale mit Randträgern einer langen Tonnenschale, bei der die Lastabtragung überwiegend in Längsrichtung erfolgt. Im Bereich der Querscheibe treten daher zusätzlich zur Biegestörung aus dem Randträger weitere Biegestörungen auf, die sich aus der Verformungsbehinderung der Schale ergeben. Diese Biegestörungen beschränken sich auf eine schmale Endzone der Schale. In Abb.8.7(c) werden diese Biegestörungen durch die berechnete Materialschädigung im Endbereich der Schale, sprich im Bereich der Querscheibe, gut wiedergegeben.

8. Strukturberechnungen

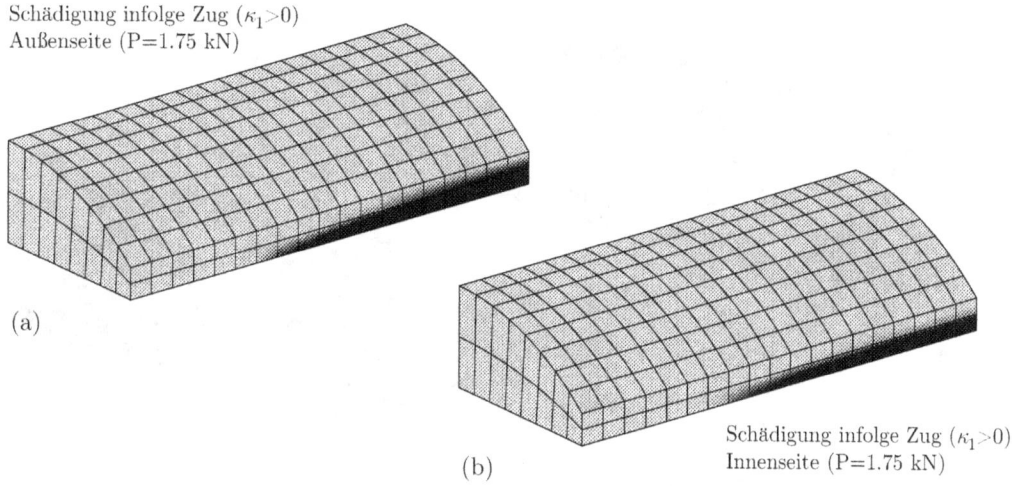

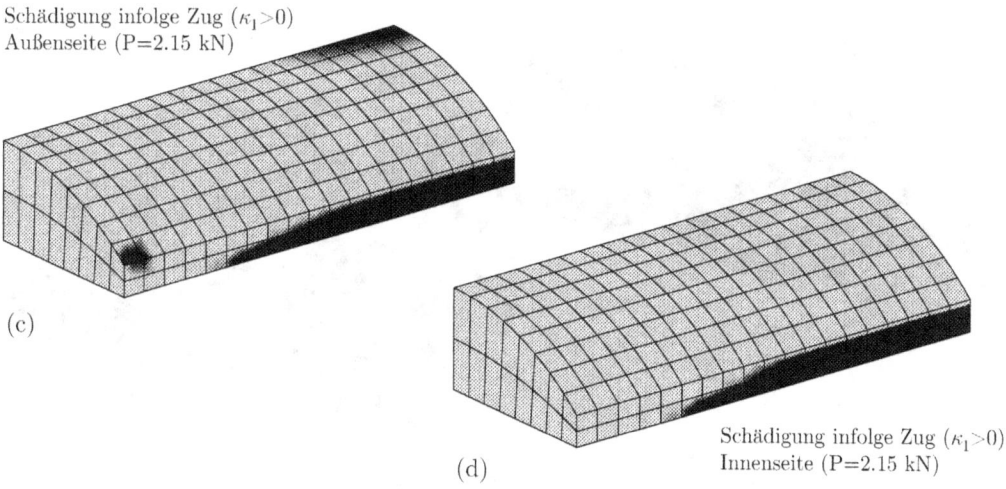

Abb.8.6: Zylinderschale mit Randträgern: (a),(b) berechnete Materialschädigung infolge Zugbeanspruchung an der Außen- und Innenseite bei einer Belastung von 1.75 kN, (c),(d) bei einer Belastung von 2.15 kN

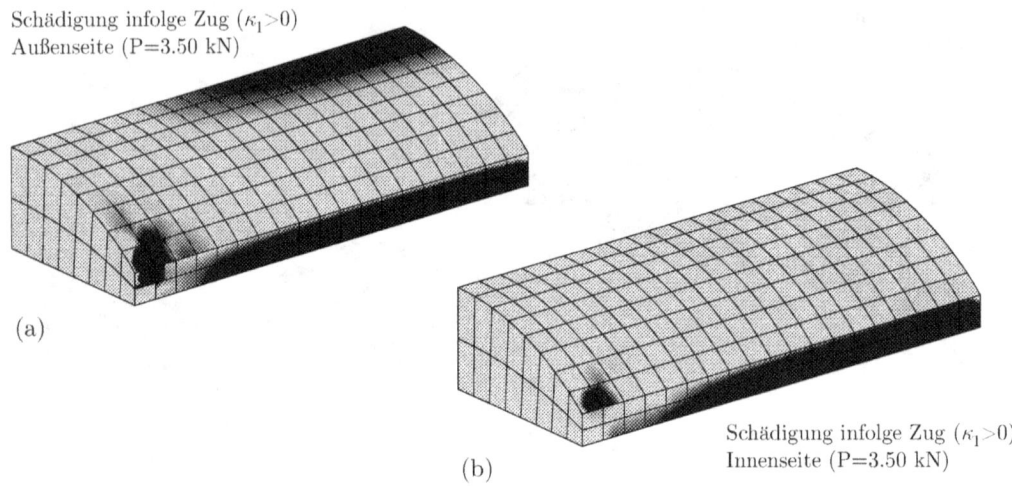

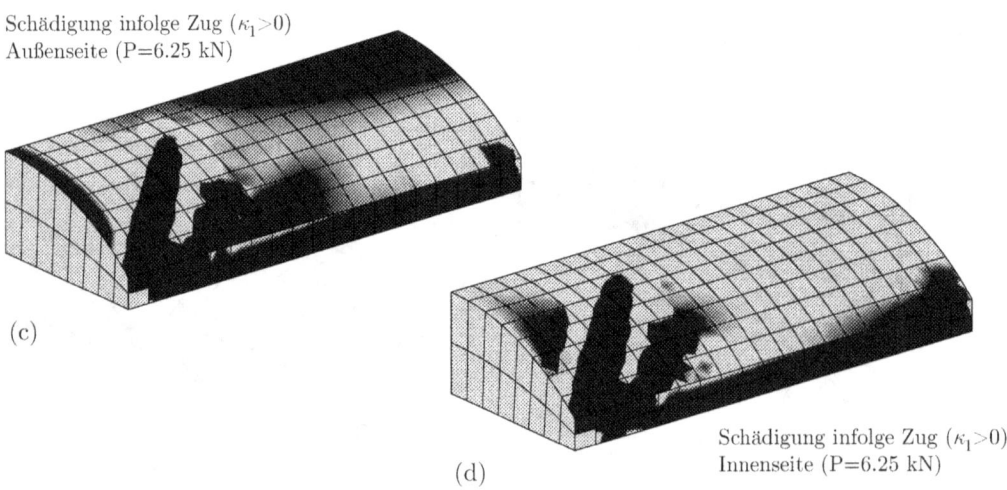

Abb.8.7: Zylinderschale mit Randträgern: (a),(b) berechnete Materialschädigung infolge Zugbeanspruchung an der Außen- und Innenseite bei einer Belastung von 3.50 kN, (c),(d) bei einer Belastung von 6.25 kN

8. Strukturberechnungen

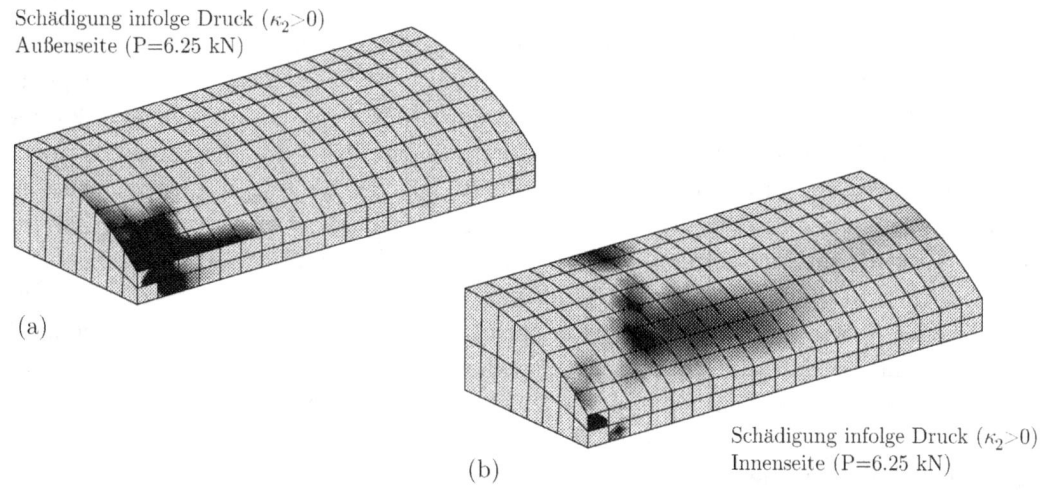

Abb.8.8: Zylinderschale mit Randträgern: (a),(b) berechnete Materialschädigung infolge Druckbeanspruchung an der Außen- und Innenseite der Zylinderschale bei einer Belastung von 6.25 kN

Die berechnete Materialschädigung infolge Druckbeanspruchung wird in Abb.8.8(a),(b) für eine Last von 6.25 kN dargestellt und weist auf plastische Deformationen im Eckbereich an der Außenseite der Schale hin. Außerdem kommt es zu Schädigungen an der Innenseite der Schale. Der schräge Riß und das Fließen der Bewehrung führen schließlich zum Versagen der Schale. Die experimentell ermittelte Traglast beträgt 6.50 kN. Im Vergleich dazu konnte in der numerischen Untersuchung eine maximal aufnehmbare Last von 6.43 kN bestimmt werden.

8.3 Tunnelauskleidung aus Stahlbetontübbingen

In Slowenien werden im Zuge des Ausbaus von zwei Flußkraftwerken zwei neue Druckstollen unter Verwendung einer Vollschnitt-Tunnelbohrmaschine gebaut. Für die Erstellung der Triebwasserstollen kommt die Doppelschild Technik [Vigl et al., 1999] in Verbindung mit einem einschaligen Volltübbing-Auskleidungssystem aus hexagonalen Stahlbetontübbingen zum Einsatz. Ein Auskleidungsring wird aus vier formgleichen, 200 mm starken Segmenten zusammengesetzt. Die Tübbinge werden in ortsansässigen Fertigteilwerken hergestellt. Der Ausbruchsdurchmesser beträgt 6.98 m. Die Druckstollen weisen eine Gesamtlänge von 5947 m bzw. 3963 m und einen Innendurchmesser von jeweils 6.40 m auf. Der Ausbaudurchfluß der Triebwasserstollen beträgt 105 m^3/s. Zusätzliche Informationen zum Ausbau der zwei Flußkraftwerke in Slowenien können der Arbeit von [Vigl und Jäger, 2000] entnommen werden. An dieser Stelle sei der Vorarlberger

Illwerke AG, Engineering Services, die im Rahmen dieses Projektes mit der Auskleidungsplanung betraut wurde, sehr herzlich für die Bereitstellung der erforderlichen Unterlagen gedankt.

Die Auskleidung aus hexagonalen Stahlbetontübbingen wird kontinuierlich im Wabensystem eingebaut. Die Fertigteile werden hierbei im Schutz des Schildschwanzes einer Doppelschild-Tunnelbohrmaschine zwängungsfrei zu einem kreisrunden Ring zusammengesetzt, wobei das Sohlsegment nach Einbau durch eine Mörtelinjektion gebettet wird. Bei Verlassen des Schildschwanzes wird die Volltübbingauskleidung durch einen rundkörnigen gewaschenen Kies mit einem Durchmesser von 8 bis 12 mm, der in den Ringspalt zwischen Fels und Auskleidung eingeblasen wird, in ihrer Form und Lage stabilisiert. In einigem Abstand zur Vollschnitt-Tunnelbohrmaschine wird das Hinterfüllungsmaterial bei einem Druck von 1-3 bar mit einer Zementsuspension verfüllt. Durch die Kontaktinjektion wird der unmittelbare Bereich hinter der Auskleidung verfüllt und der Kontakt zwischen Ausbau und Gebirge hergestellt. In einem zweiten Schritt wird eine Konsolidierungs- und Abdichtungsinjektion mit einem Druck von bis zu 15 bar durchgeführt, mit der die Klüfte im Einflußbereich des Tunnels verfüllt werden. Dadurch wird die Bettung der Auskleidung im umgebenden Gebirge langfristig verbessert und die Durchlässigkeit des Gebirges wesentlich vermindert.

Die hexagonale Form der Tübbinge gewährleistet durch die wabenförmige Anordnung der Elemente eine relativ gute Formstabilität des Ausbaurings. Es ergibt sich keine über den Umfang durchgehende Umfangsfuge und somit ist keine Scherdübelsicherung für die einzelnen Segmente erforderlich [Vigl, 1994]. Der Regelquerschnitt der Tübbingauskleidung und ein Schnitt in Richtung der Tunnellängsachse sind in Abb.8.9 und Abb.8.10 abgebildet. Der Kreisring setzt sich aus zwei Seitensegmenten, einem First- und einem Sohlsegment zusammen. Alle Segmente haben eine identische äußere Form. In das Sohlsegment ist ein Wassergraben eingearbeitet. Das Firstsegment unterscheidet sich lediglich durch die Anordnung der Einblasöffnungen von den Seitensegmenten. In Abb.8.11 sind ein Seitensegment und ein Sohlsegment dargestellt. Die Ringfugen der Tübbinge sind als vollflächig ebene Fugen, die Längsfugen als konkav/konvexe Wälzgelenkfugen [Vigl, 2000] ausgebildet. Entlang der Längsfuge fügt sich jeweils das konkave Ende des einen Tübbings in das konvexe Ende des Nachbartübbings. Zur Vermeidung von Kantenpressungen ist das konvexe Tübbingende stärker gekrümmt als das konkave. Die sich bei der Lastübertragung im Ringschluß ergebenden Teilflächenpressungen erfordern eine entsprechende Spaltzugbewehrung. Die Feldbewehrung der Stahlbetontübbinge wird für die Lastfälle Lagerung und Manipulation ausgelegt. Für die Fertigung der Volltübbinge werden die Betongüten B35 und B45 lt. [DIN 1045, 1988] verwendet. Die für die numerische Berechnung erforderlichen Materialparameter werden lt. [CEB-FIP, 1991] ermittelt. Die Querdehnzahl wurde mit 0.18 angenommen.

Im folgenden werden numerische Untersuchungen für diese Tunnelauskleidung vorgestellt. Hierfür wurde ein Modell für den halben Tunnel erstellt, in dem die Stahlbetontübbinge und die Hinterfüllung durch Kontinuumselemente und die Innenkontur des umgebenden Gebirges als starre Fläche modelliert wurden. Für die Tübbinge wurde näherungsweise ein ebener Spannungszustand angenommen. Für die Hinterfüllung ist ein ebener Verzerrungszustand zutreffen-

8. Strukturberechnungen

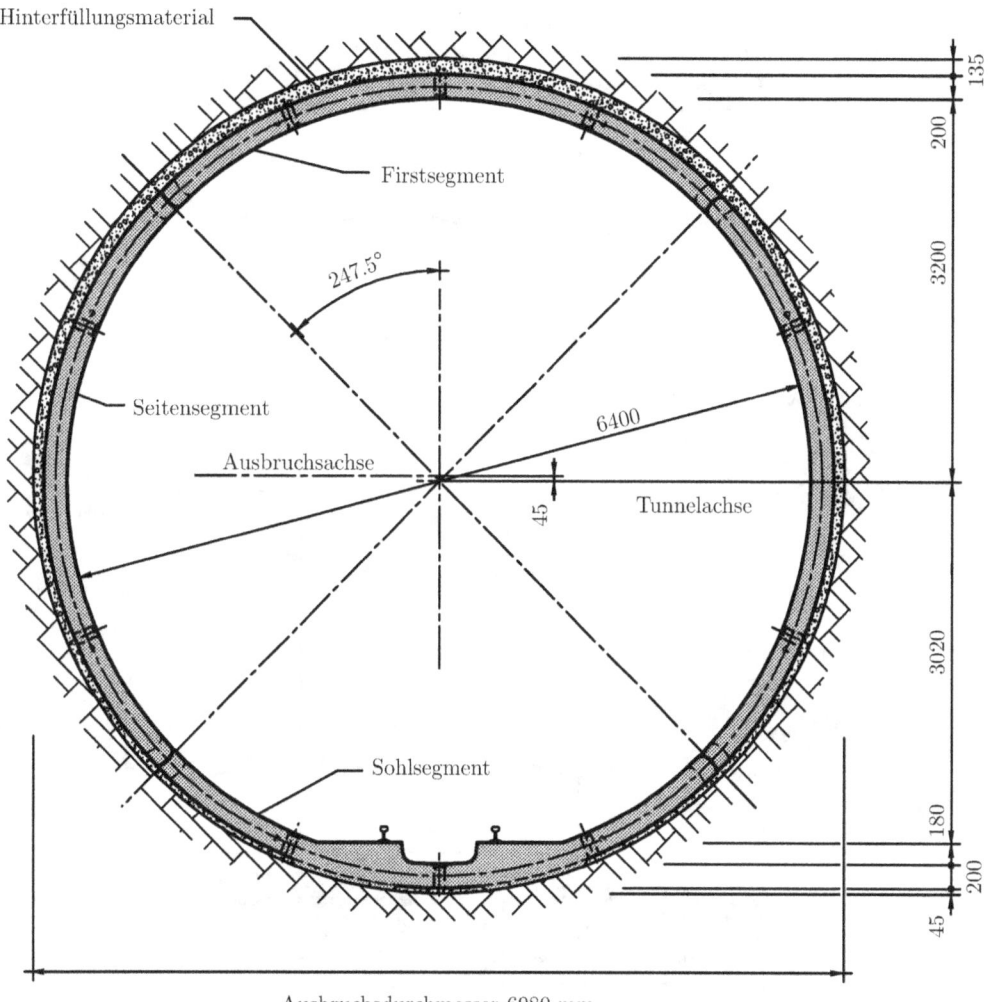

Abb.8.9: Tunnelauskleidung: Regelquerschnitt (Quelle: Planarchiv Vorarlberger Illwerke AG)

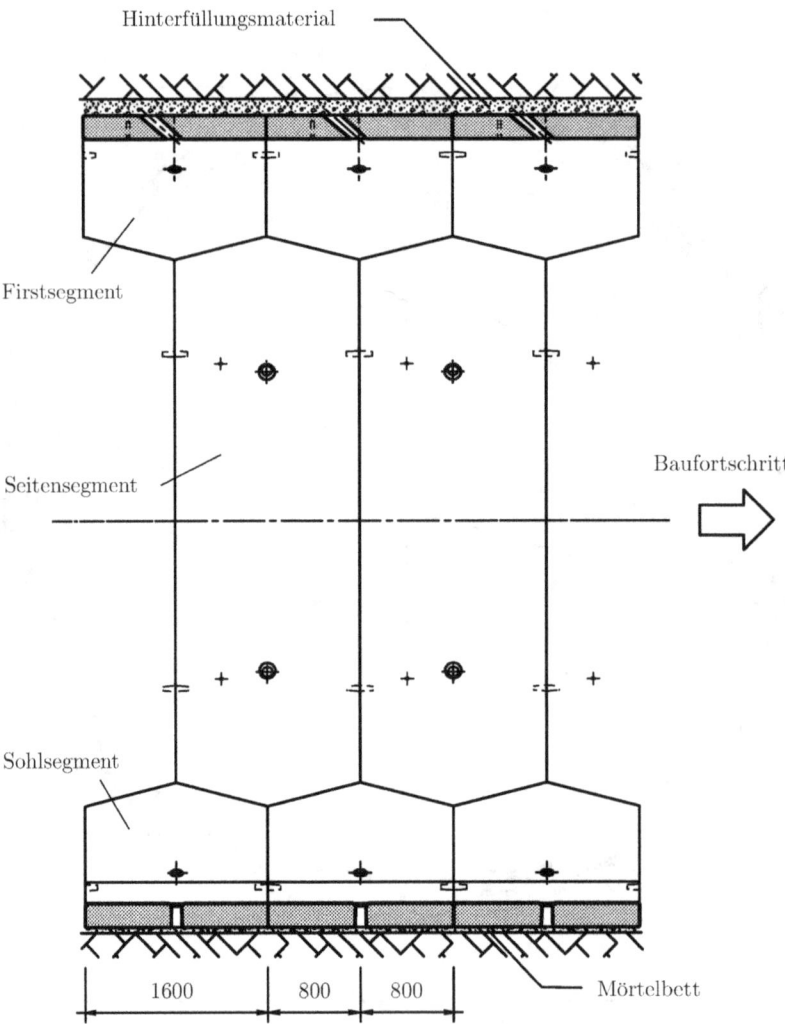

Abb.8.10: Tunnelauskleidung: Schnitt in Richtung der Tunnellängsachse (Quelle: Planarchiv Vorarlberger Illwerke AG)

8. Strukturberechnungen

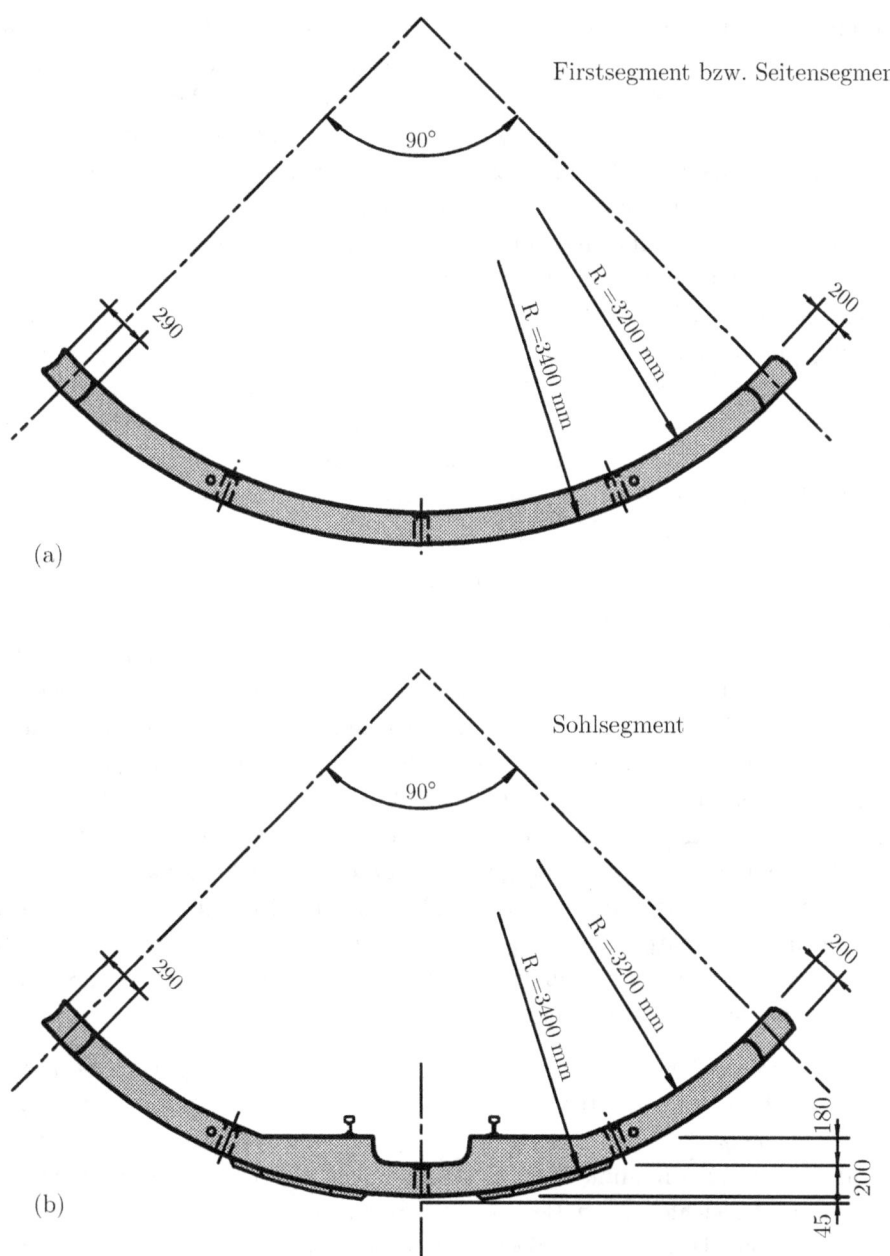

Abb. 8.11: Tunnelauskleidung: (a) First- bzw. Seitensegment, (b) Sohlsegment (Quelle: Planarchiv Vorarlberger Illwerke AG)

der. Der Ausbruchsdurchmesser beträgt 6980 mm, der Innendurchmesser der Tunnelauskleidung wird mit 6400 mm angegeben. Die Ausbruchsachse liegt in vertikaler Richtung 45 mm über der Tunnelachse. Daraus resultiert abzüglich der konstanten Tübbingstärke von 200 mm ein Ringspalt im Firstbereich von 135 mm und im Sohlbereich von 45 mm. Die Ringspaltverfüllung erfolgt mittels gewaschenem Rundkorn. Der zugehörige Elastizitätsmodul (Steifemodul) wurde mit 100 N/mm^2 angenommen, die Querdehnzahl mit 0.30 festgelegt. Die mechanische Verbindung zwischen dem Hinterfüllungsmaterial und den Tübbingen einerseits und dem Gebirge und dem Hinterfüllungsmaterial andererseits wurde als Kontaktproblem ohne Berücksichtigung von Reibung modelliert. Die Tübbinge wurden mit achtknotigen Scheibenelementen mit reduzierter Integration diskretisiert, wobei vier Elementsreihen über die Tübbingdicke vorgesehen wurden. Die Diskretisierung der Tübbinge bestand aus 822 Elementen. Der Ringspalt wurde über den Umfang mit 336 Elementen diskretisiert. Die Anzahl der Freiheitsgrade beträgt 9809. Die Diskretisierung des halben Tunnelquerschnitts ist in Abb.8.12 dargestellt. Die Modellierung der Transportbewehrung erfolgte mit Hilfe von Rebarelementen. Da der vorhandene Bewehrungsprozentsatz unter dem minimalen Bewehrungsprozentsatz liegt, entspricht das Bruchverhalten dem eines unbewehrten Betons.

Die Belastung für die Tunnelauskleidung besteht aus der Eigenlast der Tübbinge und des Hinterfüllungsmaterials. Hierfür wurde das Raumgewicht für die Tübbinge mit 25 kN/m^3 und für den gewaschenen Kies mit 19 kN/m^3 festgelegt. Die Bettung der Tübbinge und somit der durch das Hinterfüllungsmaterial auf die Tübbinge ausgeübte Druck wurden in zwei Schritten ermittelt. Im ersten Schritt wird die Auskleidung in der Einbauposition festgehalten und sowohl die Eigenlast des Hinterfüllungsmaterials als auch die Eigenlast der Tübbinge aktiviert. Dieser Schritt entspricht näherungsweise dem Zeitpunkt des Einblasens der Hinterfüllung, bei dem die Tübbinge durch die Tunnelbohrmaschine in ihrer Position festgehalten werden. Im zweiten Schritt wird die Lagerung der Tübbinge, ausgenommen die Lagerung des Sohlsegmentes, gelöst. Die nunmehr durch das Hinterfüllungsmaterial stabilisierten Tübbinge werden durch ihre Eigenlast und durch den Kontaktdruck belastet und verhalten sich wie ein elastisch gebetteter Stabzug. An dieser Stelle sei erwähnt, daß die Längsfugen zwischen den einzelnen Segmenten im Rechenmodell nicht berücksichtigt wurden.

Die Ergebnisse der numerischen Berechnung zeigen, daß der Auskleidungsring die Belastungen infolge Eigenlast und Hinterfüllung großteils über Membranwirkung abträgt und nennenswerte Biegespannungen im Zustand ohne Imperfektionen nur im Sohltübbing und im Firsttübbing zu verzeichnen sind. Unter der Annahme einer lückenlosen Verfüllung und Verdichtung des Ringspaltes und einer somit gleichförmigen Bettung der Segmente sind die auftretenden Zugspannungen kleiner als die zentrische Betonzugfestigkeit. Daher treten auch keine Risse auf. Hierbei sei aber erwähnt, daß das angegebene Modell nur unter perfekten Bedingungen gilt, die auf der Baustelle oft nur schwerlich zu realisieren sind.

Im Rahmen eines Baustellenbesuches wurde die eingebaute Auskleidung untersucht. Dabei wurden an einer Reihe von Sohltübbingen Haarrisse an deren Innenseite festgestellt. Die im Bereich über dem äußeren Ende der Lagerfüße auftretenden Risse verliefen parallel zur Tunnellängsachse

8. Strukturberechnungen

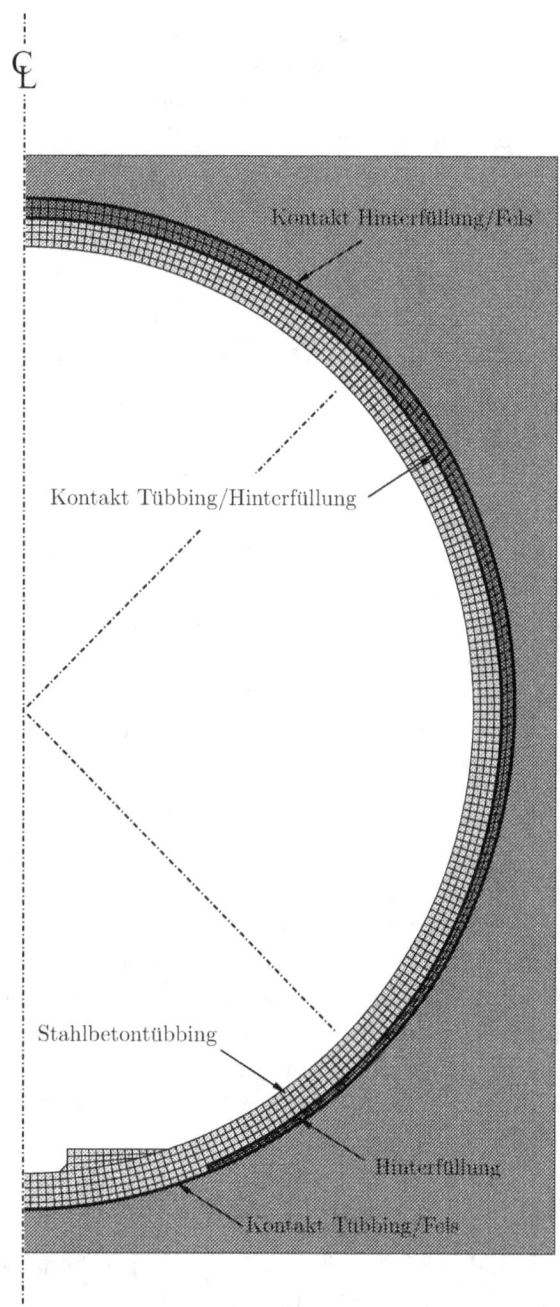

Abb.8.12: Tunnelauskleidung: Diskretisierung der mit Hilfe des Hinterfüllungsmaterials stabilisierten Stahlbetontübbingauskleidung

und entstanden fallweise bei Einbau der Segmente. Wie bereits erwähnt, werden die Stahlbetontübbinge im Schutz des Schildschwanzes versetzt. Im anschließenden Arbeitsvorgang wird der Auskleidungsring durch die Bettung des Sohlsegmentes mittels einer Mörtelinjektion und durch das Einblasen des Hinterfüllungsmaterials stabilisiert. Zwischenzeitlich werden die Tübbinge durch den Anpreßdruck der Tunnelbohrmaschine in ihrer Position festgehalten. Ein Teil der vorhandenen Eigenlast des Auskleidungsringes wird daher auch über die Verzahnung in Längsrichtung auf die Nachbarsegmente abgetragen. Deren Stabilität ist zu diesem Zeitpunkt bereits durch das Hinterfüllungsmaterial gewährleistet. Der restliche Anteil der Eigenlast wirkt direkt auf das ungebettete Sohlsegment. Durch die mehr oder weniger hohe Belastung der in Umfangsrichtung auskragenden Enden der Sohltübbinge entstehen Biegemomente im Sohlsegment.

Im folgenden wird der Einbauzustand mit dem zuvor beschriebenen Modell numerisch untersucht. Da im Einbauzustand weder das Sohlsegment noch die Seitensegmente gebettet sind, wurden die Sohlsegmentbettung mittels der Mörtelinjektion und die Hinterfüllung des Auskleidungsringes nicht modelliert. Die Diskretisierung der Stahlbetontübbingauskleidung für den halben Tunnelquerschnitt ist in Abb.8.13 dargestellt. Die Anzahl der Freiheitsgrade betrug 5718. Die mechanische Verbindung zwischen dem Sohltübbing und dem Gebirge wurde wiederum als Kontaktproblem ohne Berücksichtigung von Reibung modelliert. Die Eigenlast des Auskleidungsringes wurde schrittweise aufgebracht, wobei eine mögliche Lastabtragung auf die Nachbarsegmente nicht berücksichtigt wurde. Weiters wurde angenommen, daß die Stabilität des Systems durch den Anpreßdruck der Tunnelbohrmaschine und die Verzahnung mit den bereits hinterfüllten Nachbarelementen gewährleistet ist.

Für die numerischen Berechnungen wurde eine zentrische Betonzugfestigkeit von 3.00 N/mm² gewählt. Die verwendeten Zuschläge weisen ein Größtkorn von 12 mm auf. Daher wurde die spezifische Bruchenergie für Zugversagen lt. [CEB-FIP, 1991] mit 0.095 N/mm festgelegt. In der numerischen Berechnung traten die ersten Risse an der Innenseite des Sohlsegmentes auf. Diese entstanden im Bereich der Sohlsegmentauskragung bei einer Belastung von 52% der Eigenlast. Die Rißverteilung wird an Hand der berechneten Materialschädigung in Form der internen Variablen κ_1 angeführt. Bei einer Belastung von 55% der Eigenlast traten zusätzliche Risse an der Innenseite des Sohlsegmentes im Bereich des Wassergrabens auf. Diese Rißbildungen resultieren aus Spannungskonzentrationen im Eckbereich des Wassergrabens. Die in der Praxis ausgeführte Ausrundung des Eckbereichs kann daher als eine wesentliche konstruktive Maßnahme zur Vermeidung von Spannungsspitzen im betrachteten Sohlsegment bezeichnet werden. Bei einer Belastung von 95% der Eigenlast entstanden Risse an der Außenseite des Seitensegmentes.

Die berechnete Materialschädigung infolge Zugbeanspruchung bei einer Belastung von 100% der Eigenlast ist in Abb.8.13 dargestellt. Die meist geschädigte Zone konnte erwartungsgemäß im Bereich der Sohlsegmentauskragung über dem äußeren Ende des Lagerfußes festgestellt werden. Dieser Bereich ist in Abb.8.14 dargestellt, wobei die berechnete Materialschädigung infolge Zugbeanspruchung mit einer verfeinerten Skalierung dargestellt wurde. Die berechnete Rißentwicklung stimmt mit den auf der Baustelle festgestellten Rißbildern überein. Hierbei ist zu erwähnen, daß sich an dieser Stelle mittig, in Längsrichtung gesehen, eine Injektionsöffnung befindet. Die-

8. Strukturberechnungen

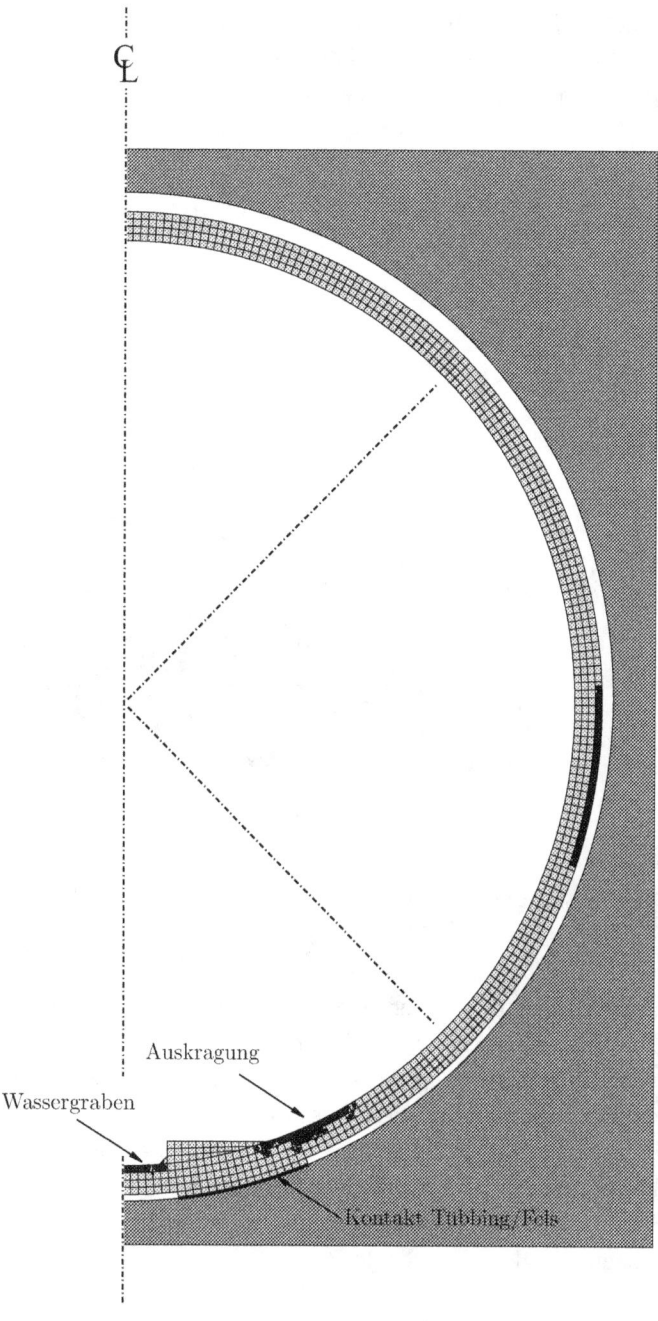

Abb.8.13: Tunnelauskleidung: Diskretisierung und berechnete Materialschädigung infolge Zugbeanspruchung am freistehenden Auskleidungsring

se Querschnittsschwächung, die die Rißentwicklung erwartungsgemäß beeinflußt und den Ort der Rißbildung vorgibt, wurde im oben angeführten Rechenmodell jedoch nicht berücksichtigt. Dieser kritische Punkt ist in Abb.8.11(b) ersichtlich.

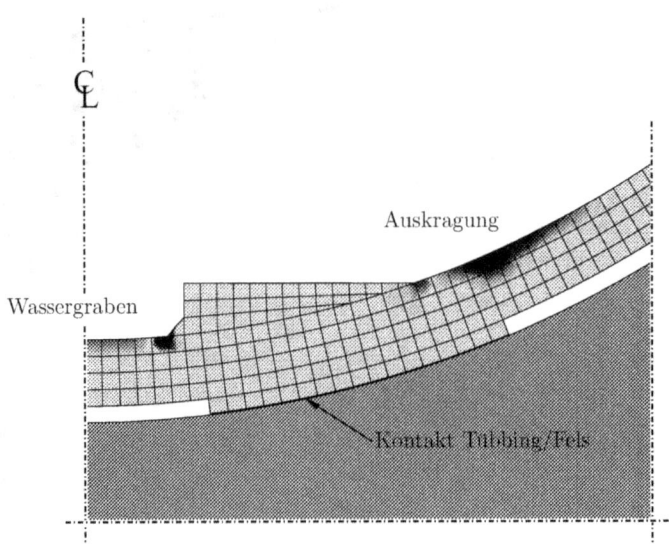

Abb.8.14: Tunnelauskleidung: Berechnete Materialschädigung infolge Zugbeanspruchung am freistehenden Auskleidungsring im Bereich des Sohlsegmentes

Die Risse an der Außenseite des Seitensegmentes können im eingebauten Zustand leider nicht verifiziert werden. Wenn aber ein wesentlicher Teil (etwa die Hälfte) der Eigenlast des Auskleidungsringes über die Verzahnung auf die Nachbarsegmente abgetragen wird, kann von der Annahme ausgegangen werden, daß diese Risse im Regelfall auf der Baustelle nicht auftreten werden. Dies gilt auch im wesentlichen für die Risse in der Sohlsegmentauskragung und im Wassergraben, die im Zuge der Baustellenbesichtigung nur an einzelnen Segmenten festgestellt werden konnten. Praktisch unvermeidbare Biegezugrisse stehen aber nicht im Widerspruch zum statischen Tragkonzept [Vigl und Jäger, 2000].

Kapitel 9

Zusammenfassung und Schlußfolgerungen

In der vorliegenden Arbeit wird ein Werkstoffmodell zur physikalisch nichtlinearen Berechnung von unbewehrten und bewehrten Betonstrukturen vorgeschlagen. Da in den letzten drei Jahrzehnten eine große Anzahl an Arbeiten dieses Thema betreffend veröffentlicht wurde, kann die Formulierung des Materialmodells auf bereits vorliegenden Publikationen aufgebaut werden. Hierfür wird vorab ein Überblick über Materialmodelle für Beton und Bewehrung gegeben. Zusätzlich werden verschiedene Ansätze zur Rißmodellierung einschließlich der Beschreibung von Lokalisierungsphänomenen und Möglichkeiten zur Modellierung des Verbundwerkstoffs Stahlbeton erläutert.

Die Beschreibung des Materialverhaltens von unbewehrtem und bewehrtem Beton erfolgt im Rahmen der Fließtheorie der Plastizitätstheorie an Hand eines Werkstoffmodells mit einer aus Teilflächen zusammengesetzten Fließfläche. Die Grundlage hierfür bildet das in [Feenstra, 1995] vorgeschlagene elasto-plastische Werkstoffmodell für biaxiale Spannungszustände. Die verwendete Fließfläche setzt sich aus der Bruchhypothese von Rankine für Zugbeanspruchung und der Versagenshypothese von Drucker-Prager für Druckbeanspruchung zusammen. Der Vergleich mit den Versuchsergebnissen von [Kupfer et al., 1969] zeigt, daß die gewählte zusammengesetzte Fließfunktion die experimentell ermittelte Bruchumhüllende des Betons für ebene Spannungszustände gut beschreibt.

Um ein elasto-plastisches Werkstoffmodell für ingenieurmäßige Berechnungen adaptieren zu können, ist es notwendig, die Fließspannungen bzw. die Ver- und Entfestigungsparameter an Spannungen und plastische Verzerrungen anzupassen, die mit Hilfe von einaxialen Zug- und Druckversuchen bestimmt werden können. Hierfür wurden vorab die wichtigsten Werkstoffeigenschaften des unbewehrten und des bewehrten Betons unter einaxialer und biaxialer Beanspruchung aufgelistet und mögliche Ansätze zur Beschreibung des Materialverhaltens angeführt. Das Materialverhalten des unbewehrten Betons unter Zugbeanspruchung wird im Rahmen des Konzepts der verschmierten Risse mit Hilfe eines exponentiellen Entfestigungsgesetzes beschrieben. Durch die Verwendung der spezifischen Bruchenergie für Zugversagen und der charakteristischen Länge des Elementes kann die Objektivität der numerischen Berechnungen bezüglich der gewählten Diskretisierung gewährleistet werden. Das Druckverhalten des Betons wird an Hand eines parabolischen Verfestigungsgesetzes und eines parabolischen bzw. exponentiell quadratischen Entfestigungsgesetzes beschrieben, wobei auch hier die Objektivität der numerischen Ergebnisse bezüglich der gewählten Diskretisierung für den Nachbruchbereich durch die Verwendung der spezifischen Bruchenergie für Druckversagen und der charakteristischen Länge des Elementes gegeben ist. Die Ver- und Entfestigung des Betons infolge Zug- und Druckbeanspruchung kann unabhängig voneinander oder in gekoppelter Form beschrieben werden. Eine Kopplung der beiden Versagensmechanismen mit Hilfe der Ver- und Entfestigungsparameter ist speziell für Spannungskombinationen im Zug-Druckbereich erforderlich.

Ausgehend von der einaxialen Spannungs-Dehnungsbeziehung des eingebetteten Bewehrungsstabes unter Zugbeanspruchung lt. [CEB-FIP, 1991] wird das Rißverhalten des gerissenen bewehrten Betons durch die Modifizierung des Materialverhaltens des Betons berücksichtigt. Die Beschreibung der Phase der Rißbildung und des Verhaltens bei konstantem, abgeschlossenem Rißbild erfolgt mit Hilfe eines bilinearen bzw. eines exponentiellen Ansatzes. Das Mitwirken des Betons zwischen den Rissen wird nach Erreichen der Fließgrenze der Bewehrung vernachlässigt. Unter der Annahme, daß sich der Tension Stiffening Effekt als Funktion der Dehnsteifigkeit der Bewehrung in Richtung normal zu den sich bildenden Rissen darstellen läßt, ist es möglich, das einaxiale Tension Stiffening Modell lt. [CEB-FIP, 1991] für ebene Spannungszustände und mehrere Bewehrungslagen unterschiedlicher Orientierung zu erweitern. Der Übergang von unbewehrtem zu bewehrtem Beton erfolgt mit Hilfe des minimalen Bewehrungsprozentsatzes lt. [CEB-FIP, 1991]. In bewehrtem Beton mit weniger als der Mindestbewehrung ist der Stahl nicht in der Lage, die bei Auftreten des ersten Risses im Beton vorhandenen Zugspannungen zu übernehmen. Der damit verbundene Versagensmodus entspricht dem des unbewehrten Betons. Daher stellt der minimale Bewehrungsprozentsatz als Grenzwert ein geeignetes Kriterium zur Definition des Übergangsbereichs zwischen unbewehrtem und bewehrtem Beton dar. Das Materialverhalten des bewehrten Betons unter Druckbeanspruchung wird in Anlehnung an [Vecchio und Collins, 1986] unter Verwendung eines Abminderungskoeffizienten zur Definition der Größe der maximal aufnehmbaren Druckspannung bei gleichzeitig wirkender Zugspannung in Querrichtung beschrieben. Daraus resultiert eine Modifikation des Ver- und Entfestigungsgesetzes des unbewehrten Betons.

Infolge von Spannungsumlagerungen können innerhalb einer Struktur lokale Entlastungszustände auftreten, die mit Hilfe eines isotropen skalaren Schädigungsmodells erfaßt werden. Hierbei wird eine völlige Rißschließung infolge Entlastung im Nachbruchbereich durch die Verwendung einer bleibenden Rißöffnung verhindert. Für die angegebenen Ver- und Entfestigungsgesetze werden lediglich Werkstoffkennwerte benötigt, die entweder leicht zu bestimmen sind oder für die in geltenden Normen und Regelwerken Angaben vorliegen. Die für die Definition der zusammengesetzten Fließfunktion erforderlichen Parameter beziehen sich auf die experimentellen Untersuchungen von [Kupfer et al., 1969].

9. Zusammenfassung und Schlußfolgerungen

Das Werkstoffmodell für unbewehrten und bewehrten Beton wird als benutzerdefiniertes Materialmodell in das Finite Elemente Programmsystem ABAQUS implementiert. Hierfür ist es erforderlich, die Rategleichungen der Plastizitätstheorie zu integrieren. Die solcherart erhaltenen Beziehungen sind dann konsistenter Weise zu linearisieren um die konsistente Materialtangente zu erhalten. Im Rahmen des Projektionsverfahrens kommt für die Aktualisierung der Spannungen die unbedingt stabile implizite Eulersche Rückwärtsmethode zum Einsatz. Für nicht glatte Übergänge zwischen den einzelnen Fließflächen wird die Koitersche Fließregel verwendet. Zusätzlich ist es notwendig, den Integrationsalgorithmus für die vorliegende Formulierung des Werkstoffmodells zu adaptieren. Außerdem wird die Bruchhypothese von Rankine durch eine Ausrundung im Eckbereich zu einer stetig differenzierbaren Funktion modifiziert.

Die Verifizierung des Materialmodells erfolgt mittels aus der Literatur bekannten Beispielen für unbewehrten und bewehrten Beton. An Hand der experimentellen Untersuchungen von [Kupfer et al., 1969] wird das vorliegende Werkstoffmodell bezüglich seiner Aussagekraft für biaxiale Spannungszustände überprüft. Für die Nachrechnung der Versuche im Zug-Druck Bereich wird eine Kopplung der Ver- und Entfestigungsparameter für den Zug-Druck Bereich berücksichtigt. Abschließend werden die Spannungs-Volumendehnungsbeziehungen aus den Versuchen verwendet, um den Einfluß einer nicht assoziierten Fließregel zu untersuchen. Mit Hilfe des Spaltzugversuches kann gezeigt werden, daß für das vorgeschlagene Werkstoffmodell die Objektivität der numerischen Berechnung bezüglich der gewählten Diskretisierung gegeben ist. Die in den Versuchen beobachtete Rißbildung kann an Hand der berechneten Materialschädigung für Zugversagen wiedergegeben werden. Im Zuge der numerischen Simulation des Biegezugversuches kann der im Versuch beobachtete Maßstabseffekt festgestellt werden. Die ermittelte Größenordnung desselben stimmt mit den Angaben lt. [CEB-FIP, 1991] überein. Die Nachrechnung der experimentellen Untersuchungen an einem vierpunktgestützten Balken mit Kerbe zeigt, daß die Traglast, die Rißbildung und das Nachrißverhalten mit dem vorliegenden Modell bestimmt werden können. Das bilineare und das exponentielle Entfestigungsgesetz für bewehrten Beton werden an Hand der Dehnkörperversuche von [Hartl, 1977] verifiziert. Zusätzlich werden die Versuchsergebnisse von [Vecchio und Collins, 1982] und [Bhide und Collins, 1987] verwendet, um das Entfestigungsgesetz für bewehrten Beton infolge biaxialer Beanspruchung und den gewählten Ansatz zur Ermittlung der maximal aufnehmbaren Druckspannung zu überprüfen. Abschließend kann unter Verwendung der Versuche an Stahlbetonträgern von [Bresler und Scordelis, 1963] gezeigt werden, daß das vorgeschlagene Werkstoffmodell in der Lage ist, verschiedene phänomenologische Versagensmechanismen wiederzugeben.

Zusätzlich zu den erwähnten Beispielen werden zur Verifizierung des Werkstoffmodells Versuche an unbewehrten und bewehrten Betonwinkeln durchgeführt. Die Betonwinkel haben eine Seitenlänge von jeweils 500 mm, eine Breite von 250 mm und eine Dicke von 100 mm. Die einseitig eingespannten Winkel wurden durch eine Einzellast beansprucht. Das Versuchsprogramm umfaßte vier Versuchsreihen. In der ersten Versuchsreihe wurden unbewehrte Betonwinkel geprüft, in der zweiten Betonwinkel mit 2 horizontalen und vertikalen Bewehrungsstäben. Die Versuchskörper für die dritte und vierte Versuchsreihe wurden mit einem Bewehrungsgitter, das unter einem Winkel von 0° bzw. 45° zu den Seitenrändern angeordnet wurde, bewehrt. Die verwendeten Stabdurchmesser der Bewehrung betrugen 6 mm und wurden mit einer Betondeckung von 25 mm und einem Abstand von jeweils 50 mm mittig im Betonquerschnitt angeordnet. In der Folge wurden für jede Versuchsreihe getrennt, die Mittelwerte der einaxialen Werkstoffparameter des Betons bzw. des Bewehrungsstahls bestimmt. Die Ergebnisse der experimentellen Untersuchungen beinhalten die Ermittlung der Traglasten, der Rißverläufe, der Last-Dehnungsdiagramme und der Last-Verschiebungsdiagramme vor und nach Erreichen der Traglast. Die numerischen Untersuchungen wurden an jeweils drei konsistent verfeinerten Netzen durchgeführt. Auf Grund der konsistenten Netzverfeinerung kann die Objektivität des Materialgesetzes, sowohl für den unbewehrten als auch für den bewehrten Beton, bezüglich der gewählten Diskretisierung überprüft werden. Die Ergebnisse umfassen die Bestimmung der Traglast, der Rißbildung bzw. der Rißentwicklung und als zusätzliche Information die Materialschädigung des Betons. Der Vergleich der Ergebnisse aus den experimentellen und numerischen Untersuchungen ergibt eine gute Übereinstimmung der Last-Verschiebungsdiagramme, der Last-Dehnungsdiagramme und der Traglasten. Die numerisch ermittelten Rißverläufe entsprechen jenen Rißverläufen, die in den Versuchen bestimmt wurden. Ebenfalls ist es möglich, mit Hilfe der Materialschädigung das Rißverhalten des Betons zu beschreiben und die im Experiment beobachteten Effekte wiederzugeben.

Den Abschluß der numerischen Untersuchungen bilden Strukturberechnungen an einer Zylinderschale mit Randträgern und einer Tunnelauskleidung, die aus Stahlbetontübbingen erstellt wird. Für diese zwei konkreten Anwendungen ist das Werkstoffmodell in der Lage, das nichtlineare Werkstoffverhalten in geeigneter Form abzubilden und die entsprechenden Versagensmechanismen wiederzugeben.

Die angeführten Beispiele zeigen, daß auch das nichtlineare Verhalten komplexerer Flächentragwerke in Form einer zweidimensionalen Betrachtungsweise abgebildet werden kann. Trotzdem erscheint es notwendig, das vorliegende Werkstoffmodell für dreidimensionale Spannungszustände zu erweitern. Zusätzlich wird im Zuge der numerischen Berechnungen festgestellt, daß das vorliegende Materialmodell mit Hilfe der berechneten Materialschädigung die Rißbildung in unbewehrten Betonstrukturen gut wiedergeben kann. Jedoch sind für diese Berechnungen sehr feine Diskretisierungen erforderlich. Insofern erscheint es im speziellen für Strukturberechnungen notwendig, alternative Formen zur Beschreibung von Lokalisierungsphänomenen zu verwenden. Hierfür können im Rahmen des Konzepts der verschmierten Risse adaptive Methoden eingesetzt werden. Im Zuge mehrstufiger Berechnungen ist es hierbei möglich, ein optimales finite Elemente Netz zu erhalten, das durch ein Mindestmaß an Freiheitsgraden bei Einhaltung eines vorgegebenen Maßes an Genauigkeit charakterisiert ist. Eine Alternative zur Netzadaption stellt die numerische Erfassung lokalisierten Versagens in Form von speziellen Elementen dar. Durch die Einbettung von schwachen und starken Diskontinuitäten in die Elementsformulierung ist es möglich, Lokalisierungsphänomene zu berücksichtigen.

Notation

Auf folgende Notationen wird in der vorliegenden Arbeit mehrfach zurückgegriffen. Vektoren und Matrizen werden in Form von fetten Schriftzeichen kenntlich gemacht.

Griechische Buchstaben (Skalare Größen)

α	Verhältnis der Elastizitätsmoduli für Stahl und Beton
α_f	Skalierungsfaktor für die Fließfunktion
α_{fl}	Faktor zur Berücksichtigung der Materialsprödigkeit
α_g	Skalierungsfaktor für die plastische Potentialfunktion, Dilatanzfaktor
α_E	Faktor zur Berücksichtigung der Zuschlagsarten
β	Koeffizient zur Abminderung der Druckfestigkeit
β_1	Beiwert zur Berücksichtigung der Verbundeigenschaften der Bewehrung
β_2	Beiwert zur Berücksichtigung der Belastungsdauer oder wiederholter Belastung
β_c	Verhältnis zwischen einaxialer und biaxialer Druckfestigkeit
β_d	Skalierungsfaktor für die Schädigung
β_f	Skalierungsfaktor für die Fließfunktion
β_n	Skalierungsfaktor für den irreversiblen Anteil der Rißöffnung
β_t	Völligkeitsbeiwert
γ	Winkel zwischen Bewehrungsstab und Richtung normal auf den Riß
γ_1	Formparameter für die Fließfunktion
δ	Bruchdehnung des Stahls
ε_c	Betondehnung
ε_{c1}	Stauchung bei Erreichen der einaxialen Druckfestigkeit
ε_i	Hauptdehnungen
ε_{ij}	Komponenten des Verzerrungstensors
ε_s	Stahldehnung
ε_{sr}	Stahldehnung bei Erreichen der Zugfestigkeit des Betons
$\Delta\varepsilon_{sr}$	Zuwachs der Stahldehnung im gerissenen Zustand
ε_{sr1}	Dehnung des Bewehrungsstabes im ungerissenen Zustand
ε_{sr2}	Dehnung des Bewehrungsstabes im Riß

ε_{srn}	Stahldehnung bei Erreichen eines stabilen Rißbildes
ε_{sry}	Stahldehnung bei Beginn der Reduktion des Tension Stiffening Effektes
ε_{sy}	Stahldehnung bei Erreichen der Fließgrenze der Bewehrung
ε_{su}	Gleichmaßdehnung des Stahls
$\varepsilon_{s,m}$	mittlere Stahldehnung
ε_v	Volumendehnung
$\bar{\varepsilon}$	äquivalente Dehnung
κ_1	Entfestigungsparameter infolge Zugbeanspruchung
κ_{1srn}	äquivalent plastische Verzerrung bei Erreichen eines stabilen Rißbildes
κ_{1sry}	äquivalent plastische Verzerrung bei Reduktion des Tension Stiffening Effektes
κ_{1sy}	äquivalent plastische Verzerrung bei Erreichen der Fließgrenze der Bewehrung
κ_{1u}	Parameter zur Beschreibung der Entfestigungsfunktion infolge Zugbeanspruchung
κ_2	Ver- bzw. Entfestigungsparameter infolge Druckbeanspruchung
κ_{2e}	äquivalent plastische Verzerrung bei Erreichen der einaxialen Druckfestigkeit
κ_{2u}	Parameter zur Beschreibung der Entfestigungsfunktion infolge Druckbeanspruchung
κ_d	Kombinationsfaktor für die Schädigung
λ	Konsistenzparameter; Lastfaktor
λ_c	charakteristische Länge des Materials für Zugversagen
λ_f	charakteristische Länge des Materials für Druckversagen
μ_E	Ausrundungsfaktor für die Fließkurve
ν	Querdehnzahl
ρ_{eff}	effektiver Bewehrungsprozentsatz
ρ_{min}	minimaler Bewehrungsprozentsatz
σ_c	Betonspannung
$\sigma_{c,TSE}$	äquivalente Betonspannung
σ_i	Hauptspannungen
σ_{ij}	Komponenten des Spannungstensors
σ_s	Stahlspannung; Spannung des eingebetteten Bewehrungsstahls
σ_{sr}	Spannung des eingebetteten Bewehrungsstahls bei Erstrißbildung
σ_{srn}	Spannung des eingebetteten Bewehrungsstahls bei abgeschlossenem Rißbild
$\sigma_{s,II}$	Spannung des Bewehrungsstahls alleine
$\sigma_{s,TSE}$	Spannungsdifferenz zwischen Stahl alleine und eingebettetem Bewehrungsstahl
$\bar{\sigma}$	äquivalente Spannung
τ	Verbundspannung
ϕ	Durchmesser der Bewehrungsstäbe
ψ	Dilatanzwinkel
ξ	Kopplungsfaktoren

Griechische Buchstaben (Vektoren, Matrizen)

ε	Verzerrungen
$\delta\varepsilon$	virtuelle Verzerrungen
ε^e	elastischer Anteil der Verzerrungen
ε^p	plastischer Anteil der Verzerrungen
κ	Ver- bzw. Entfestigungsparameter
π	Projektionsvektor
σ	Spannungen

Lateinische Buchstaben (Skalare Größen)

$A_{c,eff}$	zugbeanspruchte Betonquerschnittsfläche
A_s	Bewehrungsquerschnitt
$A_{s,min}$	minimaler Bewehrungsquerschnitt
c	Toleranz
d	Schädigungsparameter
d_{max}	Größtkorn der Zuschläge
E_c	Elastizitätsmodul für Beton
E_d	degradierter Elastizitätsmodul
E_d^*	Ent- bzw. Wiederbelastungsmodul
E_s	Elastizitätsmodul für Stahl
E_t	Tangentenmodul
f	Fließfunktion
f_{ck}	charakteristischer Wert der Betondruckfestigkeit
f_{cm}	mittlere Zylinderdruckfestigkeit des Betons
f_{cm}^*	reduzierte Zylinderdruckfestigkeit des Betons
f_{ctm}	zentrische Zugfestigkeit des Betons
$f_{ct,fl}$	Biegezugfestigkeit des Betons
$f_{ct,sp}$	Spaltzugfestigkeit des Betons
f_t	Zugfestigkeit des Stahls
f_y	Streckgrenze des Stahls
F	spannungsabhängiger Anteil der Fließfunktion
g	plastische Potentialfunktion
G_c	Spezifische Bruchenergie für Druckversagen
G_f	Spezifische Bruchenergie für Zugversagen
G_{fo}	Grundwert der spezifischen Bruchenergie für Zugversagen
h	charakteristische Länge eines finiten Elementes
k	spannungsunabhängiger Anteil der Fließfunktion

l	Länge
$l_{s,max}$	maximaler Rißabstand
l_t	Einleitungslänge
P	Kraft
s	Schlupf
$s_{r,m}$	mittlerer Rißabstand
S	Oberfläche
V	Volumen
w_n	Rißweite
W^p	Plastische Arbeit

Lateinische Buchstaben (Vektoren und Matrizen)

B	Matrix der Ableitungen der Verlaufsfunktionen
$\mathbf{C}^e$	Elastizitätsmatrix
$\mathbf{C}^{ep}$	Elasto-plastische Tangentensteifigkeitsmatrix
$\mathbf{f}_{ex}$	Vektor der äußeren Kräfte
$\mathbf{f}_{in}$	Vektor der inneren Kräfte
$\bar{\mathbf{f}}$	Volumskräfte
K	Tangentensteifigkeitsmatrix
N	Matrix der Verlaufsfunktionen
P	Projektionsmatrix
q	Vektor der inneren Variablen; Knotenverschiebungen
$\delta\mathbf{q}$	virtuelle Knotenverschiebungen
r	Vektor der Residualkräfte
$\bar{\mathbf{t}}$	Oberflächenkräfte
u	Verschiebungen
$\delta\mathbf{u}$	virtuelle Verschiebungen

Literaturverzeichnis

[Aifantis, 1984] Aifantis, E. C. (1984). On the microstructural origin of certain inelastic models. *ASME Journal of Engineering Materials and Technology*, 106, 326–330.

[Arrea und Ingraffea, 1982] Arrea, M. und Ingraffea, A. R. (1982). *Mixed-mode crack propagation in mortar and concrete*. Technical Report No. 81-13, Cornell University, Ithaka, New York.

[ASCE-ACI 334, ACI 444, ACSE-STD., 1991] ASCE-ACI 334, ACI 444, ACSE-STD. (1991). *Round-Robin Analysis of Reinforced Concrete Shells*. American Concrete Institute, American Society of Civil Engineers.

[Bažant, 1976] Bažant, Z. P. (1976). Instability, ductility and size effect in strain-softening concrete. *ASCE Journal of the Engineering Mechanics Division*, 102, 331–344.

[Bažant et al., 1984] Bažant, Z. P., Belytschko, T. B., und Chang, T. P. (1984). Continuum model for strain-softening. *ASCE Journal of the Engineering Mechanics Division*, 110, 1666–1692.

[Bažant und Kim, 1979] Bažant, Z. P. und Kim, S. S. (1979). Plastic-fracturing theory for concrete. *ASCE Journal of the Engineering Mechanics Division*, 105, 407–428.

[Bažant und Oh, 1983] Bažant, Z. P. und Oh, B. H. (1983). Crack band theory for fracture of concrete. *Materials & Structures*, 16, 155–177.

[Bažant und Oh, 1985] Bažant, Z. P. und Oh, B. H. (1985). Microplane model for progressive fracture of concrete and rock. *ASCE Journal of Engineering Mechanics*, 111, 559–582.

[Bažant und Shieh, 1978] Bažant, Z. P. und Shieh, C. L. (1978). Endochronic model vor nonlinear triaxial behavior of concrete. *Nuclear Engineering and Design*, 47, 305–315.

[Bhide und Collins, 1987] Bhide, S. B. und Collins, M. P. (1987). *Reinforced concrete elements in shear and tension*. Technical Report Publication No. 87-02, University of Toronto, Department of Civil Engineering, Toronto.

[Bresler und Scordelis, 1963] Bresler, B. und Scordelis, A. C. (1963). Shear strength of reinforced concrete beams. *ACI Journal*, 60, 51–74.

[CEB-FIP, 1991] CEB-FIP (1991). *Model Code 1990, Bulletin d'information*. Lausanne: Comité Euro-International du Béton (CEB).

[Chen, 1982] Chen, W. F. (1982). *Plasticity in Reinforced Concrete*. New York: McGraw-Hill.

[Chen, 1988] Chen, W. F. (1988). *Plasticity for Structural Engineers*. New York: Springer.

[Chen und Zhang, 1991] Chen, W. F. und Zhang, H. (1991). *Structural Plasticity, Theory, Problems and CAE Software*. New York: Springer.

[Cope et al., 1980] Cope, R. J., Rao, P. V., Clark, L. A., und Norris, P. (1980). Modelling of reinforced concrete behavior for finite element analysis of bridge slabs. In C. Taylor, E. Hinton, und D. J. R. Owen (Hrsg.), *Numerical Methods for Non-Linear Problems* (S. 457–470). Pineridge Press, Swansea.

[Crisfield, 1991] Crisfield, M. A. (1991). *Non-linear Finite Element Analysis of Solids and Structures*, Band 1. Chichester: Verlag John Wiley & Sons.

[Crisfield und Wills, 1989] Crisfield, M. A. und Wills, J. (1989). Analysis of R/C panels using different concrete models. *Journal of Engineering Mechanics*, 115, 578–597.

[Dahlblom und Ottosen, 1990] Dahlblom, O. und Ottosen, N. S. (1990). Smeared crack analysis using generalized fictitious crack model. *Journal of Engineering Mechanics*, 116, 55–76.

[de Borst, 1991] de Borst, R. (1991). Simulation of strain localization: A reappraisal of the Cosserat continuum. *Engineering Computations*, 8, 317–332.

[de Borst, 1993] de Borst, R. (1993). A generalization of J_2-flow theory for polar continua. *Computer Methods in Applied Mechanics and Engineering*, 103, 347–362.

[de Borst, 1997] de Borst, R. (1997). Some recent developements in computational modelling of concrete fracture. *International Journal of Fracture*, 86, 5–36.

[de Borst und Mühlhaus, 1992] de Borst, R. und Mühlhaus, H. B. (1992). Gradient-dependent plasticity: formulation and algorithmic aspects. *International Journal for Numerical Methods in Engineering*, 35, 521–539.

[de Borst und Nauta, 1985] de Borst, R. und Nauta, P. (1985). Non-orthogonal cracks in a smeared finite element model. *Engineering Computations*, 2, 35–46.

[de Borst et al., 1993] de Borst, R., Sluys, L. J., Mühlhaus, H. B., und Pamin, J. (1993). Fundamental issues in finite element analysis of localization of deformation. *Engineering Computations*, 10, 99–121.

[Dennis und Schnabel, 1983] Dennis, J. E. und Schnabel, R. B. (1983). *Numerical Methods for Unconstrained Optimization and Nonlinear Equations*. Englewood Cliffs, New Jersey: Prentice-Hall, Inc.

[DIN 1045, 1988] DIN 1045 (1988). Beton und Stahlbeton, Bemessung und Ausführung. Deutsches Institut für Normung, Ausgabe Juli 1988.

[Duda, 1991] Duda, H. (1991). Bruchmechanisches Verhalten von Beton unter monotoner und zyklischer Zugbeanspruchung. *Deutscher Ausschuß für Stahlbeton*, 419.

[Eurocode 2, 1992] Eurocode 2 (1992). *Planung von Stahlbeton- und Spannbetontragwerken, Teil 1-1: Grundlagen und Anwendungsregeln für den Hochbau.* in ÖN 1992-1-1.

[Feenstra, 1993] Feenstra, P. H. (1993). Computational aspects of biaxial stress in plain and reinforced concrete. Dissertation, Delft University of Technology, Delft.

[Feenstra, 1995] Feenstra, P. H. (1995). A plasticity model and algorithm for mode-I cracking in concrete. *International Journal for Numerical Methods in Engineering*, 38, 2509–2529.

[Feenstra und de Borst, 1996] Feenstra, P. H. und de Borst, R. (1996). A composite plasticity model for concrete. *International Journal of Solids and Structures*, 33, 707–730.

[FIP, 1999] FIP (1999). *Structural Concrete - Textbook on Behaviour, Design and Performance*, Band 1-3. Lausanne: Federation Internationale du Béton (FIP).

[Girkmann, 1978] Girkmann, K. (1978). *Flächentragwerke.* Wien-New York: Springer.

[Günther und Mehlhorn, 1991a] Günther, G. und Mehlhorn, G. (1991a). Wirkungszone der Bewehrung sowie Rißabstände und Rißbreiten bei Stahlbetonbauteilen. *Beton- und Stahlbetonbau*, 86(5), 124–126.

[Günther und Mehlhorn, 1991b] Günther, G. und Mehlhorn, G. (1991b). Zentrische Zugversuche an Stahlbetonkörpern zur Ermittlung der Mitwirkung des Betons zwischen den Rissen. *Beton- und Stahlbetonbau*, 86(3), 65–67.

[Gopalaratnam und Shah, 1985] Gopalaratnam, V. S. und Shah, S. P. (1985). Softening response of plain concrete in direct tension. *ACI Journal*, 82, 310–323.

[Griffith, 1921] Griffith, A. A. (1921). The phenomena of rupture and flow in fluids. *Philos. T. Roy. Soc. A*, 221, 163–197.

[Gupta und Akbar, 1984] Gupta, A. K. und Akbar, H. (1984). Cracking in reinforced concrete analysis. *ASCE Journal of Structural Engineering*, 110, 1735–1746.

[Han und Chen, 1987] Han, D. J. und Chen, W. F. (1987). Constitutive modelling in analysis of concrete structures. *Journal of Engineering Mechanics*, 113, 577–593.

[Hartl, 1977] Hartl, G. (1977). Die Arbeitslinie eingebetteter Stähle bei Erst- und Kurzzeitbelastung. Dissertation, Universität Innsbruck, Innsbruck.

[Hauke und Maekawa, 1998] Hauke, B. und Maekawa, K. (1998). Three-dimensional R/C-model with multi-directional cracking. In R. de Borst, N. Bićanić, H. A. Mang, und G. Meschke (Hrsg.), *Computational Modelling of Concrete Structures, EURO-C 1998*, Band 1 (S. 93–102).

[Hibbit et al., 1998] Hibbit, H., Karlsson, B., und Sorensen, P. (1998). *Programmdokumentation Programmsystem ABAQUS Version 5.8*. Hibbit, Karlsson & Sorensen Inc., Pawtucket, Rhode Island, USA.

[Hillerborg et al., 1976] Hillerborg, A., Modéer, M., und Peterson, P. E. (1976). Analysis of crack formation and crack growth in concrete by means of fracture mechanics and finite elements. *Cement and Concrete Research*, 6, 773–782.

[Hoffer, 2000] Hoffer, S. (2000). Nichtlineare Finite Elemente Berechnung einer Stahlbetonzylinderschale mit Randträgern. Diplomarbeit, Universität Innsbruck, Innsbruck.

[Hofstetter und Mang, 1995] Hofstetter, G. und Mang, H. A. (1995). *Computational mechanics of reinforced concrete structures*. Braunschweig/Wiesbaden: Vieweg & Sohn.

[Hofstetter et al., 1993] Hofstetter, G., Simo, J. C., und Taylor, R. L. (1993). A modified cap model: Closest point solution algorithmus. *Computers & Structures*, 46, 203–214.

[Hordijk, 1992] Hordijk, D. A. (1992). Tensile and tensile fatique behaviour of concrete; experiments, modelling and analyses. Heron, 37/1, Delft.

[Huemer, 1998] Huemer, T. (1998). Automatische Vernetzung und adaptive nichtlineare statische Berechnungen von Flächentragwerken mittels vierknotiger finiter Elemente. Dissertation, Technische Universität Wien, Wien.

[Ingraffea und Saouma, 1985] Ingraffea, A. R. und Saouma, V. (1985). Numerical modelling of discrete crack propagation in reinforced and plain concrete. *Fracture Mechanics of Concrete*, Martinus Nijhoff Publishers, Dordrecht, 171–225.

[Jirásek, 1999] Jirásek, M. (1999). Numerical modelling of deformation and failure of materials. *Lecture notes, Aachen 1999*.

[Jirásek und Zimmermann, 1997] Jirásek, M. und Zimmermann, T. (1997). *Rotating crack model with transition to scalar damage: I. Local formulation, II. Nonlocal formulation and adaptivity*. Technical Report LSC Internal Report 97/01, Swiss Federal Institute of Technology, Lausanne.

[Koiter, 1953] Koiter, W. T. (1953). Stress-strain relations, uniqueness and variational theorems for elastic-plastic materials with a singular yield surface. *Quaterly Journal of Applied Mathematics*, 11, 350–354.

[Kollegger, 1988] Kollegger, J. (1988). Ein Materialmodell für die Berechnung von Stahlbetonflächentragwerken. Dissertation, Fachbereich Bauingenieurwesen der Gesamthochschule Kassel, Kassel.

[Kollegger und Mehlhorn, 1990] Kollegger, J. und Mehlhorn, J. (1990). Experimentelle Untersuchungen zur Bestimmung der Druckfestigkeit des gerissenen Stahlbetons bei einer Querzugbeanspruchung. *Deutscher Ausschuß für Stahlbeton*, 413.

[Krauthammer und Swartz, 1999] Krauthammer, T. und Swartz, S. E. (1999). Observed finite element capabilities and limitations from multi-team simulations of three concrete shell structures. *Computers & Structures*, 71, 277–291.

[Kupfer et al., 1969] Kupfer, H., Hilsdorf, H. K., und Rüsch, H. (1969). Behavior of concrete under biaxial stresses. *ACI Journal*, 66, 656–666.

[Lackner, 1999] Lackner, R. (1999). Adaptive finite element analysis of reinforced concrete plates and shells. Dissertation, Technische Universität Wien, Wien.

[Lackner und Mang, 1998] Lackner, R. und Mang, H. A. (1998). Adaptive FEM for the analysis of concrete structures. In R. de Borst, N. Bićanić, H. A. Mang, und G. Meschke (Hrsg.), *Computational Modelling of Concrete Structures, EURO-C 1998*, Band 2 (S. 897–919).

[Lemaitre und Chaboche, 1990] Lemaitre, J. und Chaboche, J. L. (1990). *Mechanics of Solid Materials*. Cambridge: Cambridge University Press.

[Lubliner et al., 1989] Lubliner, J., Oliver, J., Oller, S., und Oñate, E. (1989). A plastic-damage model for concrete. *International Journal for Solids and Structures*, 25, 299–326.

[Luenberger, 1984] Luenberger, D. G. (1984). *Linear and Nonlinear Programming*. Reading: 2nd ed., Addison-Wesley.

[Mang und Hofstetter, 2000] Mang, H. A. und Hofstetter, G. (2000). *Festigkeitslehre*. Wien: Springer.

[Mazars, 1981] Mazars, J. (1981). Mechanical damage and fracture of concrete structures. In *Advance in Fracture Research, ICF5, Cannes, France* (S. 1499–1506).

[Mazars, 1984] Mazars, J. (1984). Application de la mécanique l'endommagement au comportement non linéare et à la rupture du béton de structure. Thèse de Doctorat d'Etat, Université Paris VI, Paris.

[Mazars und Pijaudier-Cabot, 1989] Mazars, J. und Pijaudier-Cabot, G. (1989). Continuum damage theory - application to concrete. *ASCE Journal of Engineering Mechanics*, 115, 345–365.

[Mehlhorn, 1990] Mehlhorn, G. (1990). Some developments for finite element analyses of reinforced concrete structures. In N. Bićanić und H. A. Mang (Hrsg.), *Proceedings of the 2nd International Conference on Computer Aided Analysis of Concrete Structures* (S. 1319–1336). Pineridge Press, Swansea.

[Meiswinkel et al., 1995] Meiswinkel, R., Neubauer, R., und Ji, A. (1995). Mitwirkung des Betons auf Zug zwischen den Rissen - Berechnung nach EC 2. *Beton- und Stahlbetonbau*, 90(10), 261–265.

[Meiswinkel und Rahm, 1999] Meiswinkel, R. und Rahm, H. (1999). Modelling tension stiffening in RC structures regarding nonlinear design analyses. In W. Wunderlich (Hrsg.), *European Conference on Computational Mechanics, ECCM 1999*.

[Menrath, 1999] Menrath, H. (1999). Numerische Simulation des nichtlinearen Tragverhaltens von Stahlverbundträgern. Dissertation, Universität Stuttgart, Stuttgart.

[Menrath et al., 1998] Menrath, H., Haufe, A., und Ramm, E. (1998). A model for composite steel-concrete structures. In R. de Borst, N. Bićanić, H. A. Mang, und G. Meschke (Hrsg.), *Computational Modelling of Concrete Structures, EURO-C 1998*, Band 1 (S. 33–42).

[Meschke und Mang, 1997] Meschke, G. und Mang, H. A. (1997). Werkstoffmodelle für gerissenen Stahlbeton: Konzepte, Algorithmen und numerische Analysen. In F. Blaschke, G. Günther, und J. Kollegger (Hrsg.), *Materialmodelle und Methoden zur wirklichkeitsnahen Berechnung von Beton-, Stahlbeton- und Spannbetonbauteilen* (S. 182–194). Fachbereich Bauingenieurwesen, Gesamthochschule Kassel.

[Mühlhaus und Aifantis, 1991] Mühlhaus, H. B. und Aifantis, E. C. (1991). A varitional principle for gradient plasticity. *International Journal of Solids and Structurs*, 28, 845–858.

[Mühlhaus und Vordoulakis, 1987] Mühlhaus, H. B. und Vordoulakis, I. (1987). The thickness of shear bands in granular materials. *Geotechnique*, 37, 271–283.

[ÖN B 3303, 1981] ÖN B 3303 (1981). Betonprüfung. Österreichisches Normungsinstitut, Ausgabe März 1983.

[ÖN B 3304, 1981] ÖN B 3304 (1981). Betonzuschläge aus natürlichem Gestein. Österreichisches Normungsinstitut, Ausgabe April 1981.

[ÖN B 4200/Teil 10, 1983] ÖN B 4200/Teil 10 (1983). Beton, Herstellung und Überwachung. Österreichisches Normungsinstitut, Ausgabe Jänner 1983.

[ÖN B 4200/Teil 7, 1987] ÖN B 4200/Teil 7 (1987). Massivbau; Stahleinlagen. Österreichisches Normungsinstitut, Ausgabe April 1987.

[ÖN B 4200/Teil 9, 1970] ÖN B 4200/Teil 9 (1970). Stahlbetontragwerke; Berechnung und Ausführung II. Österreichisches Normungsinstitut, Ausgabe April 1970.

[ÖN B 4700, 1995] ÖN B 4700 (1995). Stahlbetontragwerke: EUROCODE-nahe Berechnung, Bemessung und konstruktive Durchbildung. Österreichisches Normungsinstitut, Ausgabe Juli 1995.

[Needleman, 1987] Needleman, A. (1987). Material rate dependence and mesh sensivity in localization problems. *Computer Methods in Applied Mechanics and Engineering*, 67, 68–85.

[Nelissen, 1972] Nelissen, L. J. M. (1972). Biaxial testing of normal concrete. *Heron*, 18/1, Delft.

[Ngo und Scordelis, 1967] Ngo, D. und Scordelis, A. C. (1967). Finite element analysis of reinforced concrete beams. *ACI Journal*, 64, 152–163.

[Pamin, 1994] Pamin, J. (1994). Gradient-dependent plasticity in numerical simulation of localization phenomena. Dissertation, Delft University of Technology, Delft.

[Pardey, 1994] Pardey, A. (1994). Physikalisch nichtlineare Berechnung von Stahlbetonplatten im Vergleich zur Bruchlinientheorie. *Deutscher Ausschuß für Stahlbeton*, 441.

[Park und Klingner, 1997] Park, H. und Klingner, R. E. (1997). Nonlinear analysis of RC members using plasticity with multiple failure criteria. *Journal of Structural Engineering*, 123, 643–651.

[Pijaudier-Cabot und Bažant, 1987] Pijaudier-Cabot, G. und Bažant, Z. P. (1987). Nonlocal damage theory. *ASCE Journal of Engineering Mechanics*, 113, 1512–1533.

[Pramono und Willam, 1989] Pramono, E. und Willam, K. (1989). Implicit integration of composite yield surface with corners. *Engineering Computation*, 7, 186–197.

[Pravida, 1999] Pravida, J. (1999). Zur nichtlinearen adaptiven Finite-Element-Analyse von Stahlbetonscheiben. Dissertation, Technische Universität München, München.

[Rashid, 1968] Rashid, Y. R. (1968). Analysis of prestressed concrete pressure vessels. *Nuclear Engineering and Design*, 7, 334–344.

[Rehm, 1961] Rehm, G. (1961). Über die Grundlagen des Verbundes zwischen Stahl und Beton. *Deutscher Ausschuß für Stahlbeton*, 138.

[Reinhardt, 1984] Reinhardt, H. W. (1984). Fracture mechanics of an elastic softening material like concrete. *Heron*, 29/2, Delft.

[Reinhardt et al., 1986] Reinhardt, H. W., Cornelissen, H. A. W., und Hordijk, D. A. (1986). Tensile tests and fracture analysis of concrete. *Journal of Structural Engineering*, 112, 2462–2477.

[Rostásy et al., 1976] Rostásy, F. S., Koch, R., und Leonhardt, F. (1976). Zur Mindestbewehrung für Zwang von Außenwänden aus Stahlleichtbeton. *Deutscher Ausschuß für Stahlbeton*, 267.

[Rots, 1988] Rots, J. G. (1988). Computational modeling of concrete fracture. Dissertation, Delft University of Technology, Delft.

[Schäfer et al., 1990] Schäfer, K., Schelling, G., und Kuchler, T. (1990). Druck und Querzug in bewehrten Betonelementen. *Deutscher Ausschuß für Stahlbeton*, 408.

[Schlangen, 1993] Schlangen, E. (1993). Experimental and numerical analysis of fracture processes in concrete. Dissertation, Delft University of Technology, Delft.

[Schreyer und Chen, 1986] Schreyer, H. und Chen, Z. (1986). One-dimensional softening with localization. *ASME Journal of Applied Mechanics*, 53, 791–797.

[Simo und Hughes, 1998] Simo, J. C. und Hughes, T. J. R. (1998). *Computational Inelasticity*. New York: Springer.

[Simo et al., 1988] Simo, J. C., Kennedy, J. G., und Govindjee, S. (1988). Non-smooth multisurface plasticity and viscoplasticity. loading/unloading conditions and numerical algorithms. *International Journal for Numerical Methods in Engineering*, 26, 2161–2185.

[Simo und Taylor, 1985] Simo, J. C. und Taylor, R. L. (1985). Consistent tangent operators for rate-independent elastoplasticity. *Computational Methods in Applied Mechanics and Engineering*, 48, 101–118.

[Simo und Taylor, 1986] Simo, J. C. und Taylor, R. L. (1986). A return mapping algorithm for plane stress elastoplasticity. *International Journal for Numerical Methods in Engineering*, 22, 649–670.

[Stempniewski und Eibl, 1996] Stempniewski, L. und Eibl, J. (1996). Finite Elemente im Stahlbeton. In J. Eibl (Hrsg.), *Betonkalender 1996* (S. 577–647). Ernst & Sohn.

[Suidan und Schnobrich, 1973] Suidan, M. und Schnobrich, W. C. (1973). Finite element analysis of reinforced concrete. *ASCE Journal of the Structural Division*, 99, 2109–2122.

[Tasuji et al., 1978] Tasuji, M. E., Slate, F. O., und Nilson, A. H. (1978). Stress-strain reponse and fracture of concrete in biaxial loading. *ACI Journal*, 75, 306–312.

[Van Mier, 1984] Van Mier, J. G. M. (1984). Strain-softening of concrete under multiaxial loading conditions. Dissertation, Eindhoven University of Technology, Eindhoven.

[Vecchio und Collins, 1982] Vecchio, F. J. und Collins, M. P. (1982). *The response of reinforced concrete to in-plane shear and normal stresses*. Technical Report Publication No. 82-03, University of Toronto, Department of Civil Engineering, Toronto.

[Vecchio und Collins, 1986] Vecchio, F. J. und Collins, M. P. (1986). The modified compression-field theory for reinforced concrete elements subjected to shear. *ACI Journal*, 83, 219–231.

[Vecchio und Collins, 1993] Vecchio, F. J. und Collins, M. P. (1993). Compression response of cracked reinforced concrete. *ASCE Journal of Structural Engineering*, 119, 3590–3610.

[Vigl, 1994] Vigl, A. (1994). Planung Evinos-Tunnel. *Felsbau*, 12(6), 495–499.

[Vigl, 2000] Vigl, A. (2000). Honeycomb segmental tunnel linings - simple, economical, sucessful. *Felsbau*, 18(6), 24–31.

[Vigl et al., 1999] Vigl, A., Gütter, W., und Jäger, M. (1999). Doppelschild-TBM - Stand der Technik und Perspektiven. *Felsbau*, 17(5), 475–485.

[Vigl und Jäger, 2000] Vigl, A. und Jäger, M. (2000). Tunnel Plave-Doblar, Slowenien, 7m Doppelschild-TBM mit einschaligem, hexagonalen Volltübbing-Auskleidungssystem. In *Österreichischer Betontag 2000, Wien* (S. 97–100).

[Vonk, 1992] Vonk, R. A. (1992). Softening of concrete loaded in compression. Dissertation, Eindhoven University of Technology, Eindhoven.

[Wicke, 1991] Wicke, M. (1991). Cracking and deformation in structural concrete. In *Structural Concrete, IABSE Colloquium, Stuttgart 1991* (S. 49–57).

[Wiesholzer, 1997] Wiesholzer, F. (1997). Nichtlineare Finite Elemente Berechnung eines Stahlbetonfaltwerkes. Diplomarbeit, Universität Innsbruck, Innsbruck.

[Willam et al., 1987] Willam, K., Pramono, E., und Sture, S. (1987). Fundamental issues of smeared crack models. In S. P. Shaw und S. E. Swartz (Hrsg.), *SEM/RILEM Int. Conf. on Fracture of Concrete and Rock, Houston, Texas* (S. 192–207).

[Xie und Gerstle, 1995] Xie, M. und Gerstle, W. H. (1995). Energy-based cohesive crack propagation modeling. *ASCE Journal of Engineering Mechanics*, 121, 1349–1358.

[Zienkiewicz und Taylor, 1989] Zienkiewicz, O. C. und Taylor, R. L. (1989). *The Finite Element Method*, Band 1. London: McGraw-Hill.

[Zienkiewicz und Taylor, 1991] Zienkiewicz, O. C. und Taylor, R. L. (1991). *The Finite Element Method*, Band 2. London: McGraw-Hill.

www.ingramcontent.com/pod-product-compliance
Lightning Source LLC
Chambersburg PA
CBHW082326220526
45470CB00008B/2415